ハードウェア・セレクション

8ピンDIPでどこにでもぶち込める！
実験/研究/工作にピッタリ！

挿すだけ！ARM 32ビット・マイコンのはじめ方

中村 文隆 著

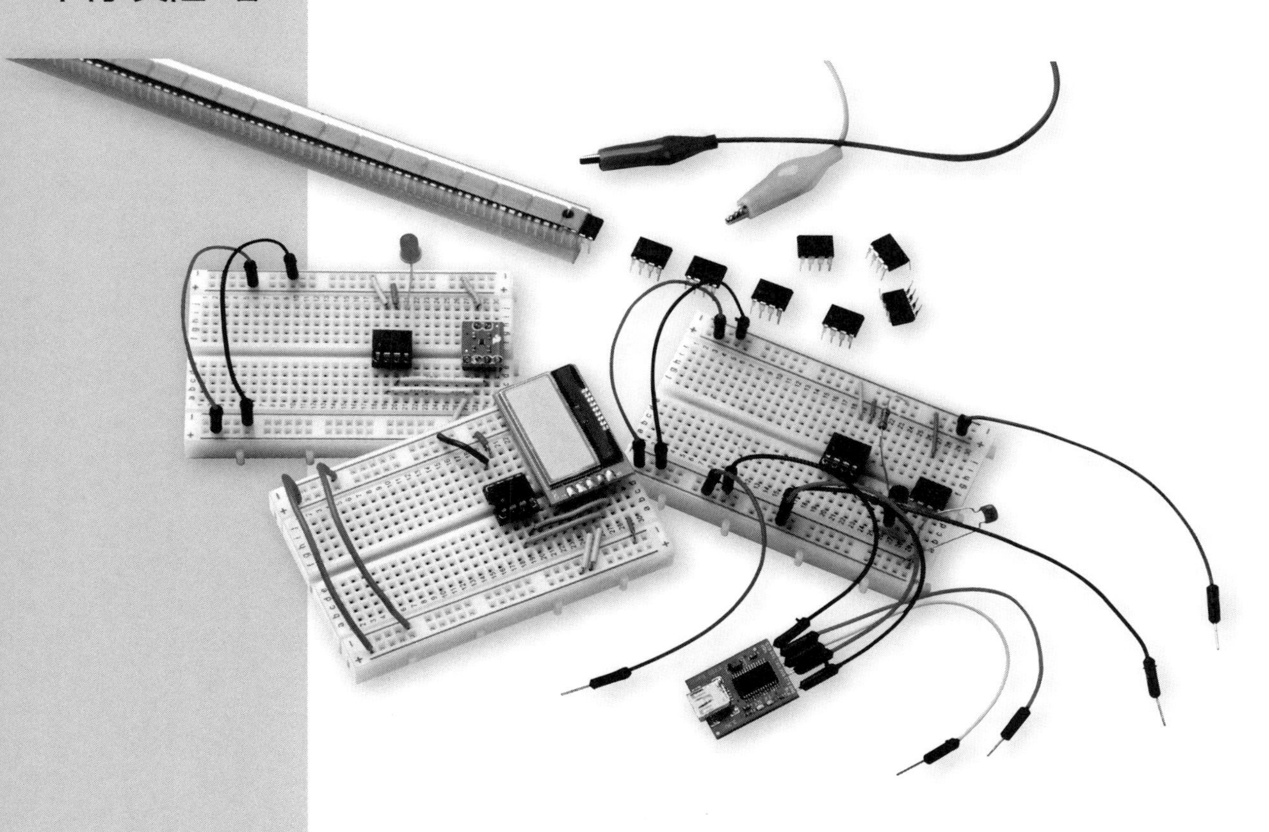

CQ出版社

まえがき

4ビットのマイクロプロセッサ4004から始まったマイクロコンピュータは，現在ではCPUのビット数も増加し，周辺回路までをワンチップに収めたマイクロコントローラの形となり，家電や自動車など身の回りのさまざまな製品で広く使用されているものとなりました．このような時代にあって，マイクロコントローラについて学ぶことは，産業上の応用はもちろん，技術的なトレーニングや知的好奇心の探求，ホビーなど，多様な場面で意義のあることだといえるでしょう．

本書でとりあげたLPC810は，32ビットCPUを内蔵した，8ピンの極小マイクロコントローラです．最近のマイクロコントローラは，高機能化にともなってピン数も増加し，開発環境もライブラリの充実によって楽になってきていますが，このことは逆に，マイクロコントローラを触っていても，何がどうなっているのかを突っ込んで知る必要性が薄れ，ハードウェアやソフトウェアのリソースの制約を気にする必要がなくなりつつあるとも言えます．

少ないピン数のマイクロコントローラであるLPC810を使ってみることは，リソースの制約の中で問題を解決していくという，マイクロコントローラの開発の原点に立ち戻ることでもあり，知的なパズルとしての面白さをもった体験でもあると思います．

第1章でLPC810の手軽，かつ安価な開発環境の紹介を行い，あわせて初めてLPC810を使う方でも一通りの開発手順がわかるように説明を行いました．

第2章では，スタンドアロンでのサンプルを通して，LPC810の基本的，かつよく使用される機能について詳しい説明をしています．ここでは，タイマ機能としてSysTick，MRTと，LPC810の特長でもある状態遷移を伴ったSCTについて触れ，メモリの少ないLPC810では重要な機能であるROMに内蔵されているI^2Cと，UARTのライブラリの使い方についても触れています．

第3章では，応用的なサンプルとしてパソコンやスマートフォンとの連携をとりあげています．ここでは，リソースの制約がある中でどのように必要な機能を実現するかということをポイントとして考えています．

第4章では，実際の製作例として，電子メールを使ってLPC810のGPIO出力を制御するアプリケーションと，アマチュア無線のモールス送信の自動化のアプリケーションとを紹介します．

LPC810は，小さな見かけによらず，もっているポテンシャルはかなり高いものがありますが，本書では，その活用の入り口としてある程度まとまった入門用のサンプルを提供しようという試みを行いました．LPC810に興味があるけれど，なかなか手が出せない，さまざまなサンプルに挑戦してみたけれど，なにがどうなっているのかをもう少し掘り下げて知りたい，という方々に少しでもお役に立てばと願っています．

2015年3月　中村 文隆

目　次

付属 CD-ROM について

付属の CD-ROM には，本文中で紹介した LPC810 用のプログラムのサンプル・ソースコードと，HEX 形式のバイナリが収録されています．各フォルダの名称には，開発時の整理のための 3 桁の番号がついていますが，この番号に特に意味はありません．

それぞれのプログラムに対応するフォルダは，LPCExpresso のプロジェクト形式になっています．サンプルを使用する際には以下の点にご注意ください．

- 試してみたいプロジェクトを，CD-ROM のフォルダからインポートします(後述)
- インポート先の自分のワークスペースには，CMSIS_CORE_LPC8xx が必要です．本文の指示に従って，CMSIS_CORE_LPC8xx をインポートしておいてください．
- CD-ROM からインポートした場合，ファイルやフォルダに読み取り専用属性がついたままになります．エクスプローラなどでインポートしたフォルダを開き，読み取り専用属性を解除してください．

インポートの手順は次のようになります．

- LPCExpresso で，Import project(s) のウィザードをクリック
- Project directory(unpacked) で，Root directory にインポートしたいサンプルのフォルダを指定

あとは，デフォルトのままウィザードを進めると，インポートが行われます．上記で注意したように，フォルダやファイルの読み取り専用属性を解除してからビルドを行います．

Import project(s) のウィザードが見つからない場合は，

- メニューの"File"から"Import"を選択
- Existing Projects into Workspace を選択
- Select root directory で CD-ROM のフォルダを指定し，Copy projects into workspace にチェックを入れる

という手順でも，インポートを行うことができます．

なお，CD-ROM 内のプログラムについては，下記の通り BSD ライセンスに準拠したものとして提供いたします．

第1章

誕生DIP8ピンARMマイコン

LPC810

● DIPのARMとは？

LPC810は，NXPセミコンダクターズ社のARMマイコン・シリーズの中で，もっとも小さな8ピン・パッケージの，DIPマイコンです(図1)．CPUコアは，12MHz（最大30MHz)動作のCortex-M0+で，4KBのフラッシュ，1KBのRAMを使用することができ，ROMに置かれたUART/I²C APIによる手軽なI/Oを利用することもできるようになっています．

動作電流は，30MHz動作時で3.3mA，内蔵のRCオシレータ(12MHz)を使った場合は，1.4mAと小さく，電源電圧も3.3Vのため，電池での駆動にも向いています．パッケージの小ささや，1個100円程度の安価な販売価格とあわせて，ちょっとした電子工作を楽しむには，まさにうってつけのマイコンです．

図1　LPC810のパッケージ

現状，NXP社のCortex-M0+のラインナップで，DIPパッケージのものは，8ピンのLPC810のみです．ピン数の多いDIPパッケージは，Cortex-M0コアDIP28ピン・パッケージのLPC1114となります．それ以外の，TSSOPや，SOパッケージのものは，IC単体を購入して個人で楽しむには，実装が煩雑なため，ボードとして提供されているものを使うことが多くなりそうです．

LPC810は，8ピンのパッケージで，電源とGNDのピンの二つを除くと，I/Oとして使えるピンは，6本と少ないものの，I/O機能のピン・アサインは，スイッチ・マトリクスという仕組みでプログラムから動的に変更することができます．やりたいことに対して，どうしてもピン数が不足するようなケースでは，LPC1114やボードを使う[1]ことになると思われます．しかし，手軽なプロトタイピングや，小規模な開発などにおいては，LPC810は最初に検討してみる価値のある選択肢だといえるでしょう．

また，LPC810には，有限状態機械[2](finite state machine)をハードウェアで実装したSCT（State Configurable Timer)も組み込まれています．このSCTは，NXPのマイコン・ラインナップの中では，LPC8xx，LPC18xx，LPC43xxの三つの系列でのみ使えるもので，そのエントリ・モデルとしてのLPC810は，用途によっては魅力的な選択肢になり得ます．

1　外付けのI/O拡張回路を使う方法もある．しかし，ほとんどの場合，I/O拡張回路のほうがLPC810よりも物理的なサイズが大きくなってしまう上，LPC1114を単体で購入するよりも高額になり，配線の手間もかかる．また，LPC810には，5ビットのアナログ・コンパレータが2系統あるものの，ソフトウェアでの制御が必要であり，A-Dコンバータが必要なケースでは，10bit×6chのハードウェアA-Dコンバータを持つ，LPC11140を使うほうが素直である．
LPC8xxシリーズには，後述のSCTや高速GPIOがある点が，LPC11xxシリーズに対してのアドバンテージであり，それらが必須の要求条件で，かつDIPパッケージを使った単体での製作を行いたい場合には，LPC810が有力な検討対象になり得る．

2　有限オートマトン(finite automaton)とも言われる．

さらに，LPC810のCPUコアであるCortex-M0+の特徴の一つに，GPIOがCPU直結されている点があげられます．バス経由ではないため，GPIOへのアクセスを高速に行うことができます．また，ディジタル・ピンのセット／リセットも効率的に行うことができるようになっていて，比較的単純ではあるけれど，高速なI/Oが必要な場合には，LPC810が良い選択肢になることもあるでしょう．

本書では，まずLPC810のハードウェアとソフトウェアについて概観したあと，USB-シリアル・インターフェースを使った手軽な開発環境を説明し，LPC810単体での機能説明と活用例を中心に解説し，LPC810の楽しさをみていきたいと思います．開発環境のUSB-シリアル・インターフェースを使うと，LPC810をパソコンI/Oインタフェースとしても機能させることができるので[3]，それについても事例を紹介してみます．また，スマート・フォンとの音響通信についても取り上げます．

なお，以下では，LPC810に関する，次の二つのマニュアルを適宜参照しながら説明を行います．

LPC800 User manual, Rev.1.3-22 July 2013
 http://www.nxp.com/documents/user_manual/UM10601.pdf
LPC81xM 32-bit ARM Cortex-M0+ microcontroller, Rev.4.2-10 December 2013
 http://www.nxp.com/documents/data_sheet/LPC81XM.pdf

以降の解説では，上記のそれぞれを，UM，XMと略記します．例えば，「UM p.264」は，UM10601.pdfの264ページ，「XM pp.9-11」は，LPC81XM.pdfの9ページから11ページと読み替えてください．

● スペック

ハードウェア

現在，店頭で販売されている，LPC810の正式な型番は，LPC810M021FN8で，8ピンのDIPパッケージに収められています．

おもにプログラムのバイナリ・コードを保存するFlashの領域が4kB，実行時のワーキング・メモリに使用される，SRAMが1kB，それぞれ搭載[4]されています．

I/Oは，おもなところでは，シリアル通信のUSART[5]が2系統，I^{2}Cが1系統，SPIが1系統，アナログ・コンパレータが，2IN/1OUT系統，GPIOが6系統，SCTが4系統，それぞれ利用可能です．

LPC810のパッケージは，DIP8で，電源とGNDに使用する二つのピンを除くと，I/Oに使用できるピン数は最大で6ピンしかないため，必要に応じてこれらのI/O機能のピン・アサインを切り替えて使用できるようになっています．

I/O関係の概略図は，**図2**のようになっています．バスは，CPUと主記憶(SRAM/ROM)，さらにFLASHもAHB(Advanced High-Performance Bus)と呼ばれる高速バスに接続されています．AHB-LITEは，本来のAHBからバス上のデバイス間のアービトレーション(調停)機能を省略したもので，CPUがマスタとなり，他のAHB-LITE上のデバイスがslaveとなることで，調停を省略することができるため，設計が簡略化されているものです．

周辺I/Oは，ブリッジを介してAPB (Advanced Peripheral Bus)上に接続されています．APBでは，割り込みにIRQ (Interrupt ReQeust)を使い，NVIC (Nested Vectored Interrupt Controller)で管理されています．

I/Oのうち，GPIOは，CPUに直接接続されているため，高速なI/Oが期待できます．また，SCT (State Configurable Timer)[6]は，CPUとは独立に稼働するブロックになっているため，こちらもパフォーマンス的には期待できる構成となっています．それ以外の主要なI/OはAPBに接続されています．

図2にあるように，I/O関係の信号線は多数あるものの，DIP8ピン・パッケージでは電源とGNDを除いた最大6ピンまでしか物理的なI/Oには使用できないため，スイッチ・マトリクスと呼ばれるブロックで，

---

3 この用途の場合は，上位CPUをボード化した製品を使うほうが，金額，物理サイズ，ソフトウェア開発などを総合したトータル・コストを考慮すると，良い選択になる．LPC810でも実現できるという事例の提示として考えていただきたい．

4 OSが動いているわけではないので，SRAMが不足で，Flashとの間でページングとしたければ，自分でその処理コードを書く必要がある．

5 USARTはUniversal Synchronous and Asynchronous Receiver and Transmitterの頭文字を並べたもので，同期式(Synchronous)と非同期式(Asynchronous)のどちらかの方式でシリアル・データ転送を行う機能．すべてのシリアル通信をUSARTと呼ぶわけではなく(たとえばUSBやI2Cもシリアル通信であるがUSARTには含まれない)，USARTに属する電気的な規格や通信プロトコルがいくつか定められている．
ホビー用途では，多くのパソコンで利用可能な，非同期式のRS-232Cのインタフェースとして使用する機会が多く，その場合は，Synchronousを省略してUARTと表記されることもしばしばある．パソコンとのRS-232Cでの通信のみを考えている文脈では，RS-232C = UART = USARTとして，しばしば混在した用法がみられるが，概念の包含関係としてはRS-232C ⊂ UART ⊂ USARTである．本書では，LPC810のUSARTはRS-232Cとしてのみ使用するので，RS-232C，もしくはUARTと表記する．

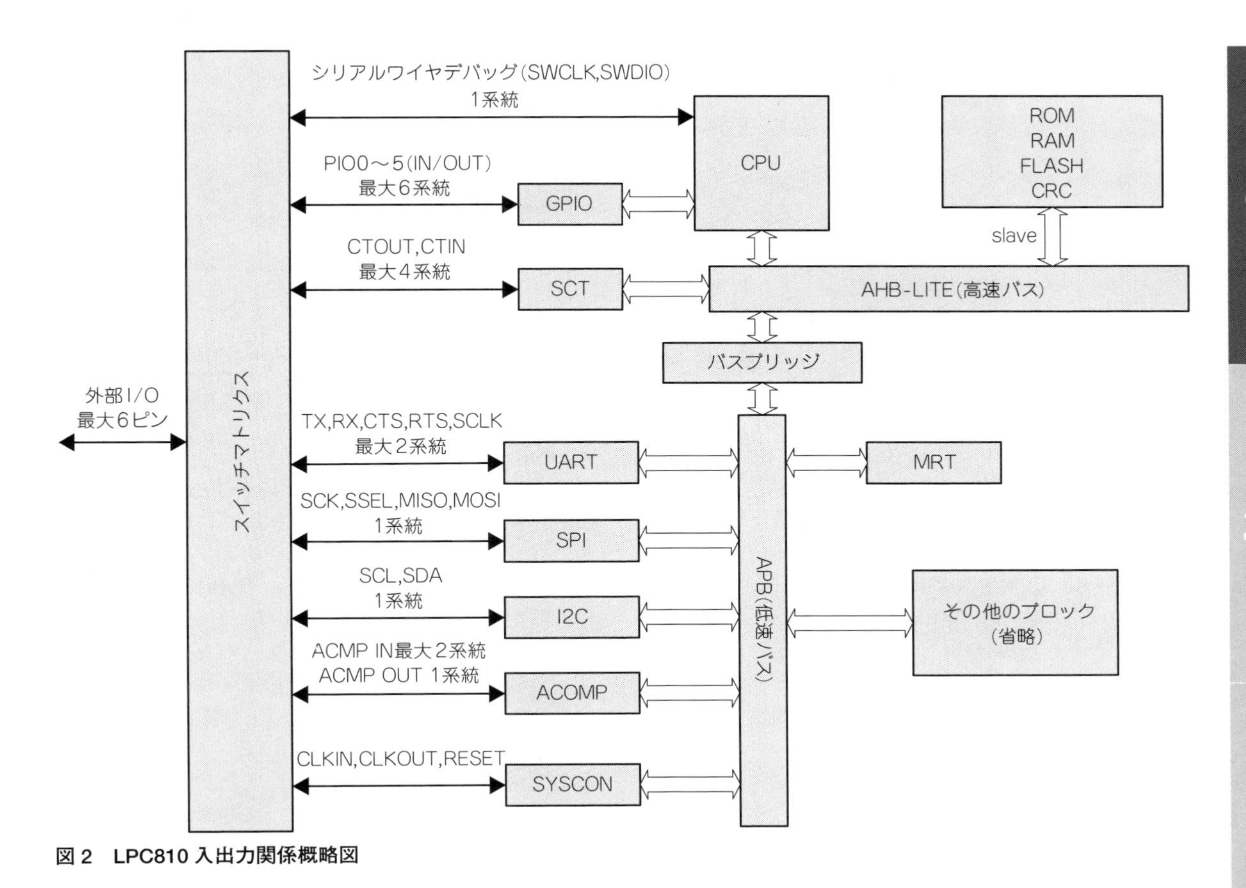

図2 LPC810 入出力関係概略図

信号を選択してI/Oに用いるようになっています．

CPUは，Corrtex-M0+コアで，動作周波数は最大30MHzですが，DIPパッケージに内蔵されているRCオシレータ(Internal RC = IRCオシレータ)は12MHzです．初期状態ではIRCオシレータからのクロックが供給され，12MHzで動作します．電源電圧は3.3Vで，アクティブ電流は，110μA/MHzのため，12MHz動作時の消費電流は，1.4mAほどで，スペックからすればかなりの低消費電力で動作しています．クロック周波数は内部のPLLを使用してクロック・アップすることも可能です．

なお，LPC800シリーズの他のチップでは，外部接続のクリスタルを使用することも可能ですが，LPC810では外部のクリスタルを接続するピンをアサインすることができないため，内蔵クロックか，CLKINからの直接のクロック供給のどちらかでの動作となります．CLKINは，**図2**からわかるようにAPB経由で，活用できる場面は限定的[7]と考えるべきでしょう．現実的には，LPC810の場合，IRCオシレータからのクロックをそのまま用いるか，必要であれば内蔵のPLLでクロック・アップするという使い方になります．

ソフトウェア

LPC810のソフトウェアは，LCXPressoという統合開発環境(IDE = Integrated Development Envrionment)を用いて，C言語で記述するスタイルで作成することが一般的です[8]．統合環境で作成したプログラムのバイナリ・コード(ユーザ・コード)は，UART（シリアル通信）経由でのISP(In-System Programming)でLPC810に書き込みます．通常，LPC810には，OSは存在せず，起動後は，Boot ROMのコードがまず実行されます．Boot ROMのコードの基本的な動作は，**図**

---

6 上位機種では，最大32のstateを定義できるが，LPC810では定義できる状態数は，一つのカウンタにつき，二つまでである(16ビット×2の使い方であれば各系統に二つずつ)．SCTの編集ツール上は，U_ALWAYS（もしくはH_ALWAYSとL_ALWAYS)という擬状態(pseudo state)が定義でき，それを加えると見かけ上，三つに見えるが，これはステート・マシンがどのstateにいるかに関係なく発生するイベントを表すためのシンボルで，通常の状態として使うことはできない．

7 CLKINからのクロックをPLLでクロック・アップすることも可能で，LPC810内での分周では，どうしてもまかないきれないクロックが必要な場合などが考えられる．

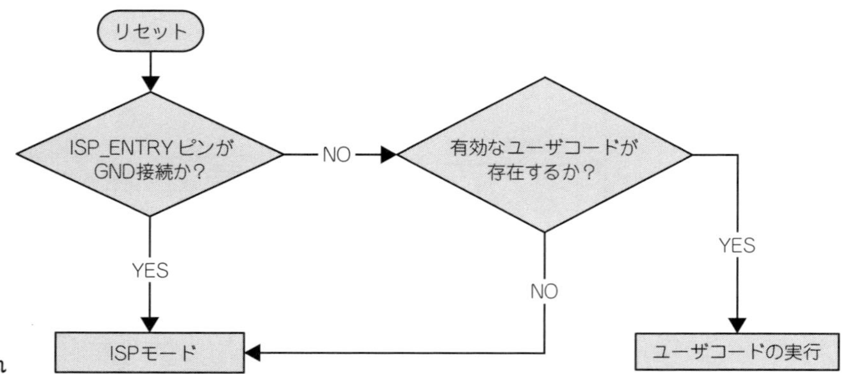

図3
簡略化したブートプロセスの流れ

3のように，ISPモードに入る条件が成立していれば，ISPモードで，起動してプログラムの書き込み状態に入り，成立していなければ有効なユーザ・コードが存在するかを調べ，存在すればユーザ・コードを実行する，という流れになっています．有効なユーザ・コードが見つからない場合は，ISPモードの起動に移ります[9]．

ユーザ・コードの作成に用いる標準的なライブラリとしては，CMSIS内のCMSIS_COREとCMSIS_DSPLIB，LPCXpressoに同梱で提供されているlpc800_driver_libの三つのパッケージがよく使われています．

CMSISは，Cortex Microcontroller Software Interface Standardの頭文字を並べたもので，ARM社によれば，ベンダに依存しないハードウェア抽象化レイヤ[10]として提供されているものです．

CMSIS_COREは，この後説明していくように，LPC810のレジスタなどの設定に必要なシンボル定義と，最小限のシステム初期化関数とが用意されているライブラリで，本書ではこのライブラリを使ってプログラミングを行います．

CMSIS_DSPは，浮動小数点やベクトル／行列演算，三角関数やディジタル・フィルタなどDSP関係の処理が収められたライブラリで，用途によっては有用な場面があります．ただし，Cortex-M0+は，浮動小数点ユニットをもたないため，浮動小数点演算を用いた場合にはパフォーマンスはそれなりに低下することと，DSP関係のライブラリをリンクするとコードのサイズが大きくなりがちなため，RAMやフラッシュの資源が厳しいLPC810では，パフォーマンスとよく相談[11]して利用するかどうかを決める必要があります．このため，本書ではDSPのライブラリを使わずに進めていきます．

もう一つのlpc800_driver_libは，CMSISをベースとして構築されたライブラリで，LPC800シリーズのI/Oなどを手軽に扱うことのできる関数群が収められています．このライブラリを利用すると，LPC810のレジスタなどの詳細にはあまり立ち入ることなくプログラムを作成することができます．ただし，一般化したライブラリであるため，自分が使用する予定のない機能についても一通りコーディングが行われていることもあり，lpc800_driver_libを使用した場合には，コードのサイズが大きくなりがちです．

CMSISのハードウェア抽象化レイヤの上に，lpc800_driver_libをAPI的に使用することによって，マイコンであるLPC810の詳細に煩わされることがなくなる[12]というメリットは，大きいものがありますが，反面，ハードウェアを自分で操るというプリミティブな楽しみからは遠ざかる方向であるともいえます．

本書では，可能な限りCMSIS_COREのみを使い，

---

8 ARM Cortex-M0＋インストラクション・セットでコードを生成できるコンパイラであれば原理的には他のコンパイラでもよい．実際，LPCXpressoもコンパイラ系はgccをベースにしている．知識と経験があればLCXpressoを使わない開発環境を構築することもできるが，必要なヘッダ・ファイルやライブラリなどの整備には，それなりに手間もかかるため，どうしてもLPCXpresso以外の環境が必要という特別な理由がなければ，LPCXpressoを使うことをお勧めする．

9 ブート・プロセスでは，このほかにもウォッチ・ドッグ・フラグなど，いくつかの条件がチェックされる．詳細はUM p.269のフローチャート，UM p.273 Table 237を参照されたい．

10 http://www.arm.com/ja/products/processors/cortex-m/cortex-microcontroller-software-interface-standard.php．CMSISには，本文で挙げたものの他，リアル・タイムOS向けのRTOS-APIと，システム・ビューを記述したXMLファイルのSVDとが含まれる．本書ではリアル・タイムOSについては扱わないため，RTOS-APIについては省略する．また，SVDはシステム・ビューの記述であるので，本書の範囲では扱うメリットが少ないため，こちらも省略する．

11 たとえば，扱う数値の範囲と精度が限定されているのであれば，固定小数点での演算に置き換えたコードを自分で記述するなどの工夫も検討すべきであろう．

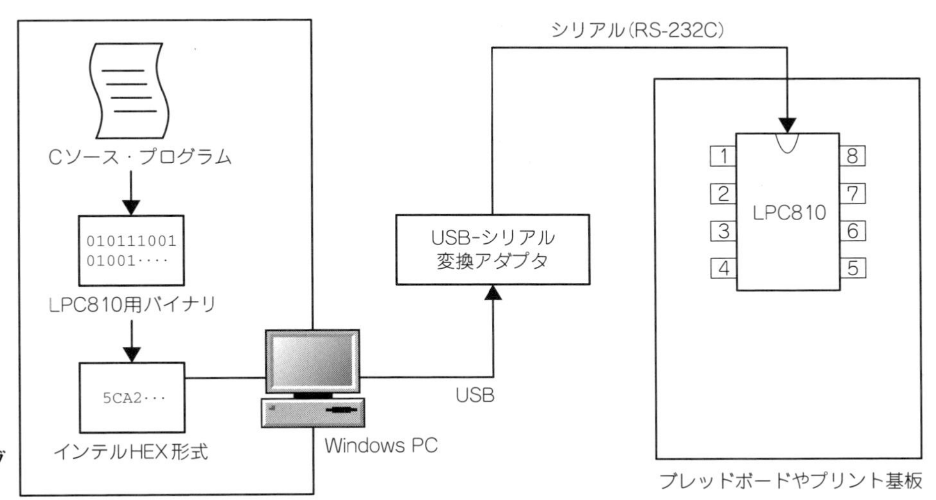

図4
LPC810プログラミングの流れ

軽量なプログラミングでLPC800シリーズ最小のマイコンであるLPC810を「いじって」みることにします.

● 開発環境

概説

本書では，LPC810の開発環境として，以下のような構成を想定して進めていきます.

ハードウェア
- ブレッドボード
- ジャンパ・ワイヤ
- USB-シリアル変換アダプタ

ソフトウェア
- LPCXpresso
- Flash Magic
- Switch Matrix Tool

上記のハードウェアとソフトウェアの他に，Windowsパソコンと LPC810本体があれば，最低限の開発環境は整います．この他に，それぞれの製作例ごとに必要なパーツを揃えて開発を進めていきましょう.

なお，上記の三つのソフトウェアは，いずれも無償で入手することができます．以下，ハードウェア・ソフトウェアのそれぞれについて準備の説明をした上で，LPC810の動作確認のためによく行われているLEDの点滅[13]を例題として，実際にプログラムをLPC810に書き込んでみます．なお，ハードウェアについては，開発のためのハードウェアに加えて，点滅させるためのLEDと，LEDの電流制限用の抵抗が必要になります.

ハードウェア

▶ 全体構成

LPC810へのプログラムの書き込みは，ISP(In-System Programming)を用いて行います．ISPでの書き込みは，**図4**のように，パソコンでLPC810用のプログラムをコンパイルし，生成されたバイナリ・コードを，転送用のインテルHEX形式というフォーマットに変換した後，USBからシリアル(RS-232C)でLPC810に書き込むという流れになります.

ISPは，In-Systemの言葉どおり，たとえばプリント基板にシステムを組んでしまった後でも，必要な結線を確保できるようにしておけば，プログラムを書き換えることができます．ただし，ピンをISP書き込み時用と通常動作時用に切り替えられるようにしておく必要があります．ブレッドボードを使ったプロトタイピングの段階では，ジャンパ・ワイヤの抜き差しで手軽にこの切り替えを行うこともできるので，最初は簡便な方法でLPC810をISPモードに入れることにします.

▶ 動作チェック用のパーツ

図5に，LPC810の開発環境に必要なパーツのリストを示しました．**図5**の中で，LEDと抵抗は動作

12 少し意地の悪い言い方をすれば，LPC810をArduinoのように使うこともできるとも言える．実際，LPCシリーズ汎用のデバッガ・ボードLPC-Link2（税抜き2000円ほどで購入可能）を用意し，lpc_800driver_libを使うと，かなりサクサクとものごとが進む．しかし，そうなってしまうと逆に，ピン数の少なさや，IPネットワークへの接続性の低さ(不可能ではないが高額，もしくは煩雑)，たとえばWiringなどのような高レベルAPIの欠如などのマイナス面も顕在化してきてしまう．本書では，(古き良き)マイコンらしいマイコンとして，LPC810を楽しむ方向を探ってみたい.

13 LEDをチカチカと点滅させるところから，しばしば「Lチカ」と呼ばれている．LEDblink，などの呼び名もある.

品名・型番	メーカ	備　考
LPC810	NXP セミコンダクターズ	－
ブレッドボード	－	配線スペースの取れる大きさのもの
DIP8 ピン IC ソケット	－	2，3 個以上揃えておくとよい
FT232RL 搭載小型 USB-シリアル・アダプタ 3.3V	スイッチサイエンス	5V のものは使えないので注意
ジャンパ・ワイヤ	－	オス-オス　15 本くらい
USB ケーブル	－	ミニ B タイプ
LED	－	1 個以上
抵抗（100Ω）	－	数本用意すると便利

図 5　動作チェックに必要なパーツ

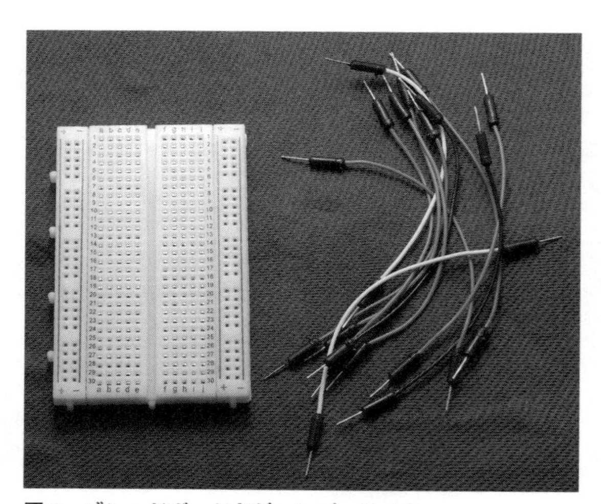

図 6　ブレッドボードとジャンプ・ワイヤ

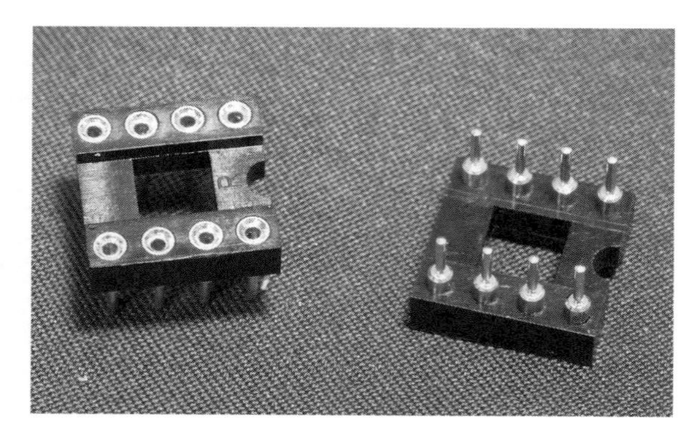

図 7　DIP8 ピン IC ソケット

図 8　ソケットに LPC810 を乗せたようす

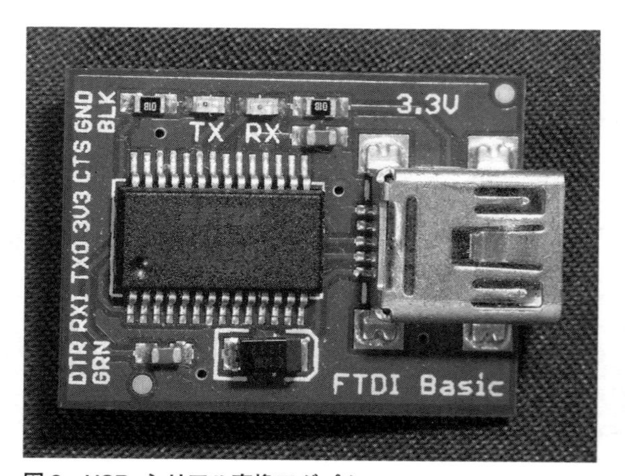

図 9　USB-シリアル変換アダプタ

チェックのために使用するパーツです．

LPC810 は，ボードに実装されているものではなく，**図 1** のような IC 単体で売られているものを使います．実売価格は若干ばらつきがありますが，80 ～ 100 円程度の店が多いようです．

ブレッドボードは，**図 6** 左のような横の行が 1 から 30 までの，30 行程度のもので大丈夫ですが，あまり小さいものはジャンパ・ワイヤの取り回しが窮屈になるため，適度に余裕のあるものを用意してください．ブレッドボード上での配線に使うジャンパ・ワイヤ[14]は，**図 6** 右にあるような，オス－オスの（両側がピンになっている）タイプを 20 本程度用意します．ジャンパ・ワイヤの色は，赤が電源，黒が GND などの使い分けにこだわる人もいますが，色ごとにバラ売りされていることは少ないので，適度に違う色が混じっている程度の揃え方でもかまいません．すべてが

14　この配線用の線の呼び名は，ジャンパ・ワイヤ，ジャンプ・ワイヤ，ジャンプ・コード，ジャンパ・ケーブルなど，文献や販売店ごとにバラバラである．

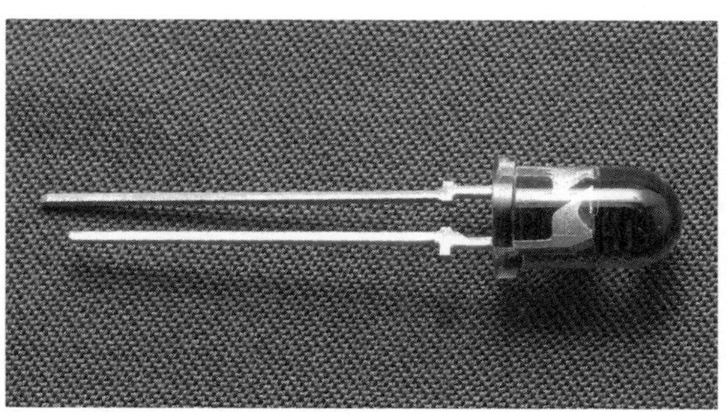

図10　赤色LED．足の長いほうがアノード(+)，短いほうがカソード(−)

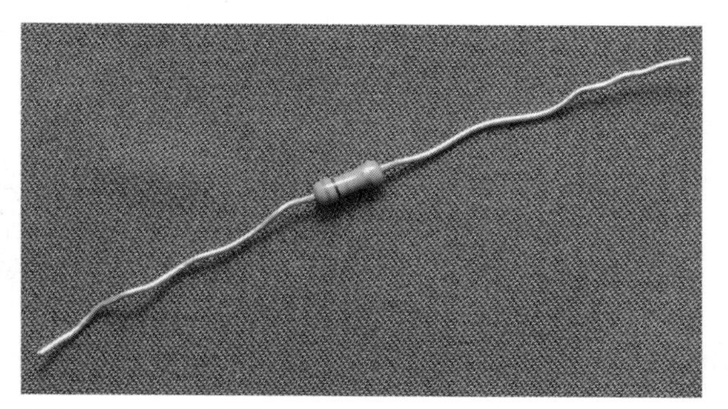

図11　カーボン抵抗

同じ色でも機能面の問題はありませんが，誤配線の危険も増えるので，数色はあったほうが作業の確認がしやすくなります．

DIP8ピンのICソケットは，**図7**のようなもので，**図8**のようにLPC810を差し込んで使います．プログラム書き込み時と，プログラム実行時とでブレッドボード上でLPC810を差し替える際に，LPC810を直接抜き差しするとICの足が折れやすいため，ブレッドボードに挿しやすく，万一壊れても替えの効くICソケットを介してブレッドボードにLPC810を装着するようにします．なお，ICソケットは丸ピンのものが足も長く，ブレッドボードには適しています．足の短いICソケットも売られているので，購入時にはブレッドボードに挿入する十分な長さのある足をもつものを選んでください．

次に，パソコンのUSBをシリアル(RS-232C)に変換するアダプタは，本書では，**図9**のようなスイッチサイエンスのFT232RL搭載小型USB-シリアル・アダプタ3.3V版を使用します．価格は2014年1月時点で1644円です．

URLは，`http://www.switch-science.com/catalog/343/`で，このページにも注意が記載されていますが，スイッチサイエンスで販売されているUSB-シリアル・アダプタには，給電電圧が3.3Vのもの(本書で使用するもの)，5Vのもの，5V/3.3V両対応の合計3種類が存在しています．LPC810のV_{DD}は，データシート上，+4.6Vが最大印加電圧となっているので，アダプタから出ている電源電圧が5Vのものを間違えて使用しないように注意してください．5V/3.3V両対応タイプのものは，若干価格が安いのですが，電圧の切り替えをジャンパピンで設定する必要があり，誤って5Vを印加することのないように，できれば3.3VのみのUSB-シリアル・アダプタを購入することをお勧めします．

なお，**図9**の変換アダプタのUSBポートは，ミニBのタイプです．最近のスマート・フォンのUSBポートはマイクロBと呼ばれるもので，ミニBには適合しません．手持ちにミニBのUSBケーブルがない場合は，あわせてケーブルも用意してください．

ここまでのパーツで，LPC810をプログラミングするための最小限の環境を作ることができます．今回は，LEDを点滅させるプログラムでLPC810の動作確認を行うため，追加で以下の二つのパーツが必要となります．

一つはLEDで，色は任意のものでかまいません[15]．**図10**は赤色LEDの例で，**図10**で長いほうの足がアノード(陽極)で+側に，短いほうの足がカソード(陰極)で−側に，それぞれ接続します．LEDはバラで売られていることもありますが，10本など，ある程度まとまった数を1セット100円程度で売られているものもよくみかけます．

図11は，LEDに流れる電流を制限するための抵抗で，一般的なカーボン(炭素被膜)抵抗です．入手が容易な1/4Wか1/8Wのものを使います．バラ売りのもので十分ですが，たくさん使うようなら，100円程度で，100本程度のパックを買うこともできます．

抵抗値は，**図5**では100Ωを指定していますが，これは典型的なLEDの順方向電圧を2.0V程度とすると，(3.3V − 2.0V)/100 = 13mA程度の電流となるような値です．最近のLEDは，この程度の電流でも十分明るく光りますが，もし，用意したLEDが暗すぎる，もしくは点灯しないような場合は，抵抗を2本並列に接続してみましょう．ただし，抵抗を介さずにLEDを接続するのは，最大定格電流を超えてしまう

15　できれば，赤，もしくは黄色のものがよい．LEDには順方向降下電圧というパラメータがあり，赤では2.0V前後，青では3V前後である．順方向降下電圧が電源電圧と近いものは，推奨される動作条件に近づけることが困難になるので，できれば避けたい．電源電圧3.3Vでも緑や青のLEDが点灯する事例はあるが，回路設計上は，あまり好ましい状態になっているとは言えないことが多い．電源電圧から昇圧させるパーツや手法もあるにはあるが，ここでは動作確認であるため，素直に点灯させるには赤のLEDを選んでおくとよい．

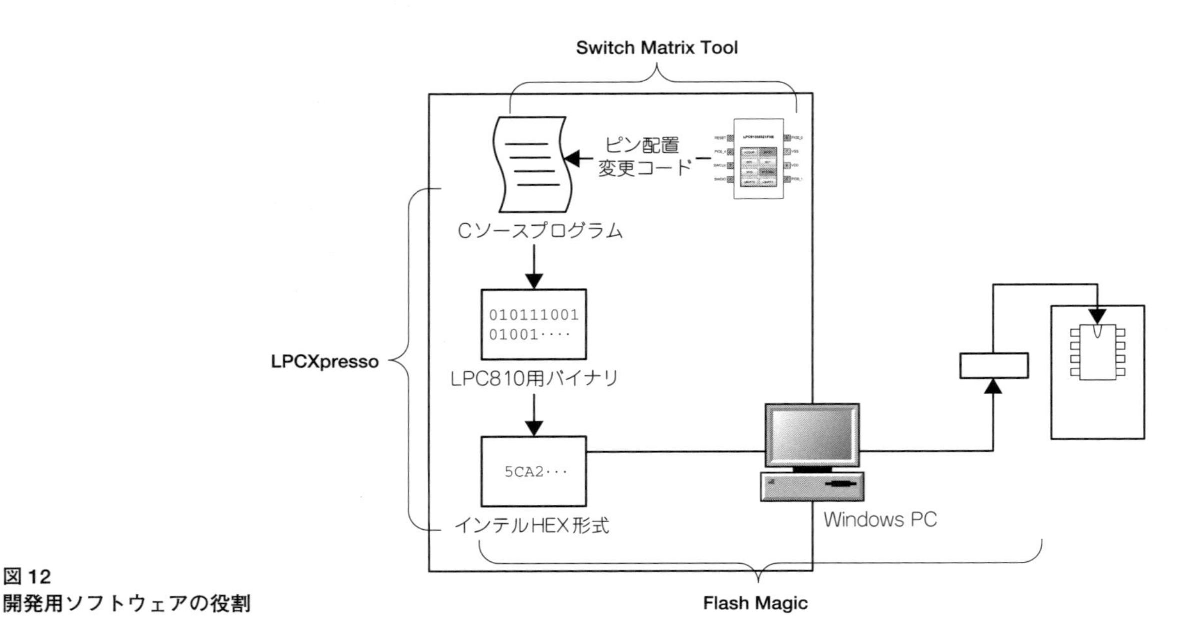

図12
開発用ソフトウェアの役割

ので，避けてください．LEDの電流制限抵抗の算出方法については，Appendixの「LEDの電流制限抵抗」も参照してください．

ここまでが，LPC810へのプログラム書き込みと，LED点滅での動作確認に必要なハードウェアの説明です．

ソフトウェア

▶ 全体構成

開発に用いるソフトウェアについて説明します．開発には，次の三つのソフトウェアを使います．

LPCXpresso
Flash Magic
Switch Matrix Tool

それぞれの位置づけは，**図12**のようになっています．**図12**は，**図4**のLPC810プログラミングの流れのうち，左側のパソコン上での作業について説明を加えたものです．

プログラムは，C言語で記述し，ソース・コードの入力から，LPC810用バイナリの生成，転送用のインテルHEX形式ファイルの生成の作業は，LPCXpressoというソフトウェアで行います．

インテルHEX形式ファイルをLPC810に転送する作業には，Flash Magicというソフトウェアを用います．

LPC810のピン・アサインを初期の配置から変更する必要がある場合は，C言語で記述された設定用のソース・コードが必要になります．このソース・コードの生成には，Switch Matrix Toolというソフトウェアを使います．

これらの三つのソフトウェアはいずれも無料で入手することができます．

▶ LPCXpresso

• ダウンロードとインストール

LPCXpressoは，LPCシリーズのマイコン用統合開発環境(Integrated Development Envrionment = IDE)で，ダウンロードは下記のURLから行います．

```
http://www.lpcware.com/lpcxpresso/
download
```

本書では，Windows用のLPCXpressoを使って説明していくので，**図13**のダウンロードページからWindowsをクリックし，**図14**のWindows Installerダウンロード・ページに移動して，current releaseをクリックして最新版のインストーラをダウンロードします．**図14**ではcureent releaseが6.1.2となっています．特になにか理由がない限りは，最新のLPCXpressoを使うようにします．

2014年1月時点での最新版のインストーラは，LPCXpresso_6.1.2_177.exeで，300MB強のサイズです．インストールは，基本的にはデフォルトのままで進めてもかまいませんが，**図15**のデバッグ・ドライバについては，本書ではデバッガ機能を使用しないため，他でデバッガを使う必要や予定がなければ，チェックを外す選択もあります[16]．デバッグ・ドライ

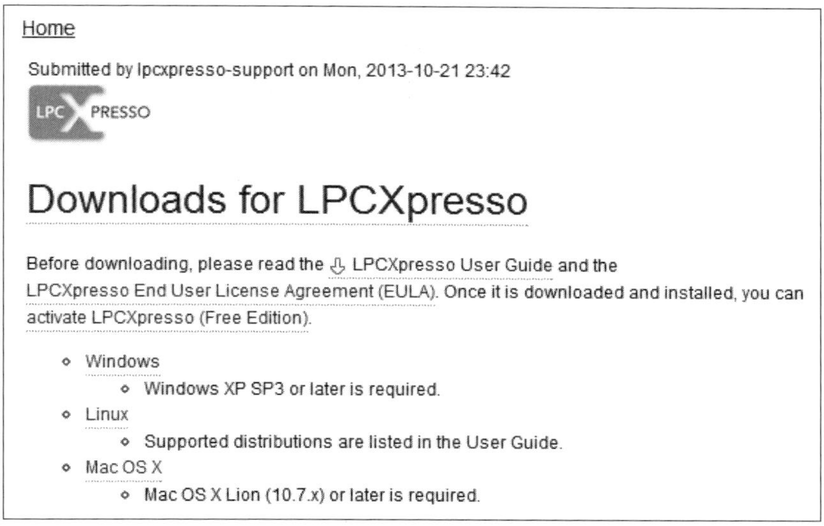

図 13 LPCXpresso ダウンロードのページ

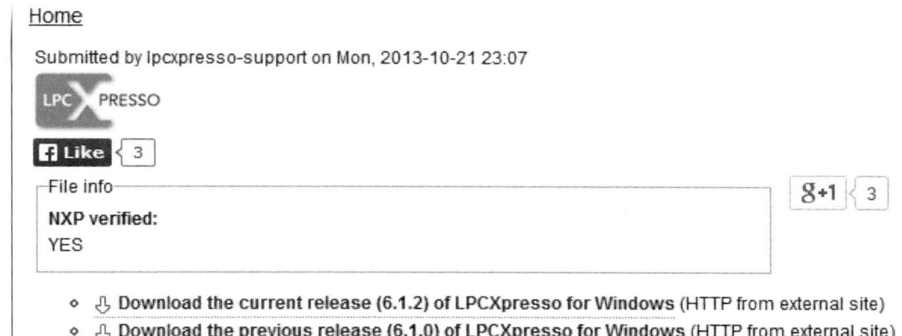

図 14 LPCXpresso Windows 用インストーラのダウンロード・ページ

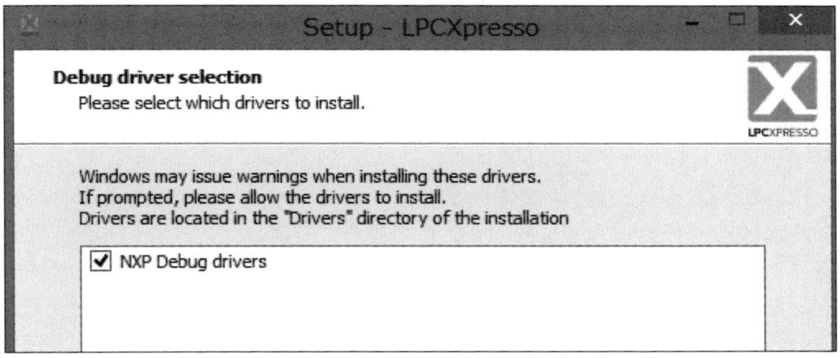

図 15 LPCXpresso デバッグ・ドライバのインストール選択画面

バのインストールを選択した場合は，インストールの途中で ドライバのインストール許可を求められるので，確認の上許可してインストールを進めてください．

なお，LPCXpresso のソフトウェアは無料ですが，ユーザ登録を行ってアクティベーションを行わない

16 デバッガ機能は，LPC-Link2 などの専用ボードを介して開発を行う際に使用できる．LPC-Link2 は，入出力ピンの信号を観察できるなどの機能を持ち，アドオン・ボードの Labtool を追加することでロジック・アナライザやオシロスコープとして使用することもできる．LPC810 を気軽に楽しむ段階では，そこまでの機能は必須ではないため，本書では使わずに開発を進めるが，興味のある方は各自で試してみていただきたい．

図16
FlashMagicのダウンロード・ページ

と，生成できるコード・サイズが8kBまでという制約があります．LPC810のフラッシュRAMは4kBなので，アクティベーションを行わずに開発を進めることもできますが，できればアクティベーションを行っておきましょう．詳細な手順については，AppendixのLPCXpressoのアクティベーションを参照してください．

▶FlashMagic

• ダウンロードとインストール

続いて，LPC810にシリアル経由でコードを書き込むためのFlash Magicをダウンロードし，インストールを行っておきます．Flash Magicは，COMポートを指定して書き込みを行うため，動作を確認するためには，**図9**のUSB-シリアル変換アダプタが，パソコンのUSBポートに接続されている必要があります．

Flash Magicのダウンロードは，

```
http://www.flashmagictool.com/
```

から，**図16**のDownloadの「↓ FlashMagic.exe」をクリックして行います．

FlashMagic.exeはインストーラで，インストールは特に注意する点はなく，Nextなどで進めていけば完了します．デスクトップにアイコンを作るかどうか，などの選択は自分の環境に合わせて選択してください．

• COMポートの確認

図9の，USB-シリアル変換アダプタが既に手元にある場合は，変換アダプタをパソコンに接続して，COMポートの確認を行っておくことができます．手元に変換アダプタをまだ準備していない場合は，後で作業する際に本節を参照してください．

今回使用する変換アダプタは，FT232RLというチップを使用したもので，このチップ用のドライバは下記のURLからダウンロードすることができます．

```
http://www.ftdichip.com/Drivers/
VCP.htm
```

FT232用のドライバは，仮想COMポート(Virtual COM Port，VCP)用のものと，ダイレクト・アクセス用のものが用意されていますが，今回は，VCP用のドライバを使います．上記のページから，環境(Windowsのバージョン，32/64bit)に合ったドライバをダウンロードし，あらかじめわかりやすい場所に解凍しておきます．解凍は，ダウンロードしたZIPファイルを右クリックし，「すべて展開」を選択すると簡単に行うことができます．

ドライバを用意した後で，**図9**のアダプタをパソコンのUSBに接続します．Windowsの環境によっては自動でうまく認識されることもありますが，「デバイスドライバ・ソフトウェアは正しくインストールされませんでした」というメッセージが出ることがあります．

正しくインストールできなかったというメッセージが出た場合は，コントロール・パネルからデバイス・マネージャを開き，「ほかのデバイス」という項目を探します．ドライバをインストールできなかったデバイスには，!という黄色のアイコンが付いているので，その中で，FT232，もしくは，USB Serial Portなどの文字列が含まれているものを探します．表示されるデバイス名は環境によって異なることがあるので，確信が持てない場合は，コントロール・パネルを開いた状態で，アダプタを抜き差しして確認してみる方法もあります．

アダプタのエントリがみつかれば，それを右クリックして「ドライバ・ソフトウェアの更新」を選択し，「コンピュータを参照してドライバ・ソフトウェアを検索

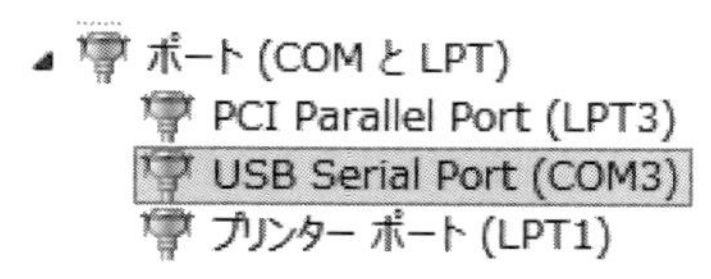

図17 USB Serial Port(COMx の x は環境によって異なる)

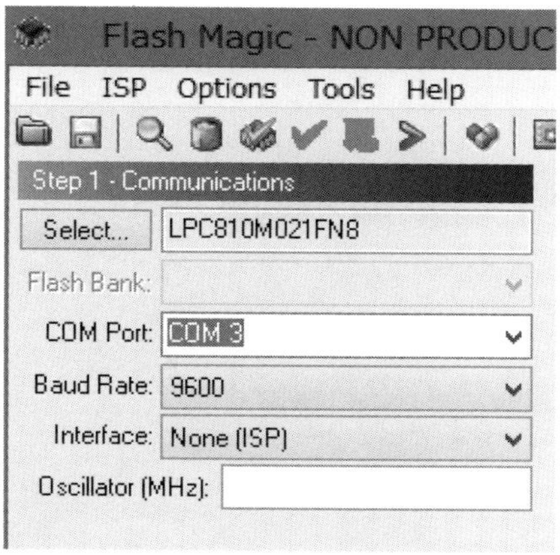

図18 Flash Magic の COM ポート指定

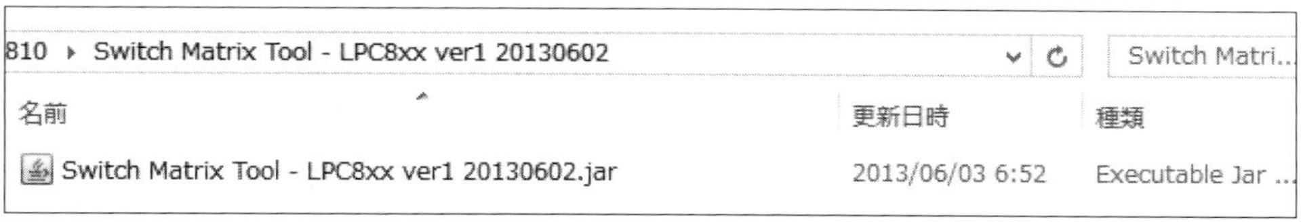

図19 Switch Matrix Tool の ZIP ファイルを解凍したフォルダの内容

します」をクリックして，さきほど解凍しておいたドライバ・ソフトウェアのフォルダを指定してドライバをインストールします．

うまく認識されると，**図17** のように「ポート(COM と LPT)」の項目に，「USB Serial Port」というエントリができて，この COM 番号を使って Flash Magic から LPC810 に書き込む準備ができたことになります．**図17** では COM3 となっていますが，COM の後の数字は，環境によって変わるので，デバイス・マネージャを開いて自分の環境での USB Serial Port の COM ポート番号を確認しておきます．

Flash Magic を起動すると，**図18** のように「COM Port」の項目があるので，書き込みを行う際には，上記で確認した COM ポート番号に合わせて指定を行うようにします．

ここまでで，Flash Magic のインストールと，動作に必要な COM ポート用ドライバのインストールと設定の説明は終わりです．Flash Magic は，この後の動作確認で作成したインテル HEX 形式を，LPC810 に書き込む際に使います．とりあえず，COM ポートの確認まで行ったところで，いったん Flash Magic は終了しておいてかまいません．

▶Switch Matrix Tool

• ダウンロード

ソフトウェアの準備の最後に，LPC810 のピン・アサイン変更を行うコードを生成する Switch Matrix Tool をダウンロードしておきます．

Switch Matrix Tool は下記の URL からダウンロードします．

```
http://www.lpcware.com/content/
nxpfile/nxp-switch-matrix-tool-
lpc800
```

ダウンロードした ZIP ファイルを，右クリックから「すべて展開」で解凍すると，**図19** のようにファイルが一つだけのフォルダが作成されます．これはセットアップ・ファイルではなく，Java の実行ファイルで，Switch Matrix Tool の本体そのものです．

• Java実行環境の確認

ここで展開された，Switch Matrix Tool は，Java の実行ファイルである JAR 形式で作成されていて，特にインストール作業は必要ありません．ただし，実行には Java の実行環境である Java Runtime Environment(JRE)が必要[17]です．

図19 の jar ファイルをダブル・クリックしてみて，Switch Matrix Tool が起動するようなら，使っているパソコンには既に JRE が入っていますが，起動しない場合は，下記の URL から最新版の JRE をダウンロードして，インストールします．

17 Java の開発環境である JDK がインストールされていれば，JRE は一緒にインストールされている．Switch Matrix Tool の実行だけであれば，開発環境である JDK までは必要なく，JRE で十分である．

無料Javaのダウンロード

デスクトップ・コンピュータ用のJavaを今すぐダウンロード。

Version 7 Update 45

無料Javaのダウンロード

» Javaとは » Javaの有無のチェック » サポート情報

図 20
Java 実行環境のダウンロード画面

Javaのバージョンを確認しました

正常な設定です。

推奨バージョンのJavaがインストールされています (Version 7 Update 45).

図 21
Java がインストール済みの場合のチェック結果

【 Select the device to configure by clicking the pictures below 】

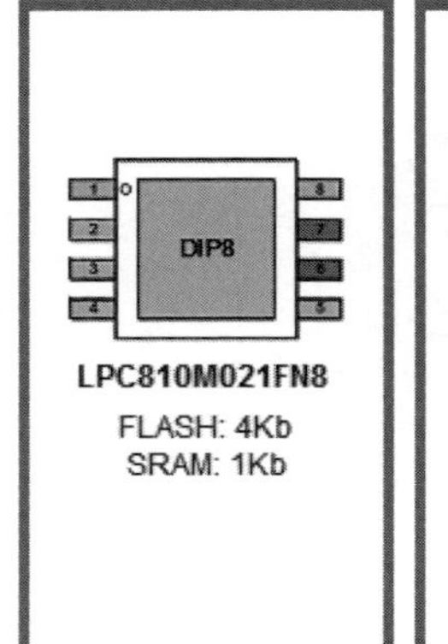

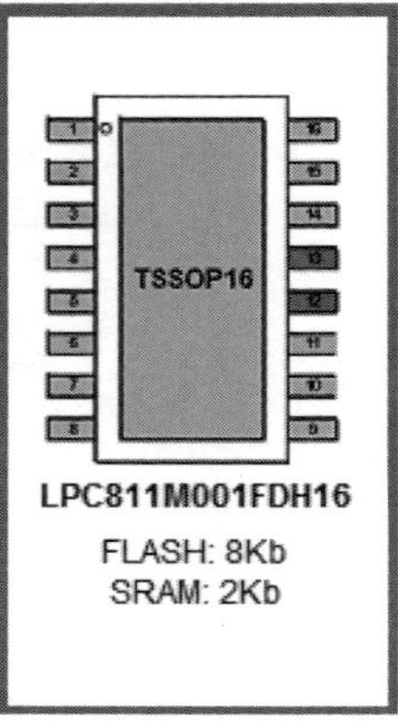

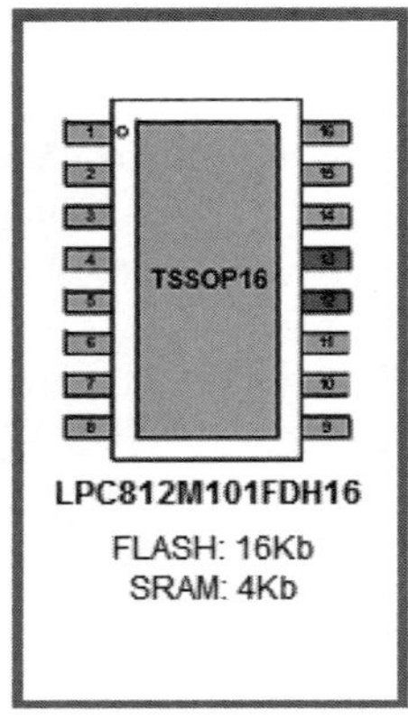

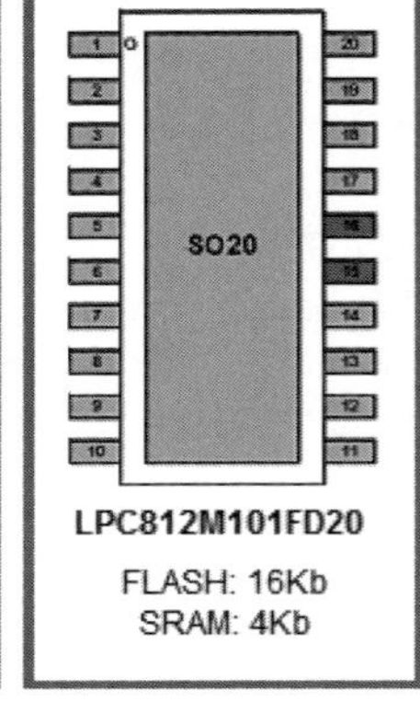

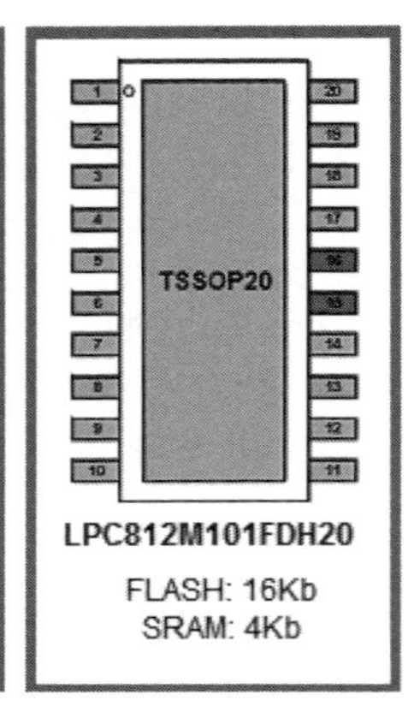

図 22　Switch Matrix Tool のデバイス選択

```
http://java.com/ja/download/
```

上記のURLに，**図 20** に示したように「無料Javaのダウンロード」ボタンがあるので，それをクリックし，指示に従ってインストールを進めます．

チェックの結果，Javaが正常にインストールされていれば，**図 21** のようにインストールされているバージョンとともに，インストール済みのメッセージが表示されます．

● Switch Matrix Toolの動作確認

Javaのランタイム環境であるJREがインストールされている状態で，**図 19** のSwitch Matrix ToolのJava実行ファイルをダブル・クリックすると，**図 22** に示すように，設定するターゲットICを選択するウィンドウが表示されます．

LPC810は，一番左の8ピンのパッケージなので，それをクリックして選択すると，**図 23** のようにLPC810のピン・アサインを編集する画面が表示されます．

ピン・アサインを希望する配置に設定したら，メニューのExportから必要なファイルを書き出して，LPCXpressoに記述するソース・コードに取り込むというのがSwitch Matrix Toolの基本的な使い方です．具体的な設定内容や取り込みの方法は，それぞれ該当する説明の項で紹介していきます．

Switch Matrix Toolの動作確認が終われば，とりあえずSwitch Matrix Toolは終了しておいてもかまいません．

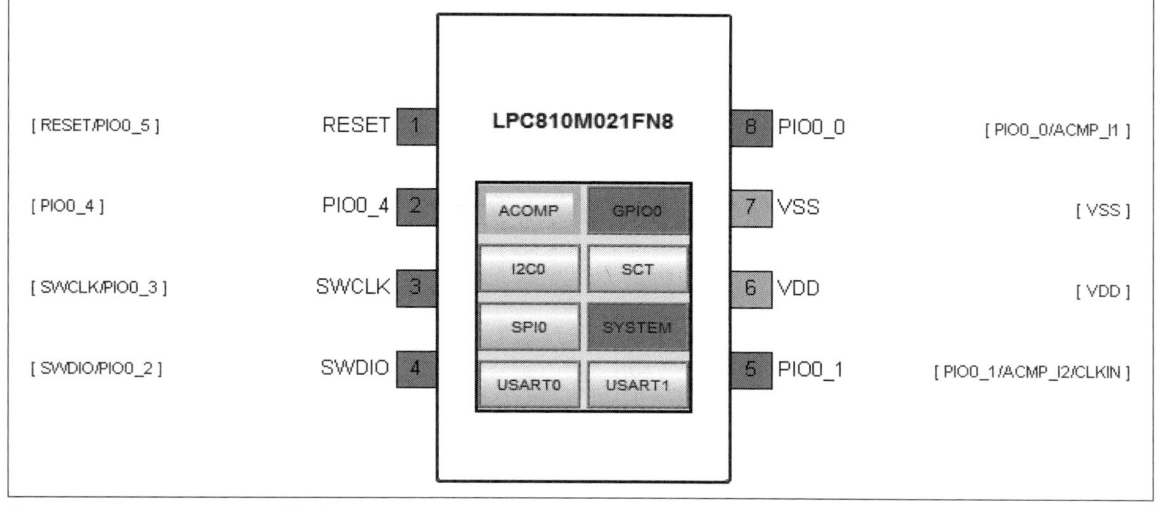

図23　Switch Matrix Toolの設定画面

LEDブリンキング

● LED Blinkプログラムの作成

プログラム作成の流れ

LPC810の開発環境が準備できたら，LPCXpressoを使ってLEDを点滅させるプログラムを作成してみます．作業自体は複雑というほどではありませんが，関連する項目は少し多目なので，全体の流れをざっとみておきます．

使用するツール間の分担関係は，前掲した**図12**のとおりですが，実際の作業フローとしては，**図24**のようになります．**図24**のワークスペースというのはフォルダのことで，プログラムのソース・コードや，バイナリが置かれるフォルダをプログラムごとに指定して使うようにします．また，必要なライブラリのプロジェクトは，概要で述べたCMSISの中のCMSIS_COREや，lpc800_driver_libのことで，これらはLPCXpressoの中に含まれているので，使いたい機能に応じてワークスペースにインポートして使うことになります．

プロジェクトというのは，ソース・コードやバイナリなどのまとまった単位のことです．ワークスペースには，ライブラリのプロジェクトと，自分が作成するプロジェクトが含まれることになります．

プログラムの記述はC言語を使い，Switch Matrix Toolで希望するピン・アサインを画面で指定すると，初期化を行うための関数を記述したC言語の短いコードをいくつかのファイルに分けて生成します．これらのファイルを自分のプロジェクトに取り込み，必要な処理を記述したら，メニューから，

Project → Build project

を行い，ソースのコンパイルを行います．結果は下部の「Console」のウィンドウに表示されるので，間違いがあれば修正し，正常にコンパイルできるようにします．ビルドが問題なく通るようになったら，LPC810に転送するためのインテルHEX形式のファイルを，Flash Magicを使って書き込んで動作をテストします．

以上が，LPC810のプログラミングのおおまかな作業フローです．続いて，それぞれの作業について説明していきます．

LPCXpressoのワークスペースとライブラリ・プロジェクト

LPCXpressoを起動すると，**図25**のように，作業

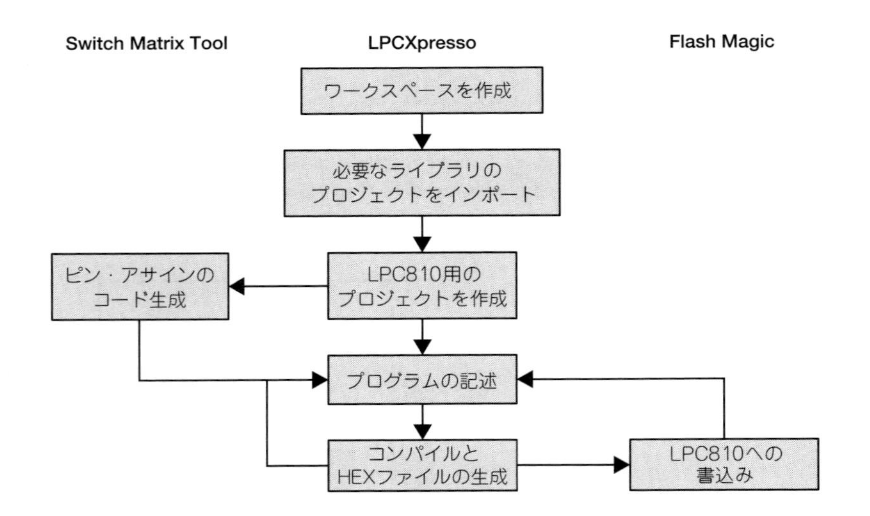

図 24
LPCXpress と関連ツールを使った作業の流れ

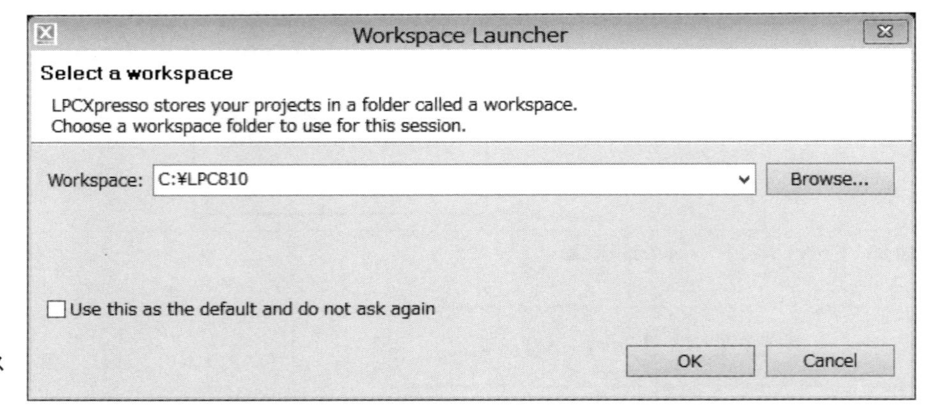

図 25
起動時のワークスペース指定画面

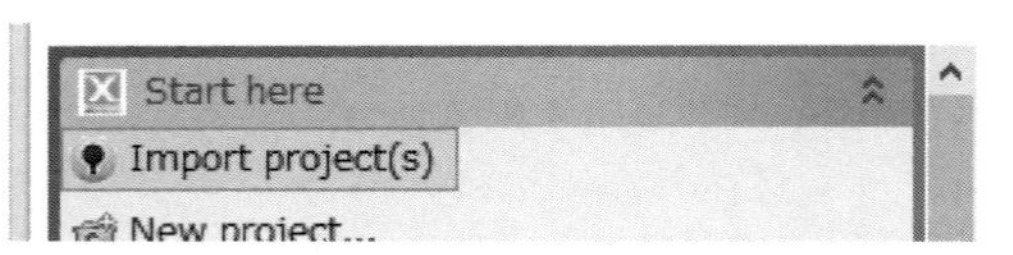

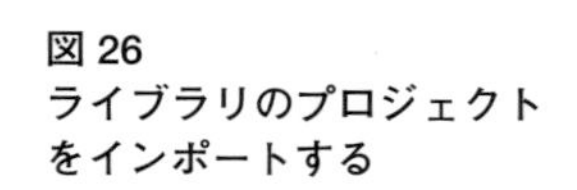

図 26
ライブラリのプロジェクトをインポートする

を行うフォルダであるワークスペース(workspace)をどこにするかをたずねるダイアログが表示されます[18]．ここで指定したフォルダの下にソース・コードやバイナリが配置されるので，自分にとってわかりやすいフォルダを指定しておきます．フォルダが存在しない場合は，自動的に作成されるので，好きなフォルダでかまいません．**図 25** では，C:¥LPC810 というフォルダを指定しています．

ワークスペースを新規に指定した場合は，Project の欄には何も含まれていません．ここでは，まず，**図 26** の「Import project(s)」を使い，必要なライブラリのプロジェクトをワークスペースにインポートします．

「Import project(s)」をクリックすると，**図 27** のようにインポートする対象を指定するダイアログが出てきます．ここで，**図 27** の[Browse]をクリックすると，**図 28** のように LPCXpresso がインストールされたフォルダの Examples フォルダがデフォルトで表示されるので，今回必要とする CMSIS_CORE のフォルダをクリックして開きます．

CMSIS は，概要のところで説明したように，ARM Cortex-M シリーズのプログラムを記述する際に，

18 **図 25** の"Use this as the default and not ask again"をチェックすると，次回からはここで指定したフォルダをデフォルトのワークスペースとして起動し，**図 25** のダイアログが表示されなくなる．このようにした場合に新規にワークスペースを指定するには，起動後に File → Switch Workspace → Other，を選択してワークスペースの指定ダイアログを表示させる．

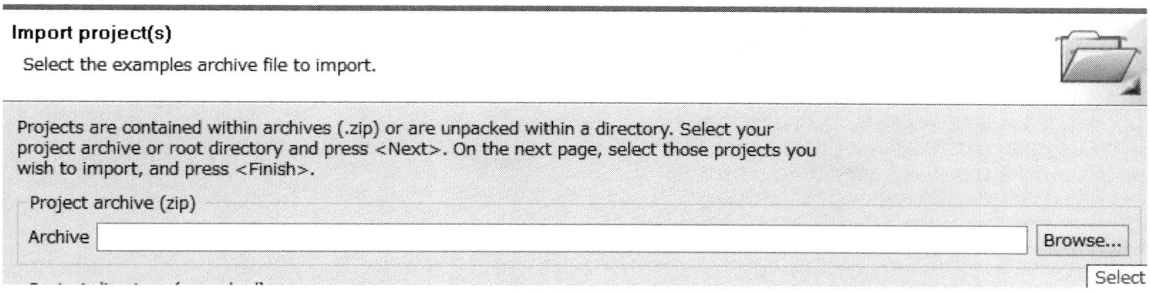

Import project(s)
Select the examples archive file to import.
Projects are contained within archives (.zip) or are unpacked within a directory. Select your project archive or root directory and press <Next>. On the next page, select those projects you wish to import, and press <Finish>.
Project archive (zip)
Archive
Browse...
Select

図 27　インポートするプロジェクトの指定

« LPCXpresso_6.1.2_177 ▸ lpcxpresso ▸ Examples
Examplesの検索
名前
更新日時
種類
サイズ
CMSIS_CORE　2014/01/07 13:34　ファイル フォルダー
CMSIS_DSPLIB　2014/01/07 13:34　ファイル フォルダー
FlashDrivers　2014/01/07 13:34　ファイル フォルダー
NXP　2014/01/07 13:34　ファイル フォルダー
サイズ: 2.53 MB
ファイル: CMSIS_CORE_Latest.zip

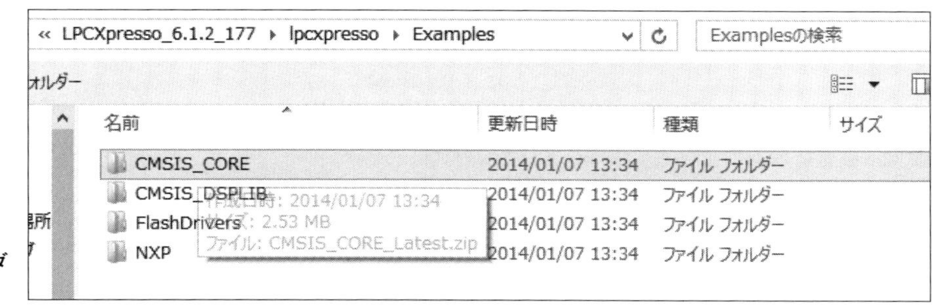

図 28
CMSIS_CORE のフォルダを開く

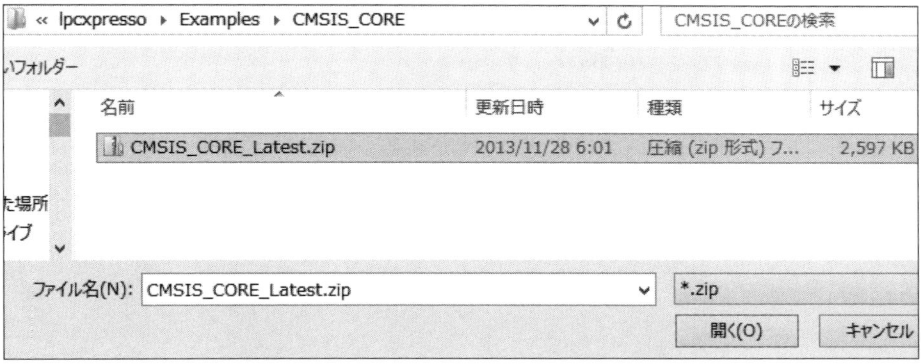

« lpcxpresso ▸ Examples ▸ CMSIS_CORE
CMSIS_COREの検索
名前
更新日時
種類
サイズ
CMSIS_CORE_Latest.zip　2013/11/28 6:01　圧縮 (zip 形式) フ...　2,597 KB
ファイル名(N):　CMSIS_CORE_Latest.zip
*.zip
開く(O)
キャンセル

図 29
CMSIS_CORE_Latest.zip を選択する

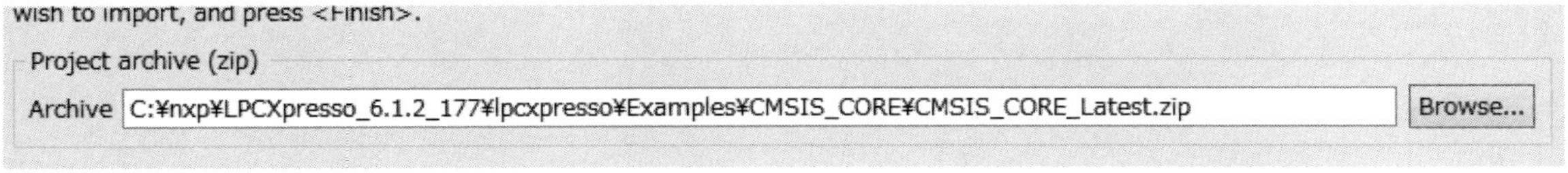

wish to import, and press <Finish>.
Project archive (zip)
Archive　C:¥nxp¥LPCXpresso_6.1.2_177¥lpcxpresso¥Examples¥CMSIS_CORE¥CMSIS_CORE_Latest.zip
Browse...

図 30　インポート対象の指定が終わったところ

ハードウェアの違いをできるだけ吸収し，開発を容易にするための枠組みとして提供されています．CMSISは，機能ごとにいくつかのプロジェクトに分かれて提供されていますが，今回は基本的な機能のCMSIS_COREをインポートして使用します．

開いたCMSIS_COREのフォルダの中には，**図 29**に示したように，CMSIS_CORE_latest.zipというファイルが一つあるだけです．これを選択して「開く」をクリックすると，**図 30**のようにインポート対象として指定されます．

図 30の指定までできたら，**図 30**の画面の下部にある[Next>]をクリックし，**図 31**のように，CMSIS_CORE_latest.zipに含まれるライブラリのうち，どの機種のものをインポートするかを細かく指定するダイアログに移ります．ここでは，LPC810だけを使うので，**図 31**の[Deselect All]をクリックして一旦すべてのインポート対象の選択を外し，**図 32**のように，CMSIS_CORE_LPC8xxだけにチェックを入れます．

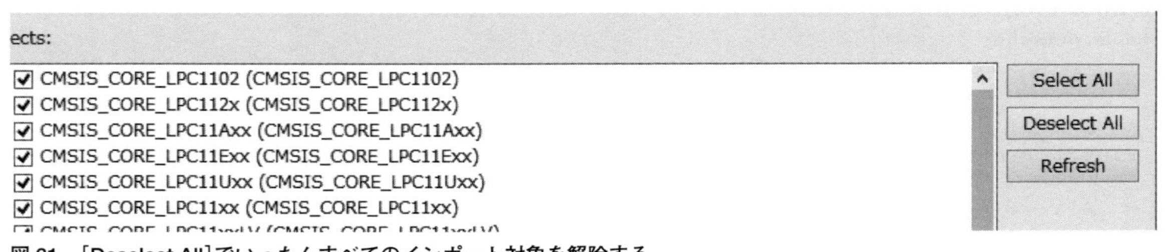

図 31　[Deselect All]でいったんすべてのインポート対象を解除する

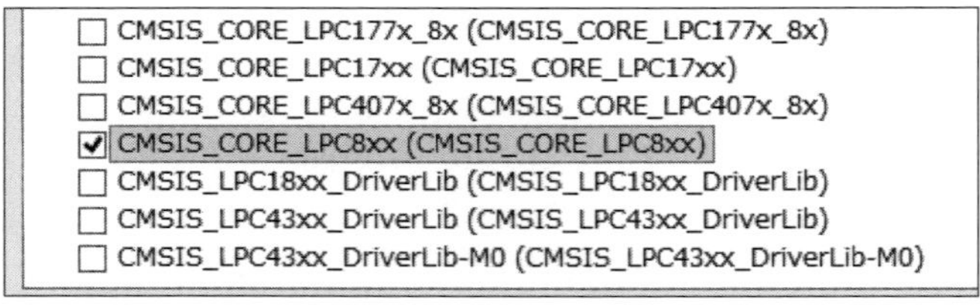

図 32　必要な CMSIS_CORE_LPC8xx だけを選択する

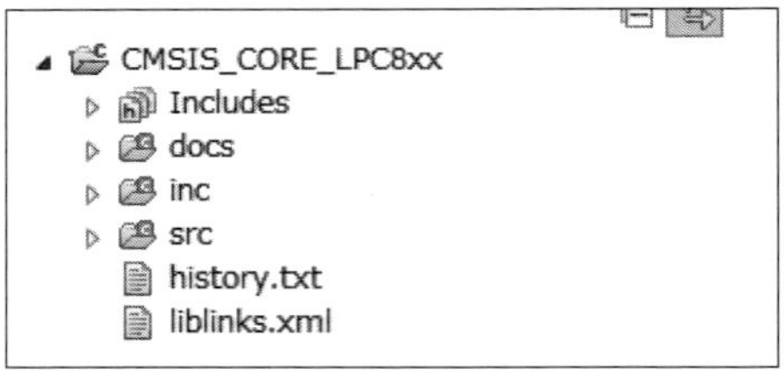

図 33　LPC8xx シリーズ用の CMSIS_CORE ライブラリがインポートされる

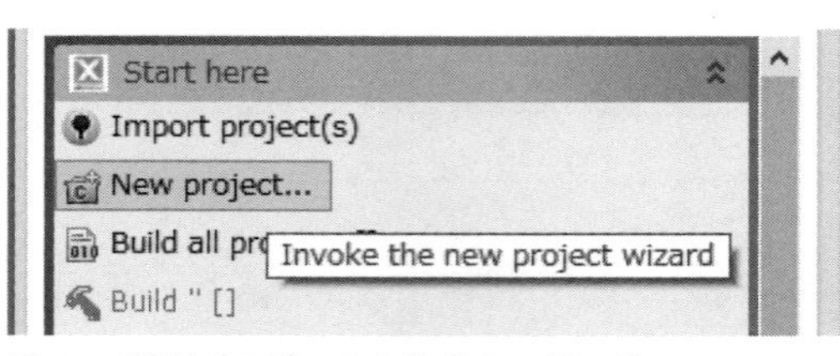

図 34　新規プロジェクト作成ウィザード

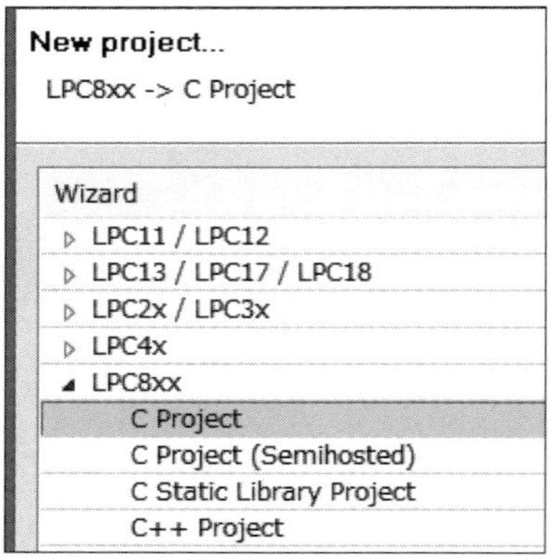

図 35　C プロジェクトを選択する

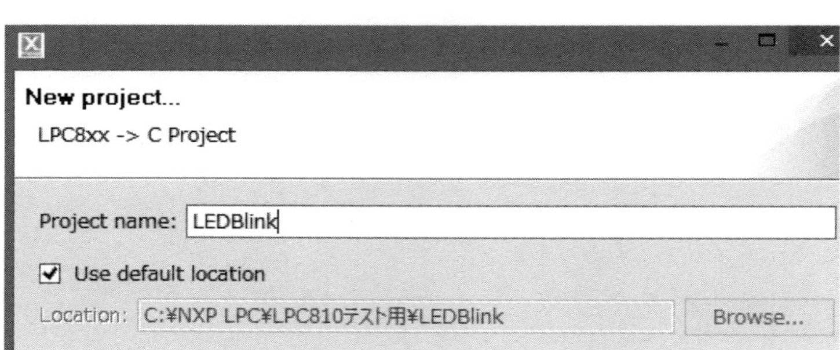

図 36　プロジェクト名の指定

以上で[Finish]をクリックすると，**図 33** のように LPC8xx 用の CMSIS_CORE のプロジェクトが，ワークスペースにインポートされます．

新規プロジェクトの作成ウィザード

使用するライブラリのインポートを行ったあとは，自分のコードを記述するプロジェクトを，ワークスペース内に新規に作成します．

図 34 の「New project」をクリックすると，新規プロジェクトの作成ウィザードが開始します．ウィザードを使わずにメニューからプロジェクトを作成する場合は，ライブラリの設定などを自分で行う必要があるため，ある程度 LPCXpresso の作業環境になじむまでは，ウィザードからプロジェクトを作成するようにします．

プロジェクトの種別は，**図 35** のように LPC8xx 用の C Project を選択します．[Next>]をクリックすると，**図 36** のようにプロジェクト名を入力するダイアログに移るので，任意の名前を入力します．**図 36** では LEDBlink というプロジェクト名にしています．

なお，ワークスペースやプロジェクト名は，半角の英数記号のみを使うようにします．LPCXpresso が呼び出している gcc ベースのツールは，日本語にうまく対応しないため，全角文字を使った場合，ライブラリのリンクなどでエラーが発生することがあります．

プロジェクト名を指定して，[Next>]をクリックす

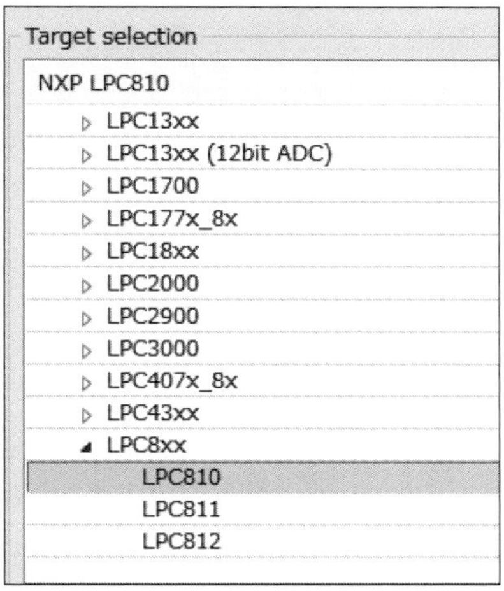

Target selection
NXP LPC810
LPC13xx
LPC13xx (12bit ADC)
LPC1700
LPC177x_8x
LPC18xx
LPC2000
LPC2900
LPC3000
LPC407x_8x
LPC43xx
LPC8xx
LPC810
LPC811
LPC812

図 37　ターゲット・システムとしてLPC810を選択

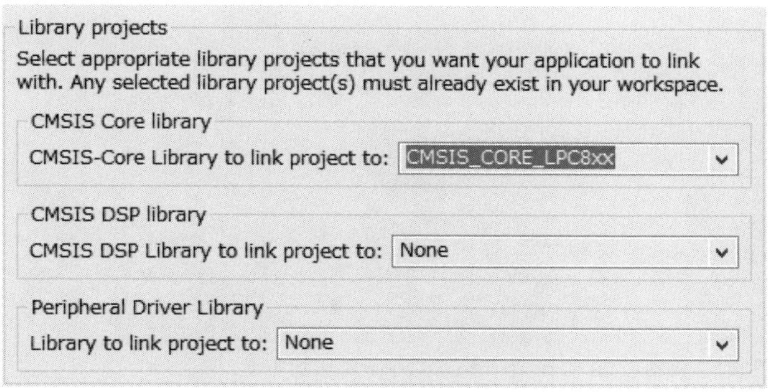

Library projects
Select appropriate library projects that you want your application to link with. Any selected library project(s) must already exist in your workspace.
CMSIS Core library
CMSIS-Core Library to link project to: CMSIS_CORE_LPC8xx
CMSIS DSP library
CMSIS DSP Library to link project to: None
Peripheral Driver Library
Library to link project to: None

図 38　インポート済みのライブラリ・プロジェクトの指定

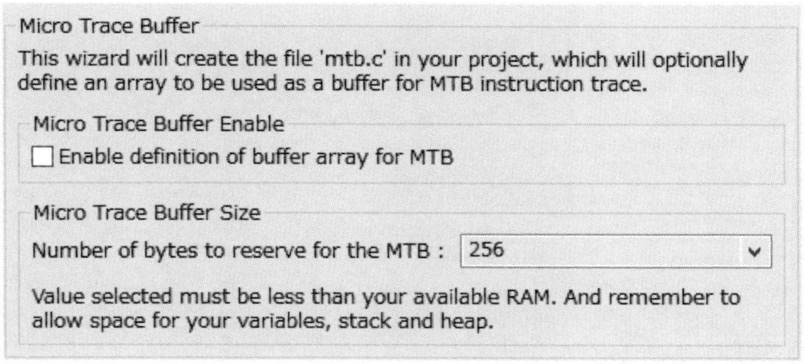

Micro Trace Buffer
This wizard will create the file 'mtb.c' in your project, which will optionally define an array to be used as a buffer for MTB instruction trace.
Micro Trace Buffer Enable
Enable definition of buffer array for MTB
Micro Trace Buffer Size
Number of bytes to reserve for the MTB : 256
Value selected must be less than your available RAM. And remember to allow space for your variables, stack and heap.

図 39
MTB(マイクロ・トレース・バッファ)**は不使用**

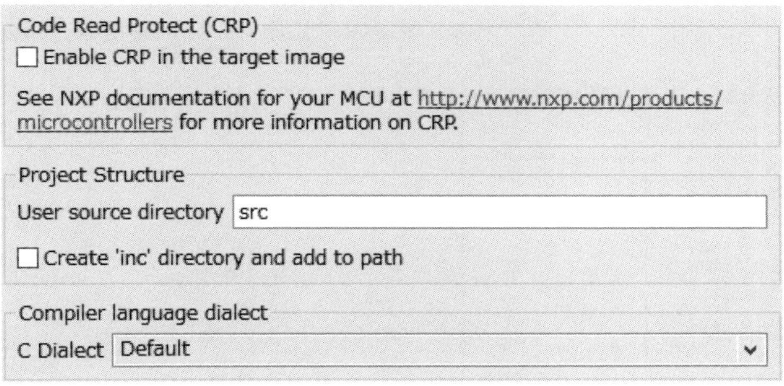

Code Read Protect (CRP)
Enable CRP in the target image
See NXP documentation for your MCU at http://www.nxp.com/products/microcontrollers for more information on CRP.
Project Structure
User source directory src
Create 'inc' directory and add to path
Compiler language dialect
C Dialect Default

図 40
CRP(コード・リード・プロテクション)**は不使用**

ると，**図 37** のターゲット指定に移ります．ここは，LPC810 を選択します．続いて，**図 38** がライブラリとして使用するプロジェクトの指定ですが，ここは，先ほど予めインポートしておいた，CMSIS_CORE_LPC8xx が選択されていることが確認できれば，[Next>]をクリックして次に進みます．

図 39 の MTB と，**図 40** の CRP は，どちらもチェックを外します．MTB は，Micro Trace Buffer で，デバッグ用のトレース・バッファです．今回は使用しないのでチェックを外します．CRP は，Code Read Protection で，USB 接続時の，mass storage クラスなどでバイナリ・コードを読みだすことができないようにする機能です．今回は，そもそも関係がないので，これもチェックを外しておきます．

図 40 まで指定したところで，ウィザードの作業は完了です．[Finish]をクリックすると，**図 41** のように新規のプロジェクトが作成されています．MTB と CRP は，チェックを外していても，ウィザードが対応した C 言語のコードをプロジェクトに挿入してしまうので，**図 41** に示した，crp.c と，mtb.c を選択して右クリックから Delete でコードを削除します．

HEX 形式の生成コマンド追加

これでプロジェクトの生成はできていますが，デフォルトでは，シリアル書き込み時に使用する HEX 形式のファイルを生成する設定が入っていないので，プロジェクトのプロパティから，HEX 形式を生成するコマンドを追加します．

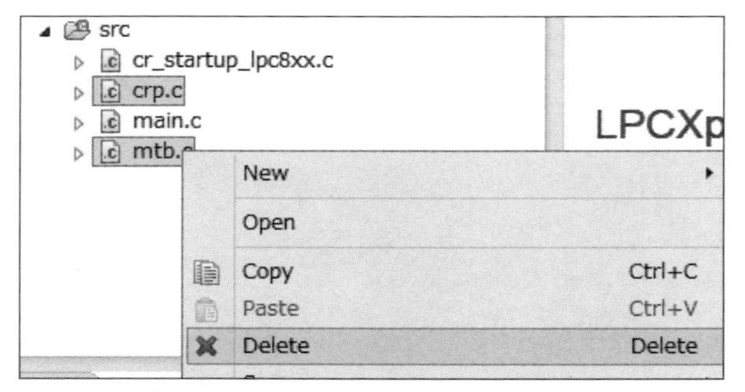

図41　使用しないcprとmtbのコードは削除する

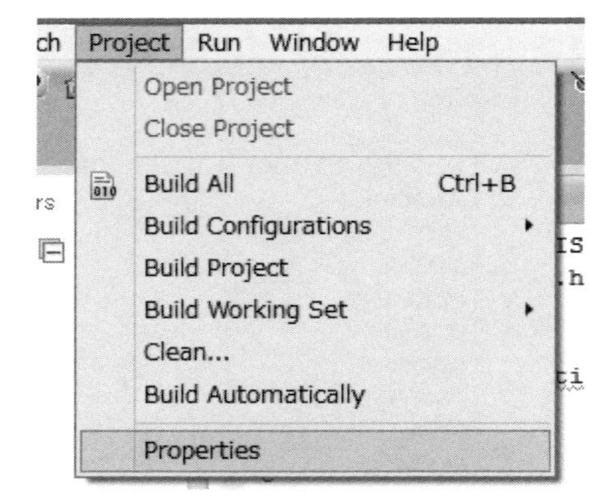

図42　プロパティからビルド後の作業を追加

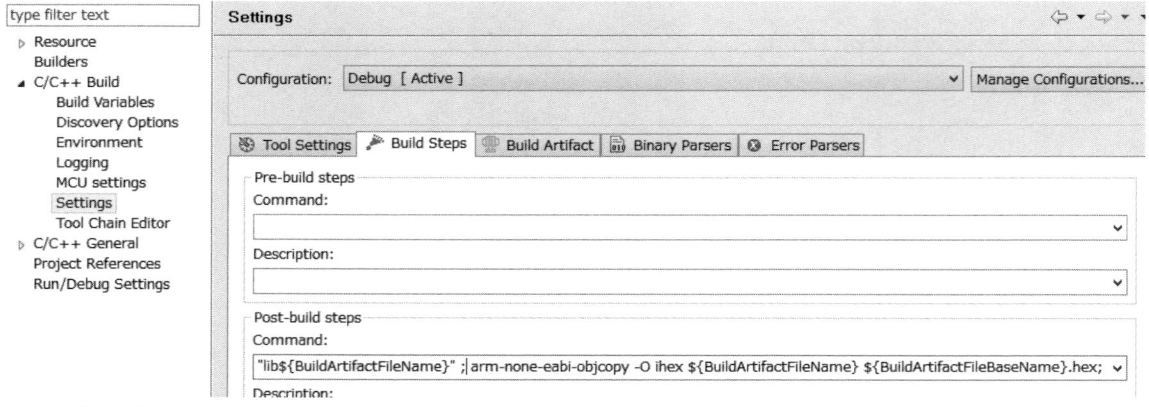

図43　ビルド後にHEXファイルを生成するコマンドを追加する

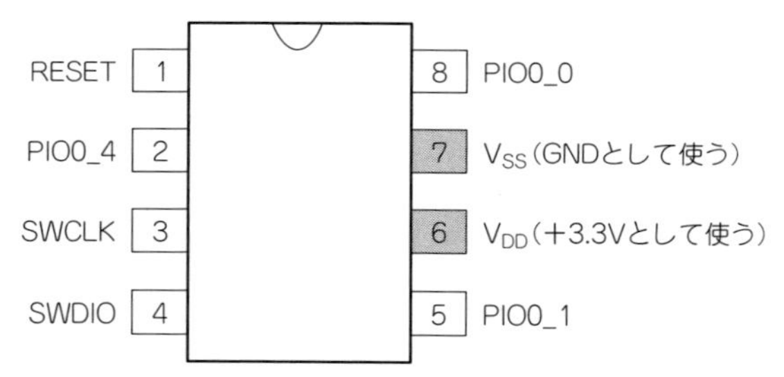

図44　LPC810の起動直後のピン・アサイン(ユーザ・コード実行時)

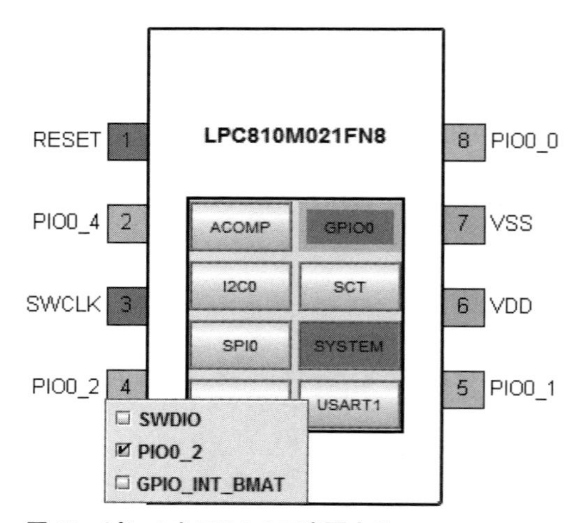

図45　ピン4をPIO0_2に変更する

図42のように，LPCXpresso上部のメニューから，[Project]→[Properties]と選択します．表示されたプロパティ設定のダイアログで，「C/C++ Build」のメニューを展開すると，**図43**のように「Settings」という項目があるので，それを選択します．

Settingsのタブのうち，左から二つめの[Build Steps]を選択して表示すると，Post-build stepsというグループがあり，そこのCommand: の中に，

```
arm-none-eabi-size
```

```
"${BuildArtifactFileName}";
 # arm-none-eabi-objcopy -O
binary "${BuildArtifactFileName}"
"${BuildArtifactFileBaseName}.
bin" ;
```

```
checksum -p ${TargetChip} -d
"${BuildArtifactFileBaseName}.
bin";
```

という行が入っています．かなり長い行なので，画面上では，

```
arm-none-eabi-size・・・FileBaseN
```

のあたりまでしか表示されていません．上記ではページの幅が足りないため，折り返して示していますが，実際にはこれが1行としてつながって，**図43**のCommand: の下のテキスト・ボックスに格納されています．

この部分を，以下のように修正します．

修正前：

```
  arm-none-eabi-size
"${BuildArtifactFileName}";
  # arm-none-eabi-objcopy -O
binary "${BuildArtifactFileName}"
"${BuildArtifactFileBaseName}.
bin" ;
  checksum -p ${TargetChip} -d
"${BuildArtifactFileBaseName}.
bin";
```

修正後：

```
  arm-none-eabi-size
"${BuildArtifactFileName}";
  arm-none-eabi-objcopy -O ihex
"${BuildArtifactFileName}"
"${BuildArtifactFileBaseName}.
hex" ;
  # checksum -p ${TargetChip} -d
"${BuildArtifactFileBaseName}.
bin";
```

繰り返しになりますが，上記は，**図43**ではCommand: の欄に1行につながって入っている内容です．修正個所は上記の下線の部分で，箇条書きで書くと次のようになります．

1. `arm-none-eabi-objcopy`の前にある`#`を削除
2. `-O binary`を`-O ihex`に変更
3. `.bin`を`.hex`に変更
4. `checksum`の前に`#`を挿入(`checksum`以降を削除でも可)

この内容は，Unixのシェル・コマンドにあたるもので，`#`以降はコメント扱いです．修正前は，`arm-none-eabi-size`だけが`"${BuildArtifactFileName}"`を引き数として実行されるようになっています．これを，次の`arm-none-eabi-objcopy`も実行されるように変更し，引き数のうち，`-O binary`となっているものを，`-O ihex`としてインテルHEX形式の生成指定に変え，生成されるファイルの拡張もあわせて.binから.hexに変更しています．最後に，`checksum`の計算コマンドは必要がないので，`# checksum`……としてコメント・アウトの場所を，`checksum`の前に移して修正は終わりです．

結果として，次の処理(これも長いので折り返して示します．実際には1行の中につながっている)を，post-build，つまりプログラムのコンパイル後に実行するように指定したことになります．

```
  arm-none-eabi-objcopy -O ihex
${BuildArtifactFileName}
${BuildArtifactFileBaseName}.hex;
```

ここまでで，LPCXpressoでのライブラリ・インポートとプロジェクトの作成は終わりです．次に，LEDを点滅させるためのポート設定を，Switch Matrix Toolを使って行っておきます．

Switch Matrix Toolでのポート設定生成

今回のLED点滅テストでは，LEDをLPC810のピン4に接続します．LPC810がユーザ・コード実行モードを起動した直後のピン4は，**図44**のようにSWDIO[19]に設定されているので，これをGPIOのPIO0_2として使うように変更します．

インストールしておいた，Switch Matrix Toolを起動し，**図22**のデバイス選択画面で，LPC810M021FN8を選択します．起動したSwitch Matrix Toolの設定画面で，中央にあるGPIO0をクリックし，**図45**のようにGPIOに黄色の枠が付いた状態で，ピン4をクリックすると，ポップアップするメニューの中にPIO0_2という選択肢があるので，これにチェックを入れます．

ピンの設定作業はこれだけで，あとは，このピン・アサインをプログラムから使うことができるように，メニューのExportから必要なファイルをエクスポートしておきます．

19 SWDIOは，Serial Wire Debug Input/Outputで，開発用のボードを使う際などに利用される機能．

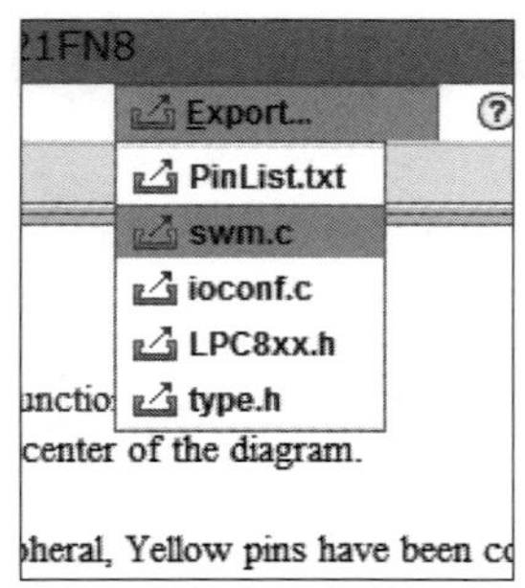

図46　swm.cのエクスポート

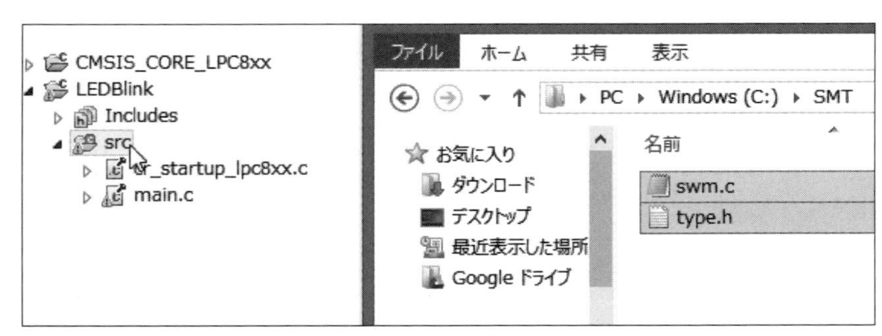

図47　エクスポートしたファイルをプロジェクトのsrcにドラッグする

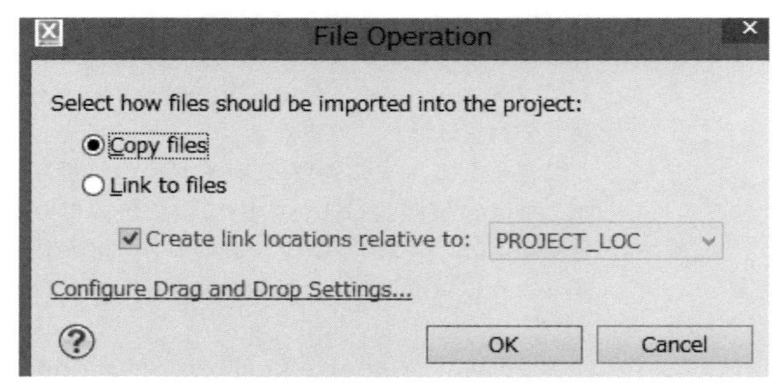

図48　コピー設定でインポートする

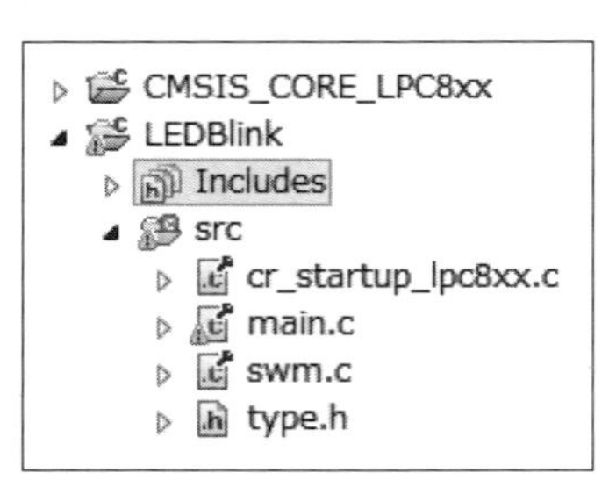

図49　swm.cとtype.hがインポートされる

今回エクスポートする必要があるファイルは，

- swm.c
- type.h

の二つです[20]．

Switch Matrix Toolのメニューから，**図46**のようにExportを選択し，swm.cをエクスポートします．同様にtype.hもエクスポートします．エクスポート先のフォルダは任意の場所でかまいませんが，簡単な方法は，作成したプロジェクトのsrcフォルダにエクスポートし，LPCXpressoのファイル表示画面で[F5]キーを押してリフレッシュをかけることです．たとえば，C:¥LPC810というワークスペースに，LEDBlinkというプロジェクトがある場合は，C:¥LPC810¥LEDBlink¥srcにエクスポートして[F5]キーを押してリフレッシュをかければ，Switch Matrix Toolからエクスポートされたファイルが，LPCXpressoにインポートされます．

ワークスペースのプロジェクトとは別のフォルダにエクスポートする場合は，たとえば，C:¥SMTというフォルダを作って，そこに上記の二つのファイルをエクスポートしたとすれば，**図47**のように，C:¥SMTにあるswm.cとtype.hの二つのファイルを，LEDBlinkプロジェクトのsrcフォルダにドラッグ＆ドロップすると，**図48**のように，コピーまたは，リンクをするの二者択一のダイアログが表示されるので，コピーを選択してOKをクリックします．

これで，**図49**のようにswm.cとtype.hがプロジェクトにインポートされたことになります．

インポートされたtype.hは，そのままではエラーになる行が2行含まれているので，以下のように修正しておきます．

修正前：
```
typedef   signed        __int64 int64_t;
                  :
typedef unsigned        __int64 uint64_t;
```
修正後：
```
// typedef   signed     __int64 int64_t;
                  :
//typedef unsigned      __int64 uint64_t;
```

修正するには，プロジェクトのtype.hをクリックし，**図50**のように，LPCXpresso内でtype.hの内容が表示されている状態で，該当する行の先頭にスラッ

20　今回は必要ないが，設定によってはioconf.cが必要になることもある．なお，ioconf.cをエクスポートする場合，メニューの選択肢では，ioconf.cと表記されているが，実際に生成されるファイル名はiocon.cとなる．

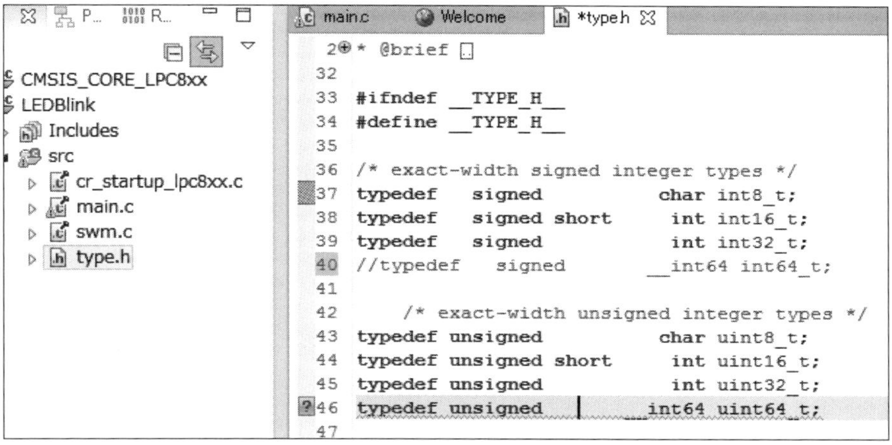

```
CMSIS_CORE_LPC8xx
LEDBlink
  Includes
  src
    cr_startup_lpc8xx.c
    main.c
    swm.c
    type.h
```

```
 2⊕ * @brief
32
33 #ifndef __TYPE_H__
34 #define __TYPE_H__
35
36 /* exact-width signed integer types */
37 typedef   signed          char int8_t;
38 typedef   signed short     int int16_t;
39 typedef   signed           int int32_t;
40 //typedef   signed       __int64 int64_t;
41
42     /* exact-width unsigned integer types */
43 typedef unsigned          char uint8_t;
44 typedef unsigned short     int uint16_t;
45 typedef unsigned           int uint32_t;
46 typedef unsigned       __int64 uint64_t;
47
```

図 50
type.h の修正(一つめの行を修正したところ)

シュを二つ「//」追加して，コメント・アウトします．**図 50** は，一つ目の修正個所に「//」を付けたところで，二つ目は未修正のため，行の先頭に「？」が表示されています．

これで，LED 点滅のプログラムを作成する用意がすべて整いました．

LED 点滅プログラムのソース・コード

LED の点滅テストのプログラムは，以下のようになります．ここでは，あえて割り込みを使わず，for ループで点滅間隔を作る単純なプログラムとしておきます．

```
#ifdef __USE_CMSIS
#include "LPC8xx.h"
#endif

#include <cr_section_macros.h>
#include "type.h"

void SwitchMatrix_Init();

int main(void) {
    SwitchMatrix_Init();

    LPC_GPIO_PORT->DIR0 |= (1<<2);
    // PIO0_2: output

    volatile static int i = 0 ;
    while(1) {
        for (i=0;i<100000;i++);
        LPC_GPIO_PORT->NOT0 = 1<<2;
        // Toggle PIO0_2
    }
    return 0 ;
}
```

プロジェクトを作成した時点で，src のフォルダには main.c という C のソース・コートが自動的に生成されています．自動生成された main.c には，コメントなども含めてデフォルトの内容が書き込まれていますが，LPCXpresso のエディタ画面で main.c を開き，内容を上記のように修正します．

プログラムの内容は以下のようになっています．

まず，`#include "type.h"` と `void SwitchMatrix_Init();` は，Switch Matrix Tool で生成したコードを使うための宣言です．swm.c に含まれる，`SwitchMatrix_Init()` という関数を，`int main(void)` の中で呼び出すことで，設定したピン・アサインに変更されるようになっています．

`LPC_GPIO_PORT->DIR0 |= (1<<2);` の行は，ピン 4 に設定した `PIO0_2` を出力モードに設定しています．`LPC_GPIO_PORT` の構造体は CMSIS の中で宣言されていて，`LPC_GPIO_PORT->DIR0` は，LPC810 の I/O ポート PIO0 の入出力方向設定を行うレジスタを指しています．

このレジスタの n ビット目が，`PIO0_n` のポートの入出力を設定するビットになっていて，1 を 2 ビット左シフトした `(1<<2)` との or をとることで，レジスタの 2 ビット目を 1 として，`PIO0_2` を出力モードに設定していることになります．

残りの部分は，`for` 文で待ちを入れた無限ループで，`LPC_GPIO_PORT->NOT0` は `PIO0` の該当するポートを反転するレジスタなので，`(1<<2)` を設定するたびに `PIO0_2` の 0 と 1 が反転し，LED が点滅することになります．

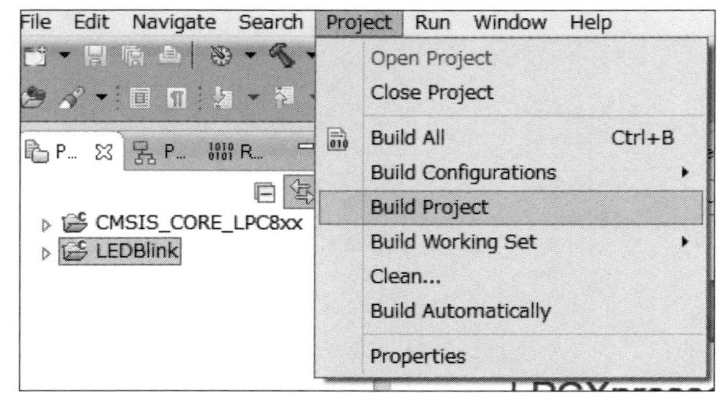

図51　プロジェクトをビルドする

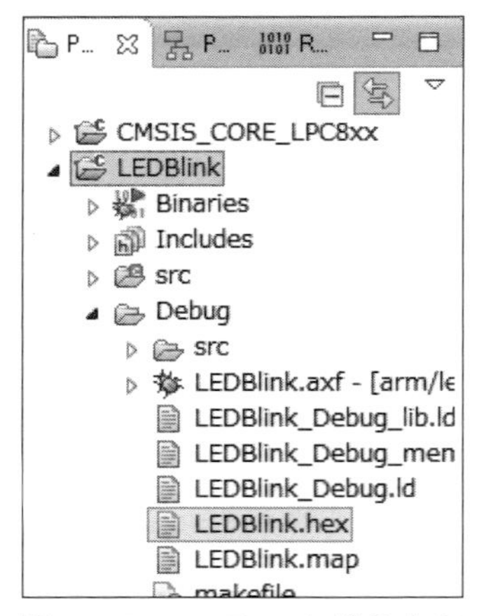

図52　Debugフォルダの中に.hexファイルができている

ビルドとHEXファイル生成

ここまでくれば，あとはプロジェクトをビルドし，FlashMagicでLPC810に書き込むためのHEX形式のファイルを生成するだけです．

プロジェクトのビルドは，**図51**のように，ビルド対象のプロジェクトを選択した状態で，メニューからProject→Build Projectと選択します．ビルドは，ソース・ファイルをコンパイルし，ライブラリなどをリンクしてバイナリ・ファイルを作成する作業で，今の場合は，**図43**で追加した，post buildのコマンドがビルド後に実行され，バイナリ・ファイルからLPC810転送用のインテルHEX形式までが生成されます．

通常，プロジェクトには，DebugとReleaseの二つの設定がありますが，ウィザードで生成したプロジェクトの場合，デフォルトではDebug設定でのビルドが行われます．

このため，ビルドに成功すると，**図52**のようにプロジェクト内のDebug[21]というフォルダの中にLEDBlink.hexというファイルが生成されています．このHEX形式のファイルをFlash Magicを使ってLPC810に転送します．

●LED Blinkプログラムの書き込みと実行

ISPモードの結線

ここまでで，LED点滅プログラムのバイナリが，LPC810に書き込むためのHEX形式で用意されたことになります．LPC810にプログラムを書き込むには，パソコンからのUSB-シリアルとLPC810を**図53**のように接続します．**図53**のように，LPC810のピン5をGNDに接続した状態で再起動する（電源を入れ直すか，リセット[22]をかける）と，LPC810がISP（In-System Programming）のモードで起動し，そのときのピン・アサインは，図53のように，

ピン2　　送信（U0_TXD）
ピン8　　受信（U0_RXD）

となります．LPC810側の送信（受信）をパソコンUSBからの受信（送信）に，クロスの状態で接続することで，パソコン側からのプログラム書き込みができるようになっています．本書では，この方法でISPモードに入れたLPC810に，パソコンからUSB-RS232C変換を介してプログラムを書き込む方法で開発を進めていきます．

なお，プログラム書き込み時のISPモードのピン・アサインは，Switch Matrix Toolでのピン・アサイン変更とは独立した話で，ピン5がGNDに接続された状態で起動シーケンスを経過した場合は，書き込まれているプログラムが実行されずにISPモードに入るため，LPC810に書き込まれているプログラムでの

21 Release設定に切り替えるには，LPCXpresso内でプロジェクトを右クリックし，Build Configurations→Set Activeと選択して，Releaseを選択すればよい．この切り替えは，インポートしたライブラリを含めてワークスペース内の関係するプロジェクトを，すべてReleaseに切り替える必要がある．また，ビルド時のHEXファイル生成設定も，Release側で改めて行う必要がある．
コード・サイズは，Releaseのほうが若干小さくなるが，LEDBlinkの場合でHEXファイルのサイズ差は21バイトで，そこまでシビアではない．

22 リセットは，ピン1のアサインがRESET（初期状態のピン・アサイン）である場合は，ピン1をGNDに落としてから3.3Vにプルアップすることで行う．ピン1の機能は変更できるため，通常の起動後にプログラム内からピン1のアサインをRESET以外のものに変更しているときには，この方法は使えない．
LPC810は，ピン数に余裕がないため，RESETにピンを1本取られるよりは電源の再投入での再起動に割り切って使うのも一つの手であるといえる．

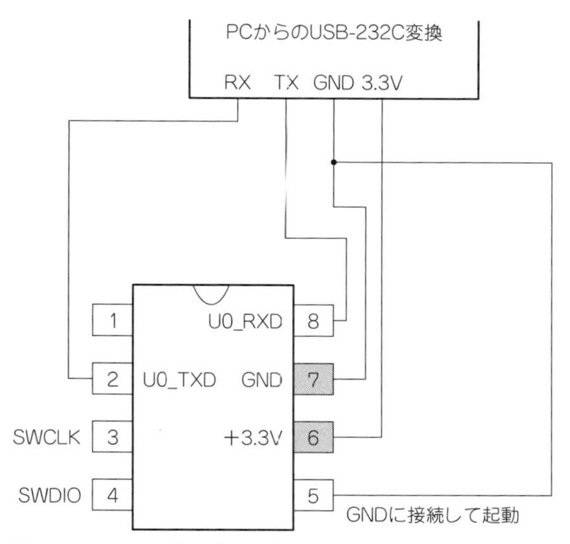

図 53 ISP でのプログラム書き込み時の接続とピン・アサイン(ISP モード起動時)

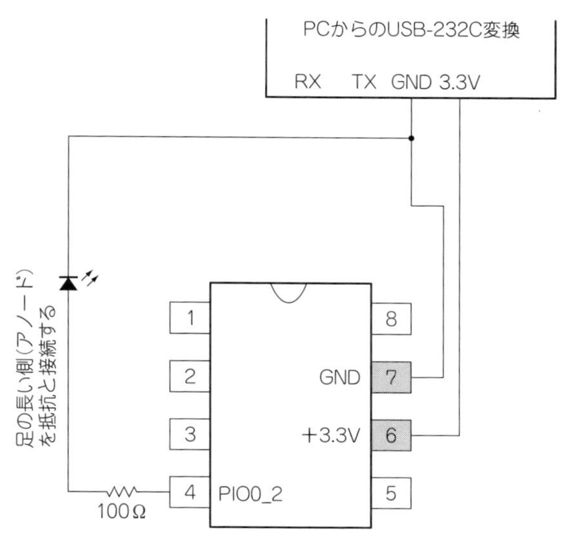

図 54 LED 点滅動作確認の接続とピン・アサイン(ユーザ・コード実行時)

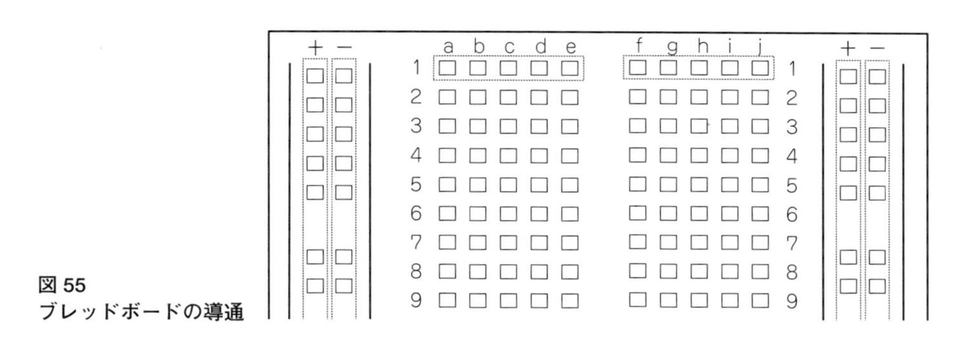

図 55 ブレッドボードの導通

ピン・アサイン変更とは無関係に，**図 44** ではなく，**図 53** のピン・アサインとなります．

LPC810 の電源電圧は 3.3V ですが，デフォルトの 12MHz 動作時でも動作電流が 1.4mA と小さいため，プロトタイピング時の電源は，パソコンからの USB − RS232C 変換アダプタから供給します．基本的な流れとしては，ブレッドボード上で検証用の回路を組み，プログラムを書き込んでテストしたうえで，必要であればユニバーサル基板やプリント基板上にシステムを組み上げる，という順序で作業を進めます．

LED 点滅動作時の結線

一方，プログラムの書き込みが終わって，LED の点滅動作をさせるときの接続は，**図 54** のようになります．今回作成した点滅プログラムでは，Switch Matrix Tool でピン 4 を PIO0_2 にアサインし，プログラムの中で DIR0 の PIO0_2 のビットを立てて，PIO0_2 を出力モードにしています．I/O で使用しているのは，このピン 4 だけなので，あとは，ピン 6 を 3.3V の電源に，ピン 7 を GND に接続するという三つのピンの接続となります．

PIO0_2 として使うピン 4 には，電流制限抵抗の 100Ω をつなぎ，抵抗の先に LED のアノード(A) = 長い方の足をつなぎ，LED のカソード(K) = 短い方の足を GND に接続します．

ブレッドボード上の実装

以上の**図 53** と**図 54** の接続を，ブレッドボード上に作成しておきます．よくみかける手ごろなブレッドボード上のホール(差し込み穴)の導通関係は，**図 55** のようになっています．

ブレッドボードには特に規格が定められているわけではないので，**図 55** とは異なる仕様のブレッドボードもあります．用意したブレッドボードの導通に確信が持てない場合は，テスタを使用するなどして，ホール同士の導通関係を確認しつつ作業を進めてください．

LPC810 の開発にあたっては，**図 53** の ISP モード

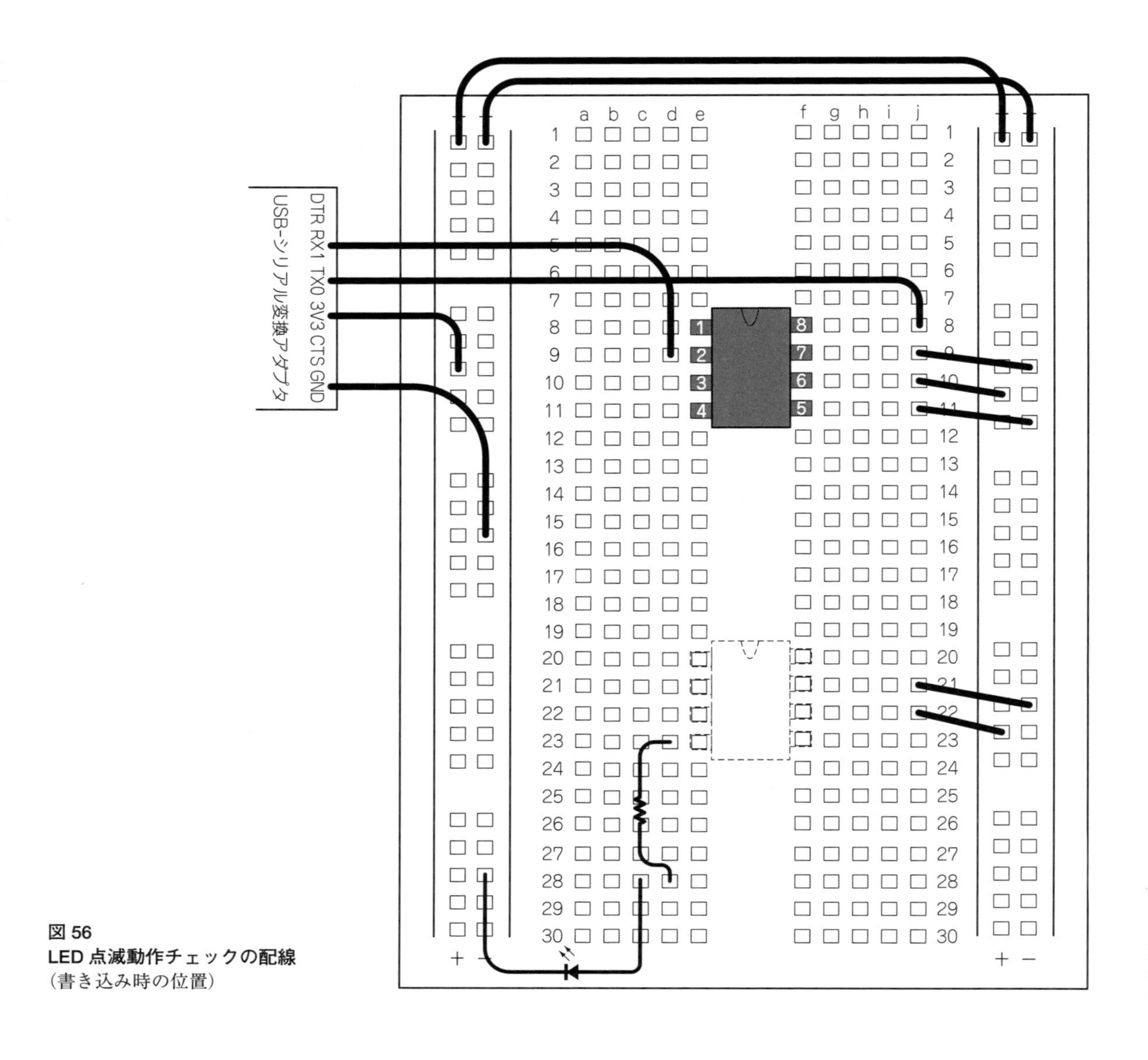

図 56
LED 点滅動作チェックの配線
（書き込み時の位置）

書き込み時と，**図 54** のユーザ・コード・モードでの実行時とを切り替えつつ，進めていく必要があります．

本書では，DIP8 ピンの IC ソケットに差し込んで，ゲタをはかせた LPC810 を，**図 56** と**図 57** のように，書き込み時と実行時で差し替えることで，この切り替えを行うことにします．

つまり，ブレッドボード上に，**図 53** と**図 54** の接続の両方を同時に用意しておき，差し替えを行うときは，USB-シリアル・アダプタから供給される電源，または GND のラインを一旦抜いて LPC810 の電源を落とし，差し替えが終わってから抜いたラインを戻すことで起動させるようにします．

図 56 と**図 57** は，LPC810 の差し込み位置が異なるだけで，そのほかの配線は同じものになっています．上部には**図 53** の状態の配線，下部には**図 54** の状態の配線を作ってあります．**図 56** と**図 57** の中で，USB-シリアル変換アダプタ，と表記されているものは，**図 9** のパーツです．なお，配線を組んでいくときには，USB-シリアル変換アダプタは，パソコンに接続しないようにするか，もしくは，USB-シリアル変換アダプタからブレッドボードへの 3.3V 電源や GND のラインは差し込まないようにして，作業を進めます．実際に電源を入れるのは，すべての配線が終わり，チェックが完了した後にしてください．

図 56 のように，ブレッドボード上部（**図 56** で黒くなっている位置）に LPC810 を差し込んだ状態は，**図 53** の状態の接続になっているので，この状態で起動させると LPC810 は ISP 書き込みモードで起動します．

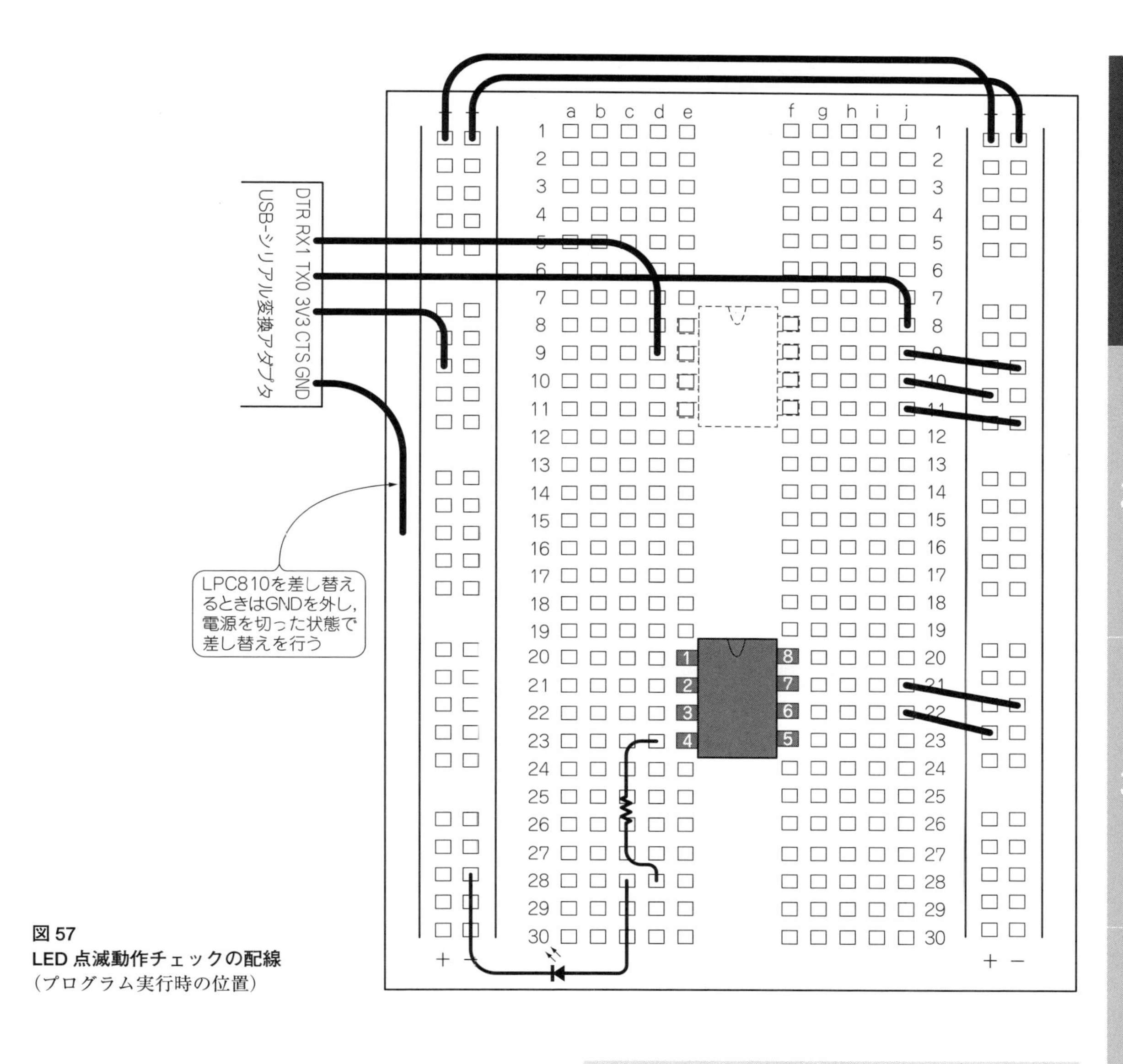

図57
LED点滅動作チェックの配線
（プログラム実行時の位置）

図56の状態でプログラムを書き込んだら，一度GNDか電源のラインを抜き，LPC810の電源を落とします．**図57**では，GNDのラインを抜いた状態を示しています．この状態で，LPC810を，**図57**の位置に差し替え，抜いたラインを戻すことで，ユーザ・コード実行状態でLPC810が起動します．

なお，**図56**と**図57**の配線は一例で，**図53**と**図54**の状態がそれぞれ実現できていれば，**図56**や**図57**と異なる配線であってもかまいません．

念のため，それぞれの状態の結線を確認しておきます．**図56**の書き込み時には，

LPC810 ピン2(UART0 TX)—**図9** アダプタ　RX1
LPC810 ピン5(ISP モード投入ピン)—**図9** アダプタ　GND
LPC810 ピン6(V_{dd} = 3.3V)—**図9** アダプタ　3V3
LPC810 ピン7(V_{ss} = GND)—**図9** アダプタ　GND
LPC810 ピン8(UART0 RX)—**図9** アダプタ　TX0

のようになっています．UART(RS-232C)の接続は，LPC810側のTXがシリアル・アダプタのRX，LPC810側のRXがシリアル・アダプタのTX，のように，クロス接続になるようにつなぎます．

図57の実行時には，

LPC810 ピン4(PIO0_2)—LED電流制限抵抗(100Ω)
LPC810 ピン6(V_{dd} = 3.3V)—**図9** アダプタ　3V3
LPC810 ピン7(V_{ss} = GND)—**図9** アダプタ　GND
LED電流制限抵抗(100Ω)—LEDアノード
LEDカソード—**図9** アダプタ　GND

図58　書き込み時のブレッドボードのようす

のように接続します．この状態で，LPC810で接続されているピンは3本です．電流制限抵抗は極性(＋と－の区別)がありませんが，LEDは何度か述べたように，短い足の方がGND側にくるように接続する点に注意してください．

プログラムの書き込みと実行

実際に書き込みを行う状態のブレッドボードのようすは，**図58**のようになります．この状態で，Flash Magicをパソコン上で起動し，HEXファイルの書き込みを行います．

Flash Magicを起動した画面は，**図59**のようになるので，以下の各項目を確認し，自分の環境に合わせて設定を行います．

Step1　Communications
　Select が LPC810M021FN8
　COM Port は自分の環境の USB シリアル・アダプタの COM ポート
　Baud Rate は 9600
　Interface は None(ISP)
　Oscillator の欄は空欄
Step2　Erase
　Erase allFlash + Code Rd にチェックを入れておく
Step3　Hex File
　プロジェクトのビルドで生成された HEX ファイルを Browse から選択
　(通常は，ワークスペースのフォルダ→プロジェクトのフォルダ→Debug，に拡張子が.hexのファイルがあるのでそれを探して指定する)
Step4　Options
　特にチェックを入れる必要はない

Step3のHEXファイルは，ビルドで生成された，LEDBlink.hexを指定します．通常は，(ワークスペースのフォルダパス)¥(プロジェクトの名前)¥Debugにhexファイルが生成されているはずなので，Browseボタンをクリックして HEX を見つけて指定します．

確認がおわったら，Step Start!!の[Start]をクリックします．うまくいけば，書き込みはすぐに完了し，**図60**のように，最下部のステータス・バーに緑色で「Finished」と表示されます．これでLPC810にプログラムが書き込まれました．

書き込みが完了したら，一度，LPC810の電源を切ります．USB-シリアル変換アダプタからの3.3V電源，もしくはGNDのジャンプ・ワイヤをブレッドボードから抜き，電源が切れた状態で，**図61**のようにLPC810をLED点滅回路の方に差し替えます．

差し替えが終わったら，抜いたジャンプ・ワイヤを元に戻し，**図62**のように電源が入った状態にすると，LEDが点滅を始めます．

プログラム作成環境のまとめ

以上で，ブレッドボードを使い，USB-シリアル変換アダプタ経由でLPC810のプログラミングを行う作業の説明は終わりです．

以下に，ここまで行った開発作業の流れをまとめておきます．

開発用ブレッドボード

開発用のハードウェアとしては，ISPによるプログラム書き込みに用いる回路と，ユーザ・コード動作時に使用する回路とを，それぞれ別に組んでおき，DIP8ピン・ソケットに乗せたLPC810を差し替えることでプログラム書き込みと動作検証を行っていきます(**図63**)．

ブレッドボードが2枚以上ある場合は，ユーザ・コード動作時の回路を別のブレッドボードに組んでお

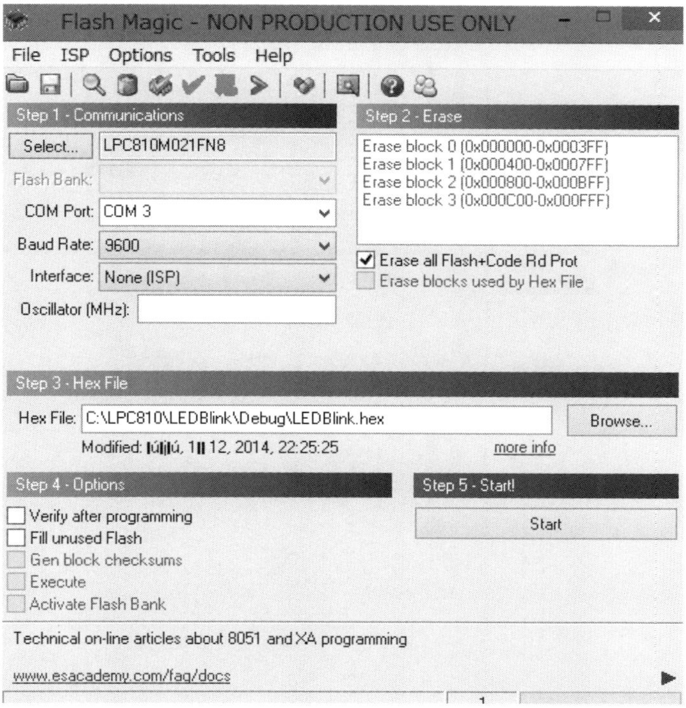

Flash Magic - NON PRODUCTION USE ONLY

File ISP Options Tools Help

Step 1 - Communications

Select... LPC810M021FN8

Flash Bank:

COM Port: COM 3

Baud Rate: 9600

Interface: None (ISP)

Oscillator (MHz):

Step 2 - Erase

Erase block 0 (0x000000-0x0003FF)
Erase block 1 (0x000400-0x0007FF)
Erase block 2 (0x000800-0x000BFF)
Erase block 3 (0x000C00-0x000FFF)

Erase all Flash+Code Rd Prot
Erase blocks used by Hex File

Step 3 - Hex File

Hex File: C:\LPC810\LEDBlink\Debug\LEDBlink.hex Browse...

Modified: [illegible], 1[illegible] 12, 2014, 22:25:25 more info

Step 4 - Options

Verify after programming
Fill unused Flash
Gen block checksums
Execute
Activate Flash Bank

Step 5 - Start!

Start

Technical on-line articles about 8051 and XA programming

www.esacademy.com/faq/docs

図 59
Flash Magic の書き込み画面

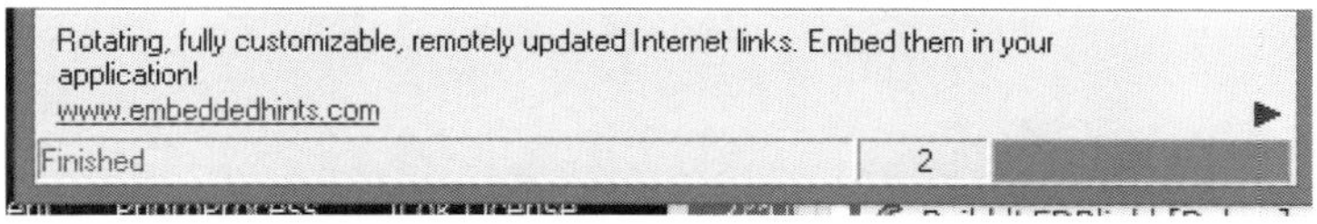

Rotating, fully customizable, remotely updated Internet links. Embed them in your application!
www.embeddedhints.com

Finished 2

図 60
書き込みが終了した状態

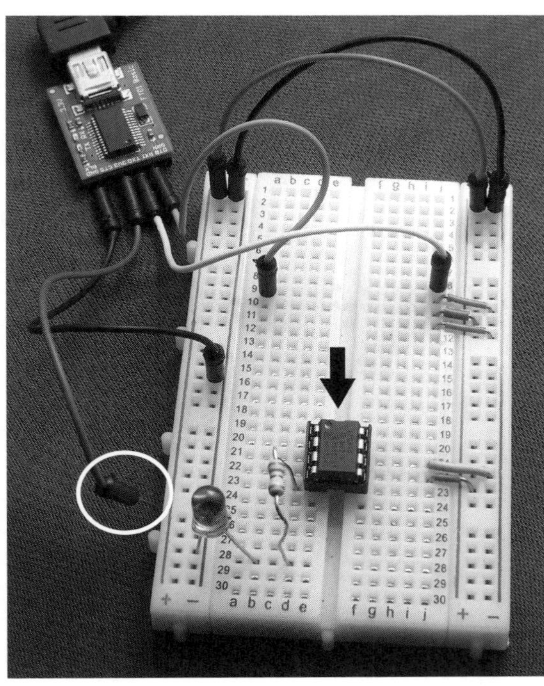

図 61 電源を外し，LED 点滅回路に LPC810 を移動する

図 62 LED点滅回路に電源を入れるとLEDが点滅を始める

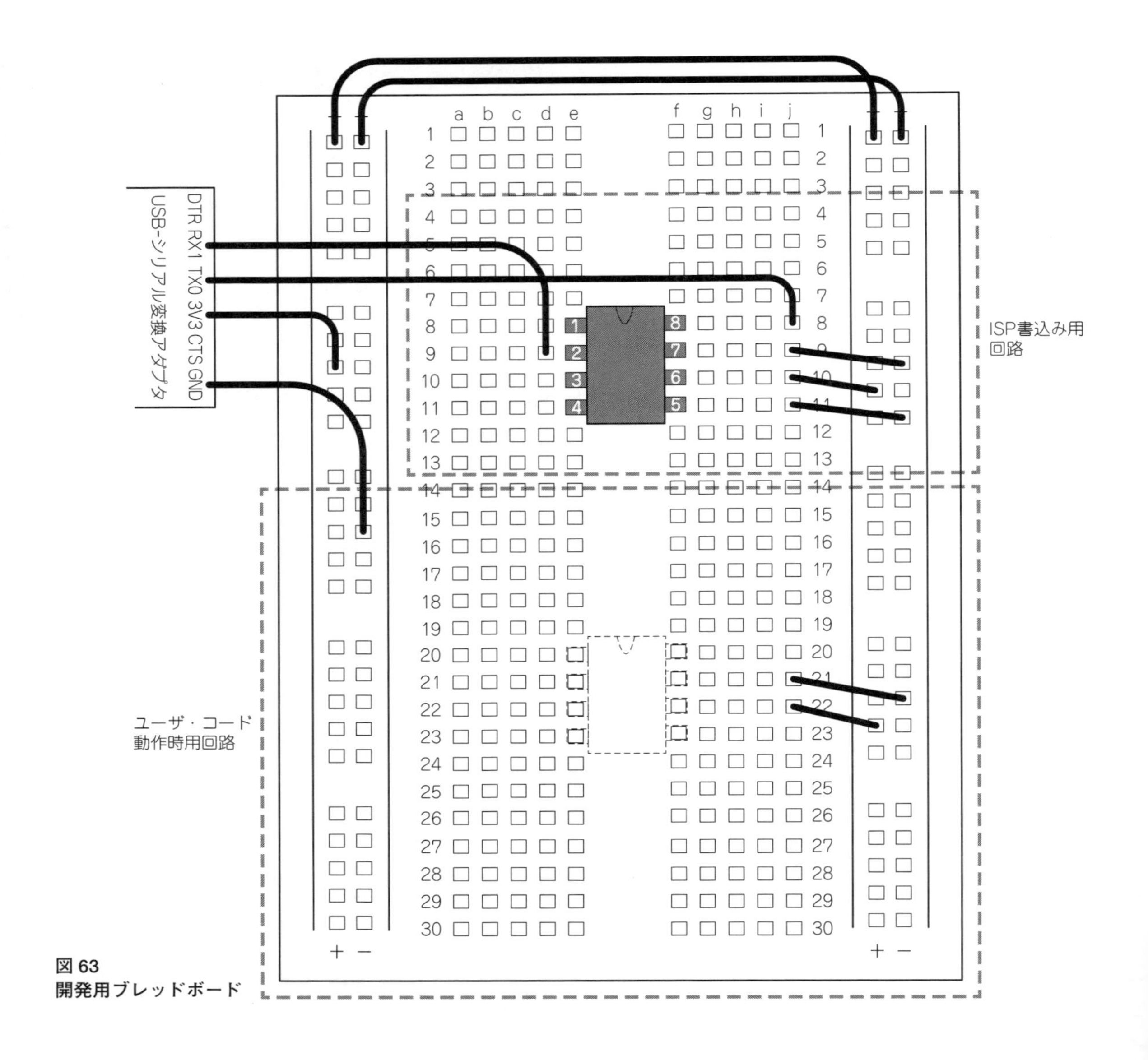

図63
開発用ブレッドボード

き，3.3V電源とGND，さらに，もし必要であればUARTのTXとRXをもう1枚のブレッドボードに延長して，差し替えて使う方法もあります．ユーザ・コード動作時に必要な外付け回路の規模がある程度大きくなるような場合は，積極的にそのようにした方がよい場合もあるでしょう．

プロジェクト作成

プロジェクトの作成の流れは以下のようになります．

① 任意のフォルダを指定してワークスペースを作成，または開く
② ワークスペース内にCMSIS_CORE_LPC8xxが存在しない場合は，左下のImport project(s)ウィザードでCMSIS_CORE_LPC8xxのみをインポートする（CMSIS_CORE_LPC8xx以外のチェックは外す）
③ 左下のNew porjectから，自分のプロジェクトを作成する
④ LPC8xxのC Projectを選択する
⑤ プロジェクト名を任意に指定する
⑥ ターゲット選択はLPC8xx からLPC810を選択する
⑦ ライブラリは，CMSIS_CORE_LPC8xxのみを指定する[23]
⑧ Micro Trace Buffer Enableのチェックを外す
⑨ Enable CRP in the target imageのチェックを外す

⑩ 作成したプロジェクトのsrcから，crp.cとmtb.cを削除する
⑪ 作成したプロジェクトを選択し，メニューのProject → Propetiesを開く
⑫ C/C++ Buildを展開し，Settingsを選択する
⑬ Build StepsのPost-build stepsを編集する．
⑭ Post-build stepsのCommand:に，以下の「Command:の内容」が1行で入っているように編集する[24]
⑮ 必要ならSwitch Matrix Toolでピン・アサインの設定を生成し，作成したプロジェクトのsrcに，swm.c，iocon.c，type.hをExportする

Post-build stepsで指定するCommand:の内容

```
arm-none-eabi-size
"${BuildArtifactFileName}";
arm-none-eabi-objcopy -O ihex
"${BuildArtifactFileName}"
"${BuildArtifactFileBaseName}.
hex" ;
```

リストにすると工数が多いようにも見えますが，大半はウィザードのダイアログで必要な箇所をクリックするだけなので，慎重に行いましょう．

ピン・アサインの決定

ユーザ・コード動作時に使用するピン・アサインを検討し，変更が必要であればSwitch Matrix Toolを使ってピン・アサインを決定し，必要なファイルをLPCXpressoのプロジェクト内のsrcフォルダにExportしておきます．

Exportする必要があるファイルは，

1. swm.c
2. type.h
3. iocon.c

の三つで，ピン・アサインの内容によっては，iocon.c内の関数で実行される処理がない場合[25]もあり，その場合はswm.cとtype.hの二つだけでかまいません．

また，Exportされるファイルのファイル名は，iocon.cですが，Switch Matrix ToolのExportメニューでは，ioconf.cと表記されているので混乱しないようにしましょう．

Switch Matrix Toolが生成するtype.hは，コンパイル時にエラーになる行が2行含まれているので，uint64_tを含む2行の先頭に//を付加してコメント・アウトしておきます．

LPCXpressoでのコード記述

Switch Matrix ToolからExportした，swm.cと，必要であれば，iocon.cの中で定義されている初期化用の関数を，`main()`の中で呼び出すようにしておきます．

```
swm.c → SwitchMatrix_Init();
iocon.c → IOCON_Init();
```

上記が，それぞれ，swm.cとiocon.cの中で定義される初期化用関数名で，これらの関数を自分で記述する，`main()`関数の中で呼び出しておきます．

あとは自分のコードを記述していくことになります．インクルードファイルについては，CMSIS_COREのみを使用する場合には，プロジェクトを作成した際に，main.cの中で必要なヘッダのインクルード宣言も行われているので，それをそのまま使えば十分です．DSPやlpc800_driver_libを使用する場合は，インポートしたそれぞれのライブラリのプロジェクト内の，incやsrcのフォルダを調べて，必要なヘッダ・ファイルをインクルードするように宣言しておきます．

コンパイル時にリンクする必要のあるライブラリは，ウィザードからプロジェクトを生成していれば必要な設定が自動で行われるので，できるだけウィザードからプロジェクトを作成するようにしましょう．

コンパイルと書き込み

自分のコードを記述したら，コンパイルを行ってHEXファイルを生成し，ブレッドボード上の回路を，ISP書き込み回路のほうに切り替えて，生成された

23 DSPやlpc800_driverなどを使用する必要がある場合には，必要なライブラリもインポートしておく．
24 最初の説明では`# checksum`と`checksum`以降をコメント化すると説明したが，`checksum`のコマンドを使う予定がなければ，削除してしまってもよい．
25 後で説明するように，LPC810のAPBバスに接続されているI/Oは，リセット後にはクロックが供給されていないブロックがあり，それらのブロックのI/Oを使用するピン・アサインを行った場合には，当該ブロックにクロック供給を開始するためのコードが，iocon.cの中の`IOCON_Init()`関数内に記述される．また，GPIOのPIO0_0～5として，ピンを使用する場合，プルアップ/ダウンなどのピンの電気的特性の設定を変更する必要がある場合にも，`IOCON_Init()`内に必要な処理が記述される．
GPIOは，CPUに直結しているため明示的なクロック供給開始の必要がなく，GPIOの機能のみをデフォルトのピン特性で用いる場合は，`IOCON_Init()`内では，なんの処理も行われない．

1
2
3
4
Appendix

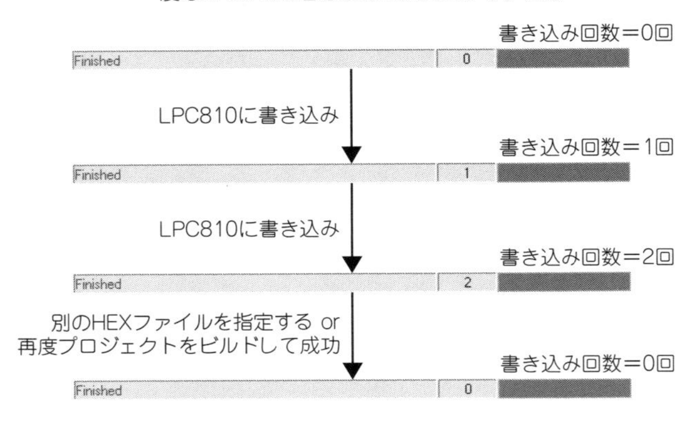

図 64
HEX ファイルの書き込み回数カウント

HEX ファイルを Flash Magic を使用して LPC810 に ISP で書き込みます．その後，ブレッドボード上の回路をユーザ・コード動作時のものに切り替えて，動作を確認します．

回路の切り替えるために LPC810 を移動する際には，必ず LPC810 の電源を落とした状態で抜き差しを行うようにします．

なお，Flash Magic の画面で，**図 64** のように，書き込み終了後の Finshed の横にある数字は，現在の HEX の LPC810 への書き込み回数のカウントです．書き込みを行うたびにカウントが増えていきます．

HEX の指定を別のファイルに変えるとカウントは 0 に戻ります．このとき，A というファイルを 1 回書き込んだ後，B というファイルに変え，再度 A というファイルに戻したとしても，以前の書き込みの回数は覚えていないので，A というファイルを再度指定したときには，カウントは 0 となります．

また，LPCXpresso でプロジェクトの再コンパイルを行い，HEX ファイルが更新された場合も，カウントは 0 に戻ります．この場合，A というファイルを 1 度書き込んでカウントが 1 になっていて，Flash Magic 上の HEX ファイルの指定を A のまま変更していなかったとしても，再コンパイルで HEX ファイルが更新されていれば，カウントは 0 になります．つまり，Flash Magic は，ファイルのタイム・スタンプをみています．

この，タイム・スタンプが変わると書き込みカウントが 0 になるという点は，コンパイル・エラーなどで HEX ファイルが更新されていないことに気づかずに，古い HEX ファイルを書き込んでしまっていないかどうかの確認に役立ちます．

プログラムを LPCXpresso で修正したはずなのに，コンパイルして書き込んでから実行してみると，挙動に変化がないという場合があります．原因として，LPCXpresso でコンパイル・エラーが出ていて HEX ファイルが更新されていないということが起こりえます．普段から Flash Magic の書き込みカウントを確認ながら作業を進めていると，こうしたミスを未然に防ぐことができます．

また，Flash Magic の Hex File の欄の下にある「Modified」の情報は，文字が一部化けていますが，これは Flash Magic のダイアログ右下にある「more info」をクリックすると，**図 65** のように詳細情報が表示され，ファイルの曜日のこと[26]だとわかります．

この詳細情報には，LPC810 に書き込まれるバイナリ・イメージのサイズも表示されていて，**図 65** の場合は，LPC810 上で 548 バイトを使うということもわかります．HEX ファイルは，元々は Intel 社が規定した形式で，バイナリ・データの各バイトを 2 桁の 16 進数としてテキスト・データで表し，各行末に改行コード(0x0A 0x0D)が付加されます．また，各行は，その行に含まれるデータ部分の長さ，書き込み先のターゲット内のメモリ・アドレス，その行のデータのデータ・タイプ，その行のチェック・サム，という情報も付加されています[27]．

バイナリのバイト・データを 2 桁のテキストで表す時点で，データ量は 2 倍になっていますが，さらに上記の付加情報も入っているため，元々のバイナリ・データに比べて HEX ファイルのサイズはかなり大きくなっています．実際，**図 65** では，フラッシュ上の

26 詳細情報の画面で日本語が表示できるということは，アプリケーション自体は多国語対応の仕様のはずで，基本画面で表示できないのは，ちょっと困ったものではあるが，無料で利用できるツールということで，そこは目をつぶりたい．

27 具体的なフォーマットは，「:LLAAAATTdd...ddSS¥r¥n」で，LL などは，例えば 3A や FF などの 2 桁の 16 進数を表す．それぞれ，: が開始記号，LL がその行の dd...dd の長さ，AAAA が書き込みアドレス，TT がデータ・タイプ(アドレスの計算に関係する)，dd...dd がデータ部分，SS がチェック・サムとなっている．

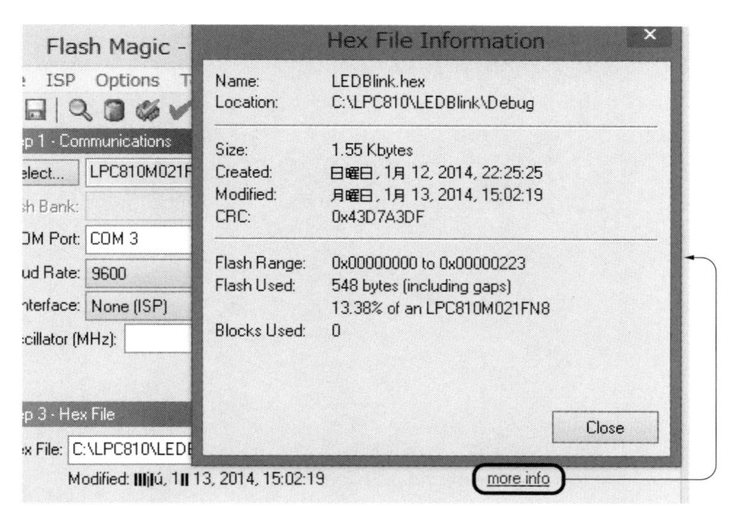

図65
HEXファイルの詳細情報

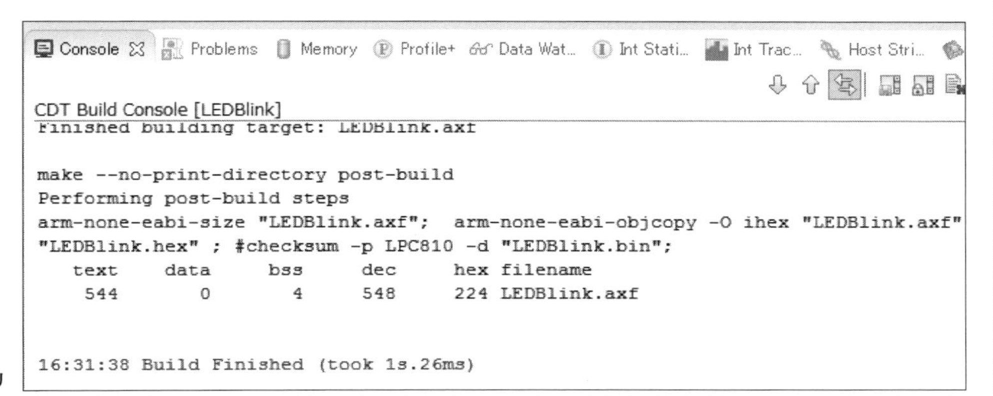

図66
ビルド結果のサマリ

サイズが548バイトであるのに対し，HEXファイルのサイズは1.55Kバイトと3倍近くになっていることがわかります．

コード・サイズの目安

ここで，コンパイルで生成されるコードのサイズについて補足します．LPC810は，フラッシュの容量が4KBのため，生成したコードがフラッシュ上に格納できるかどうかについては適宜目配りしながら開発を進める必要があります．

図51で，コードをビルドした際，LPCXpressoの画面右側の下部に，**図66**のようにビルド結果の情報が表示されています．タブがいくつかありますが，その中の「Console」を開いて表示している画面が，**図66**です．

この中で，コード・サイズの目安となるのは次の合計値です(10進数表記)．

フラッシュ上のコード・サイズ：text + data

使用するRAM：　data + bss

ただし，RAMのサイズについては，コードの中で宣言されている変数などが使用する領域のサイズのみで，実行時に動的に使用される分は含まれていないことに注意してください．

このコードの場合，text + dataは，544 + 0 = 544バイト，data + bss = 0 + 4 = 4バイトなので，とりあえず，静的なサイズ上は問題なくLPC810のフラッシュとRAMで動作させられそうであることがわかります．

よく使うプロジェクトのテンプレート

LPCXpressoを使ってプロジェクトを作成する際には，インポート・ライブラリやMTB，CRPなどの設定，HEXファイルの生成設定など，毎回同じような作業をする必要があり，面倒になってきます．

ワークスペース内には，いくつでもプロジェクトを作成することができるので，CMSIS_COREをインポートし，自分のプロジェクト用の設定を行った段階で，そのプロジェクトを右クリックからコピーし，templateなどの任意の名前でペーストして保存しておくのも一つの方法です．

同じワークスペース内であれば，二つ以上のプロジェクトを作成したとしても，必要なCMSIS_COREは一つだけで，上記のようにプロジェクトごとコピー&ペーストしてあれば，依存関係やHEXファイルの生成コマンドなども含めてコピーされます．新しくプロジェクトを作る際には，1から設定を繰り返すのではなく，保存しておいたtemplateをさらにコピー&ペーストして名前を変えるだけで，すぐにコードの入力などにとりかかることができます．

第2章 スタンドアロン・アプリケーション

前章までで構築した簡素な開発環境を使い，LPC810単独で動くアプリケーションをいくつか製作してみます．それぞれの製作例は，LPC810の特定の機能のいくつかを組みあわせたものになっています．

SysTickタイマの実験

本節と次節では，それぞれ，タイマを使ったLEDの点滅と，ボタン入力による割り込みの発生の予備実験をしてみます．これらの機能を組み合わせて，最終的にはLEDを三つ使い，ボタンでスタート・ストップを行うLEDルーレットを作ってみます．

● SysTick点滅のパーツ

本節で使うパーツは，LED点滅動作確認で使ったパーツと同じものです．

なお，この先，本書で実例として提示する写真では，LEDの中に電流制限抵抗を内蔵したタイプのものを使用します．そのため，写真の中に抵抗が写っていないことがありますが，LEDを直結しているわけではありません．これはOptSupply社の5V用抵抗内蔵5mmLEDで，OSR6LU5B64A-5Vという製品です．

他に，緑のOSG8NU5B64A-5V，青のOSG8NU5B64A-5V，黄のOSY5LU5B64A-5V，白のOSW5DK5B62A-5Vもあります．これらは5V用ですが，3.3Vでも十分点灯します．ブレッドボード上の回路は煩雑になる傾向があるので，抵抗を使わずに済む，これらの製品を検討してみもよいかもしれません．なお，写真では抵抗内蔵のLEDを適宜使用しますが，結線図を示す際には電流制限抵抗を入れた図で示します．

● SysTickタイマを用いたLED点滅

動作の確認として行ったLED点滅では，空のforループを回すことによって，点滅の間隔を作っていました．ここでは，マイコンらしく，タイマの割り込みを使ってLEDを点滅させてみましょう．

LPC810には，割り込みの発生源として使えるタイマ的な機能が三つあります．簡単な順に，SysTick，MRT(Multi Rate Timer)，SCT(State Configurable Timer)と呼ばれます．

タイマというのは，おもにシステム・クロックを元に生成されるタイマ用のクロックによって，カウントダウン(もしくはカウント・アップ)するタイマというレジスタを用い，レジスタ値が特定の値になったときに割り込みを発生させる[28]仕組みです．この仕組みによって，一定間隔でのできごとを精度よく制御しようというのがタイマです．

● ユーザ・コード動作用回路

ユーザ・コード動作時の回路は，**図67**，配線例は，**図68**のようになります．今回はパッケージのピン番号でピン2，GPIOの番号でPIO0_4にLEDを接続します．このピンは，リセット後にGPIOの機能がアサ

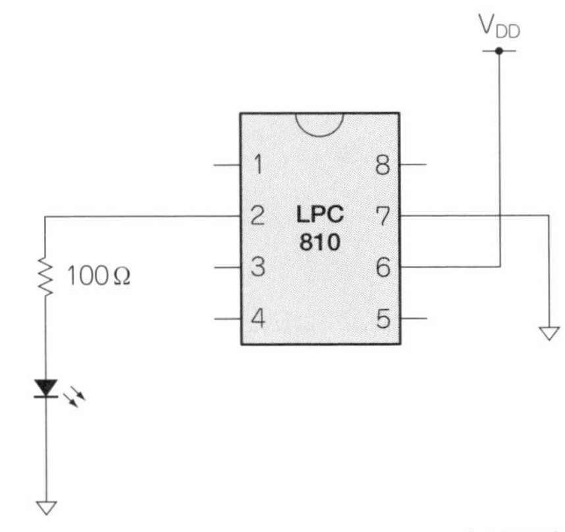

図67　SysTickタイマによるLED点滅回路

28 SysTickとMRTについては，割り込みを用いる方法のみであるが，SCTは後で説明するように，割り込みを発生させる使い方の他に，SCTの状態(state)を遷移させるという使い方もできる．

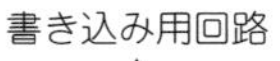

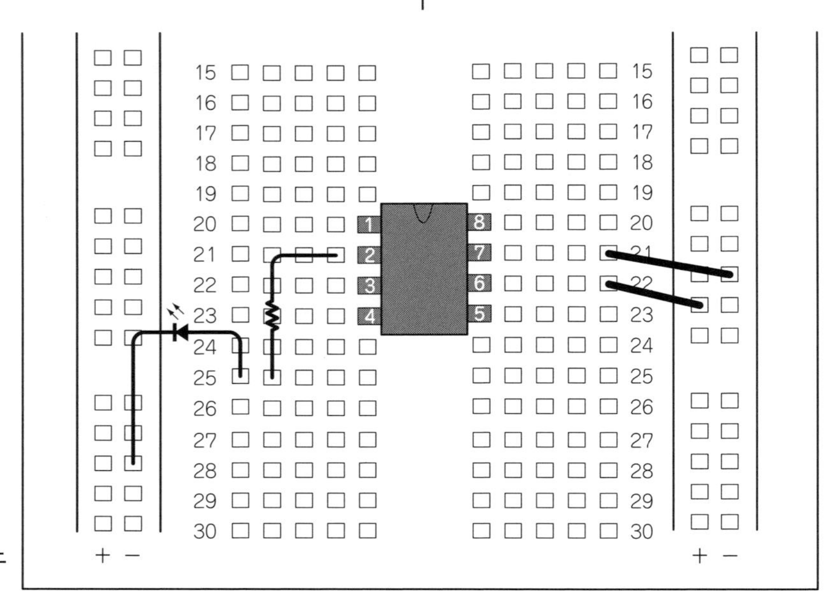

図 68
SysTick タイマのブレッドボード上の配線例

```
#ifdef __USE_CMSIS
#include "LPC8xx.h"
#endif

#include <cr_section_macros.h>

void SysTick_Handler()
{
        LPC_GPIO_PORT->NOT0 = (1<<4);
}

int main(void) {
        LPC_GPIO_PORT->DIR0 |= (1<<4);

        SysTick->CTRL = 0;        // SysTick counter stop
        SysTick->LOAD = 5999999; // Reload value
        SysTick->VAL = 0;         // Current value -> 0
        SysTick->CTRL = 0x7;      // 0b111
    while(1) {
    }
    return 0 ;
}
```

図 69　SysTick を用いた LED 点滅プログラム

インされているので，今回は Switch Matrix Tool を使う必要はありません．

なお，ISP モードの書き込み用回路は，動作確認のときの回路と同じなので，今後はユーザ・コード動作時の回路部分のみを示していきます．**図 68** の上側部分には，**図 63** の ISP 書き込み用の回路があるものと考えてください．

● SysTick タイマを用いた LED 点滅ユーザ・コード

SysTick タイマを用いた点滅プログラムは，**図 69** のようになります．「プログラム作成環境のまとめ」の

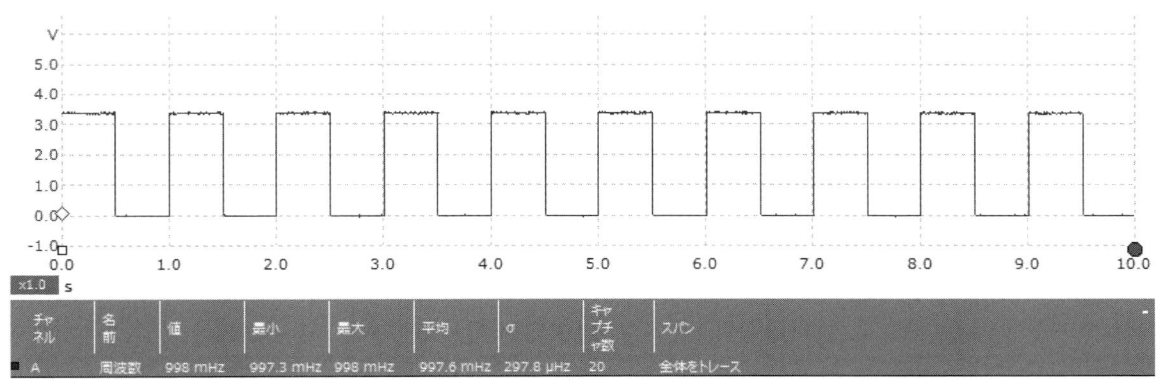

図 70　PIO0_4(ピン 2)**の電圧変化**

節で説明した手順で，任意の名前を指定したプロジェクトを作成し，main.c に，**図 69** のプログラムを入力します．ここでは，プロジェクト名として，STLED と指定したものとして説明していきます．

図 69 のプログラムを main.c に入力し，プロジェクトをビルドして，生成された HEX ファイルを LPC810 に書き込んでから，電源を切ってユーザ・コード実行用の回路に LPC810 を移し，再び電源を入れると，ピン 2（PIO0_4）に接続した LED が，0.5 秒間隔で点滅をはじめます．**図 70** は，ピン 2 の電圧の変化をオシロスコープで測定したようすで，変動の周期は平均値で 0.998Hz と表示されています．

● SysTick タイマ

SysTick タイマについて

動作確認では，for ループを使用して点滅間隔を作っていましたが，ここでは LPC810 が持つ 3 種類のタイマのうち，もっとも単純な SysTick タイマを使って，LED を点滅させています．

SysTick タイマは，カウントダウン式のタイマで，あらかじめ設定したスタートのカウント値から，SysTick 用のクロックに従ってカウントダウンを行い，カウンタが 0 になるとフラグを立てるか，もしくは割り込みを発生させる，という仕組みになっています．フラグ，もしくは割り込みの処理の後は，設定されているスタートのカウント値が再度カウンタにリロードされ，再びカウントダウンを行います．そして，この動作を繰り返します．

SysTick 用のクロックは，システム・クロックか，システム・クロックの 1/2 かを選択することができます．今回は，システム・クロックを用います．SysTick のカウンタは，24 ビットの有効長を持つ，符号なし整数なので，カウンタ・スタートの最大値は，$2^{24}-1=16777215$ となります．

リロードまでのカウントは，

$$n_{reload} = f_{tickClock} \times t_{reload} - 1$$

で求めます．この場合，システム・クロックを SysTick のクロックとして供給するので，$f_{tickClock}=12[\mathrm{MHz}]$ で，0.5 秒間隔で点滅させたいとすれば，

$$n_{reload} = 12000000 \times 0.5 - 1 = 5999999$$

をカウンタの初期値として設定[29]すればよいことになります．カウンタ最大値の 16777215 を使った場合は，16777215/12000000 = 約 1.4 秒が最長のリロード間隔となります．

カウント時間とカウンタ初期値の関係は，**図 71** のようにクロックとカウントダウンにかかる時間の関係を考えてみるとわかります．

いま，カウンタのクロックとして，システム・クロックの 12MHz を使っているとすれば，カウンタは，1 秒間に 1200 万回（12MHz）カウントダウンされます．したがって，**図 71** の中段のように，カウントの初期値を，1200 万 = 12000000 = SystemCoreClock に設定する[30]と，1 秒かけてカウンタが 0 になります．下段のように，初期値を 6000000 = 600 万とすると，

29 1 を減じているのは，カウントダウンの結果，0 になった次のクロックのタイミングでフラグや割り込みの処理が発生するからである．たとえば，2 クロック分のタイマが使いたい場合に，スタート・カウントを 2 とすると，2，1，0 フラグのようになり，3 クロック分をカウントしてしまう．2 − 1 = 1 をスタートとすれば，1，0 フラグ，となるので，2 クロック分のカウントとなる．
もっとも，本項の例のように，0.5 秒もの（システム・クロックに比較して）長い時間のカウントでは，1 を減じなくとも有効数字的にはほぼ影響はない．

30 ここではカウンタ初期値の − 1 については無視して考える．

1
2
3
4
Appendix

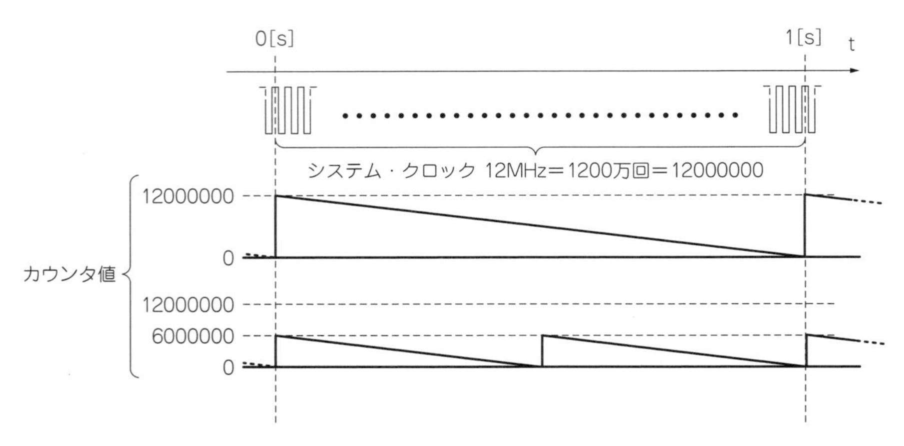

図 71
カウンタ設定値とカウント時間

0.5 秒でカウンタが 0 になり，割り込みが発生したあとカウンタが 600 万にリロードされ，再度 0.5 秒経過したところでカウンタが 0 になる，という動作になります．

600 万というのは，6000000 = 12000000/2 = SystemCoreClock/2 なので，以上のことから，SystemCoreClock/n をカウンタの初期値として設定すると，1/n 秒経過したときにカウンタが 0 になるということがわかります．たとえば，カウンタの初期値として，

```
SystemCoreClock/1000
```

と設定すれば 1/1000 秒ごとの割り込みを得ることができます．

SysTick タイマのレジスタ

SysTick タイマに関係するレジスタ[31]は，以下のようになっています．定義されているヘッダ・ファイルは，CMSIS_CORE_LPC8xx の inc/ にある core_cm0plus.h です．レジスタの説明は，UM pp.180 − 182 にあります．この core_cm0plus.h は，LPC8xx.h をインクルードすると，その中でインクルードされているので，core_cm0plus.h のインクルード宣言を明示的に main.c に記述する必要はありません．

SysTick->CTRL	カウンタの各種制御
SysTick->LOAD	カウンタの初期値
SysTick->VAL	カウンタの現在値

SysTick->CTRL は 32 ビットのレジスタで，ビット 0,1,2 とビット 16 の 4 ビットのみが使われており，他のビットは Reserved となっています．SysTick->CTRL の各ビットの意味は以下のようになります．

ビット 0	SysTick カウンタの Enable(1)/Disable (0)
ビット 1	カウント 0 時に，割り込みを発生させる(1)/発生させない(0)
ビット 2	SysTick のクロック・ソース選択．システム(1)/システムの半分(0)
ビット 16	前回読み出し時以降にカウント 0 を通過した(1)/していない(0)

ビット 16 は，カウントダウン完了時に割り込みを発生させないときに，カウントダウンが完了したかどうかを調べるために使われます．今回は，カウントダウンが完了したら割り込みを発生させる使い方をしているので関係ありません．

SysTick->LOAD は，カウンタの初期値を設定するレジスタで，0 から 24 ビットの符号なし整数の最大値までが設定できます．レジスタ自体は 32 ビット長ですが，未使用の上位 8 ビット部分に 1 を書き込んではいけないことになっています．

SysTick->VAL は，現在の値で読み出しを行うと，現在値が返り，書き込みを行うとカウンタの値を強制的に変更します．このレジスタも 32 ビット長ですが，カウンタの有効ビット長が 24 ビットであることは，このレジスタでも同様であるため，このレジスタに書き込みを行う際にも，未使用の上位 8 ビット部分が 1 になるような値を書いてはいけない[32]ことになっています．

---

31 main.c での処理に必要なものに限定して列挙している．詳細は UM pp.180-182 を参照されたい．
32 ここでは特にチェックを行わずにレジスタに直接値を代入しているが，関数化するような場合には，引き数の範囲チェック処理を入れるべきである．

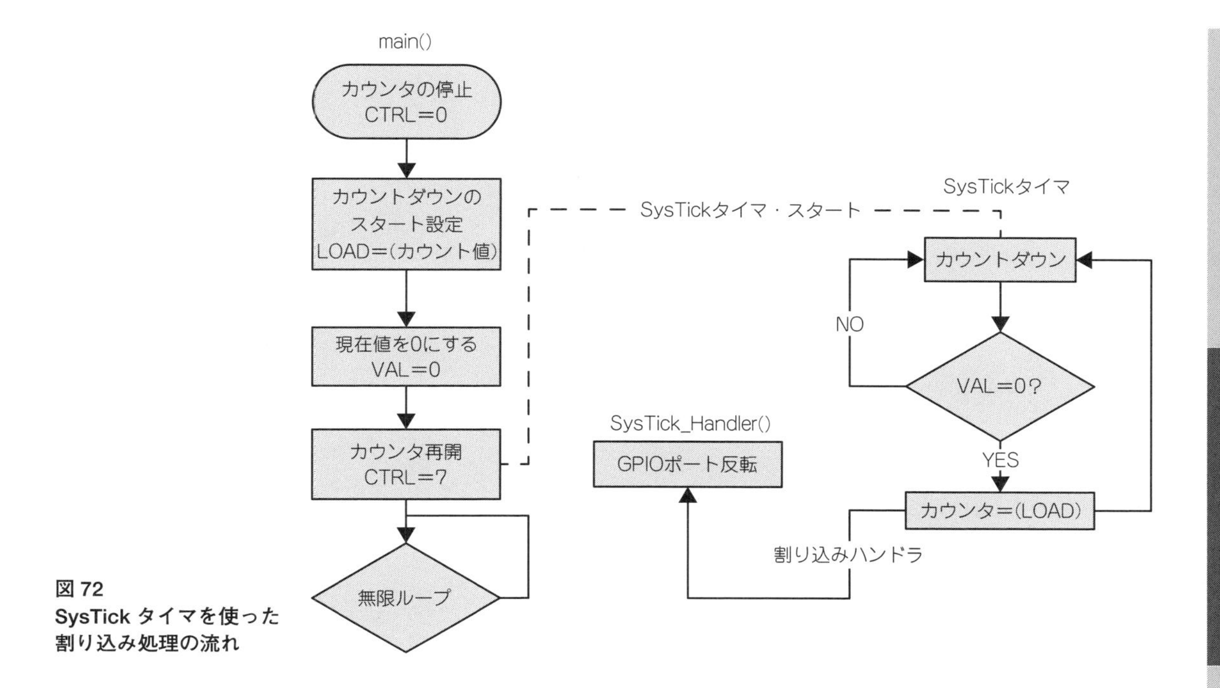

図 72
SysTick タイマを使った割り込み処理の流れ

SysTick タイマを使った処理

以上のレジスタを使い，SysTick タイマを制御します．処理の流れは，**図 72** のようになっています．なお，**図 72** では GPIO のポート設定については省略してあります．

SysTick タイマを使う手順は以下のとおりです．

① SysTick タイマを disable する
② カウンタの初期値を設定する
③ 現在値を 0 にする
④ SysTick タイマを enable する

図 69 のプログラムの中で，上記の処理を行っているのは以下の 4 行です．

```
SysTick->CTRL = 0;
          // SysTick counter stop
SysTick->LOAD = 5999999;
          // Reload value
SysTick->VAL = 0;
          // Current value -> 0
SysTick->CTRL = 0x7;
          // 0b111
```

処理としては，文章で説明した手順をそのまま記述した形になっています．タイマを enable にするところでは，7 を SysTick->CTRL に書いていますが，これは，2 進数では 0b111 で [33]，SysTick->CTRL の仕様から，システム・クロックを使い，カウント 0 時には割り込みを発生させる設定で enable にする，という意味になります．

● 割り込み処理

割り込みハンドラ

ところで，**図 69** のプログラムや，**図 72** の流れ図をみると，main.c では，GPIO と SysTick の初期化を行った後は，なにもしない `while(1)` の無限ループに入っています．プログラムの中で，PIO0_4 の LED の点滅を行っているのは以下の関数です．

```
void SysTick_Handler()
{
    LPC_GPIO_PORT->NOT0 = (1<<4);
}
```

この関数は，`main()` を含めて，main.c のプログラムのどこからも呼ばれていません．これは割り込みハンドラと呼ばれるもので，カウント 0 時に発生したときに呼ばれる関数になっています．

LPC810 の割り込み処理は，基本的に割り込みベクタを用いるものです．特定の割り込みが発生した際，ジャンプ先のアドレスのテーブルが用意されており，

33 0b は 2 進数であることを明示している記号．

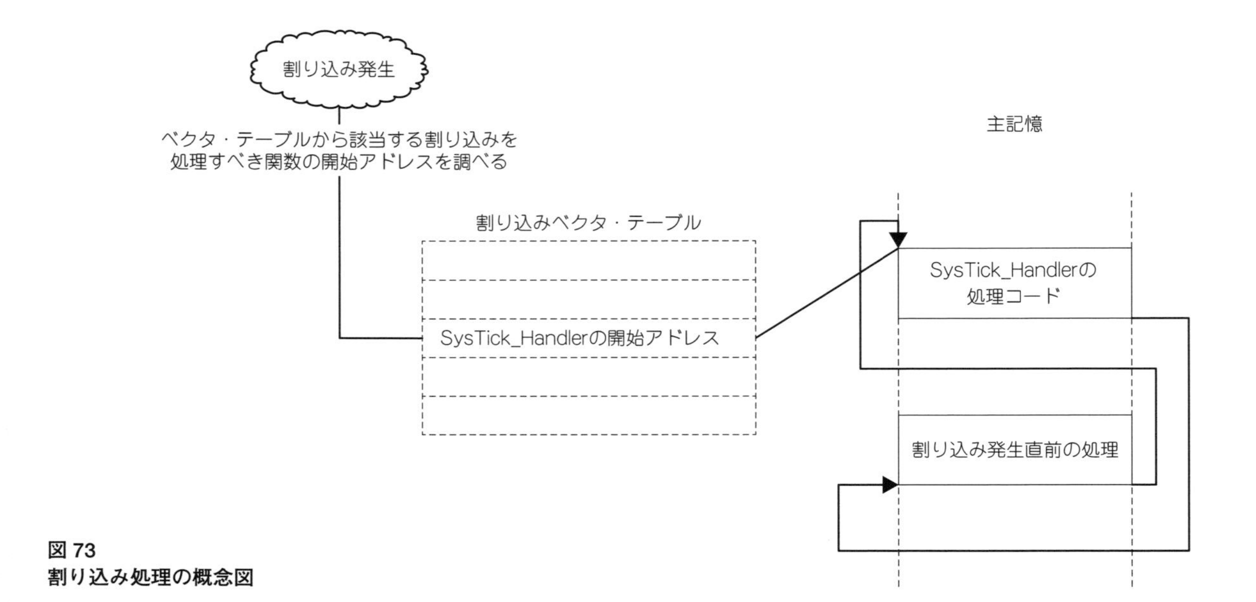

図 73
割り込み処理の概念図

このアドレス・テーブルをベクタ・テーブルといいます．

`SysTick_Handler()` という関数を宣言すると，SysTick タイマの割り込みベクタとして，この関数のエントリ・ポイントのアドレスが設定されます．**図 73** のように，割り込みが発生すると，該当する割り込みを処理する関数，つまり割り込みハンドラはどこにあるか(割り込み処理のコードがアドレスの何番地から始まっているか)が調べられ，割り込み発生時点で行っていた直前の処理が完了した後で，CPU の処理が割り込みハンドラに移ります．割り込みハンドラの処理が完了したら，直前の処理のすぐ後から，割り込み前の処理が再開されるというのが割り込みの基本的な仕組みです．

LPC801 の割り込みは，SysTick だけではなく，後で説明するように多くの割り込みが利用できます．ベクタ・テーブルというのは，それらの各割り込みに対して，それぞれどこのアドレスから割り込み処理が開始されるべきか，というアドレスを列挙したものです．つまり，SysTick タイマによる割り込みが発生した際に，自分が行いたい処理が呼び出されるようにするには，自分が記述した SysTick の割り込み処理が，ベクタ・テーブル上の SysTick のハンドラの位置に登録されなければなりません．この仕組みは，次のようになっています．

プロジェクト作成時に，LPCXpresso が自動で生成する，cr_startup_lpc8xx.c というファイルがありますが，このファイルを開いてみると，73 行目に，

```
WEAK void SysTick_Handler(void);
```

という宣言があります．この関数の名前は，関数のエントリ・ポイント，すなわち，関数が呼び出される際に，最初に実行される命令のアドレスを表しています．これは，同じ cr_startup_lpc8xx.c の 133 行目からの，

```
extern void(* const g_pfnVectors[])
                            (void);
__attribute__ ((section(".isr_
                        vector")))
void (* const g_pfnVectors[])
                        (void) = {
```

という宣言の中で，152 行目に，

```
SysTick_Handler,
            // The SysTick handler
```

として列挙されています．この `g_pfnVectors[]` がシステムのベクタ・テーブルに対応していて，プロジェクトが生成された直後の状態では，cr_startup_lpc8xx.c の 316 行目から宣言されている，

```
void SysTick_Handler(void)
{
    while(1)
    {
    }
}
```

という無限ループのみの関数のエントリ・ポイント(関数の入り口のアドレス)が登録されています．

このように，プロジェクトに自動的に生成されているcr_startup_lpc8xx.cの中に`SysTick_Hander()`が定義されている一方で，自分で記述するmain.cの中でも同名の`SysTick_Handler()`を宣言しているわけですが，通常であれば同名の関数が複数個所で宣言されているということで，関数名が衝突を起こしてエラーとなります．しかし，cr_startup_lpc8xx.cの中で宣言されているハンドラは，WEAKという修飾が付いた宣言になっていて，このWEAKは，47行目で，

```
#define WEAK __attribute__ ((weak))
```

のように定義されています．このweakという修飾子は，名前が衝突したらweakがついている方が譲る，すなわち，weakが付いていない方の関数が使われるという便利なものです．衝突が起こらない場合は，weakが付けられた関数がそのまま生き残ります．

この仕掛けによって，まず，cr_startup_lpc8xx.cの中でSysTickの割り込みベクタとして，`SysTick_Hanlder`という関数のエントリ・ポイントを登録するようにしておき，もしユーザが自前の`SysTick_Handler`を宣言していたら，リンク時にユーザの宣言した関数が，ベクタ・テーブルに登録されるようになっているわけです．

少し説明が長くなりましたが，要するに，xxxという割り込みが発生したときに呼ばれるハンドラを，自分で書きたい場合は，

① cr_startup_lpc8xx.cの`g_pfnVectors[]`に列挙されているエントリを見る
② xxx_Handler，もしくは，xxx_IRQHandler，というエントリを探す
③ みつかったxxx_Handlerを自分のコードの中で宣言し，必要な処理を記述する

という手順を踏めばよいことになります．ここで，UARTなど，SysTick以外の周辺I/O絡みの割り込みは，Interrupt ReQuest = IRQを発行して割り込みに入るため，IRQの文字が入っていますが，手順は同じ[34]です．

結局，main.cの中で宣言された，`SysTick_Handler()`が，SysTickカウンタが0になるたびに呼び出され，その中で，GPIOのPIO0_4の状態を反転させているので，SysTick->LOADに設定した値に対応した時間ごとにLEDが点滅を繰り返すということになります．

以上で，SysTickタイマを使ったLED点滅の説明は終わりです．

ピン割り込み入力

本節では，GPIOのピンを入力として使い，入力があったときに割り込みを発生させてみます．ピンの入力には小型のプッシュ・スイッチ(押ボタン・スイッチ)を使います．

まず，ボタン1個とLED 1本の簡単なテスト回路で，GPIOピンの入力から割り込み処理を駆動する流れをみておきます．その後，LEDを3本に増やし，簡単なルーレットを作成してみます．

● ピン割り込み入力テストのパーツ

本節では，ここまでのLED点滅に使用したパーツに加えて，以下のものが必要です．

プッシュ・スイッチ　　1個

プッシュ・スイッチは，たとえば**図74**のようなもので，小型でブレッドボードに挿すことができるような足が付いているものを選びます．**図74**は，10本まとめてテープに固定された状態で売られていたものです．安価なパーツですから，いくつかまとめて購入しておいてもよいかもしれません．

なお，プッシュ・スイッチは，モーメンタリ・スイッ

図74　プッシュ・スイッチ

34 cr_startup_lpc8xx.cの84行目～103行目を見ると，一見してWEAKの修飾がないようにも見えるが，これらの`xxx_IRQHander()`はWEAK宣言された，`IntDefaultHandler()`にALIASされているので，`SysTick_Handler()`と同じようにユーザの関数宣言で上書きされる．

1 2 3 4 Appendix

チという表記で売られていることもあり，押している間だけONになるタイプのスイッチです．一度押すとONでロックし，もう一度押すとOFFに戻るものは，オルタネート・スイッチ，もしくはプッシュロック・スイッチという表記で売られているので，間違えないようにしましょう．

追加のLEDは，点滅チェックに使用したものと同色でも，異なる色でもかまいません．電流制限抵抗は，厳密には選んだLEDの色に応じて適切な抵抗値を計算するべきところですが，点滅チェックのときに用意した，100Ω程度のものであれば，過大な電流が流れることはないので，流用してもかまいません．

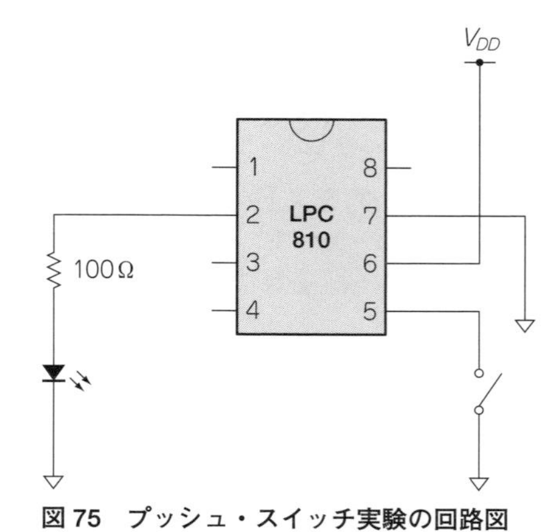

図75　プッシュ・スイッチ実験の回路図

●ユーザ・コード動作用回路（スイッチの実験用）

まず，LED1本とスイッチ1個で，ボタンを押すたびにLEDが点滅する状態と，点滅をしない状態とを切り替える実験をしてみます．

ユーザ・コード動作用の回路を**図75**に示します．実験に使う回路は，たとえば**図76**のように組みます．接続は以下のようになっています．

```
パッケージ・ピン2 − 抵抗 − LEDアノード
LEDカソード − GND
パッケージ・ピン5 − プッシュ・スイッチ − GND
```

パッケージ・ピン番号とGPIO番号の対応，GPIOポートの方向設定は以下のとおりです．

```
パッケージ・ピン2　GPIO PIO0_4　LED点灯
                                 (OUT)
パッケージ・ピン5　GPIO PIO0_1　ボタン入力
                                  (IN)
```

今回も，リセット後にデフォルトでGPIOポートとして機能するピンのみを使っているので，Switch Matrix Toolは使用していません．

●ピン割り込み入力実験用ユーザ・コード

ピン割り込み入力の実験に使うコードは，**図77**のようになります．今までと同様に，CMSIS_COREをインポート済みのワークスペースに任意の名前で作成

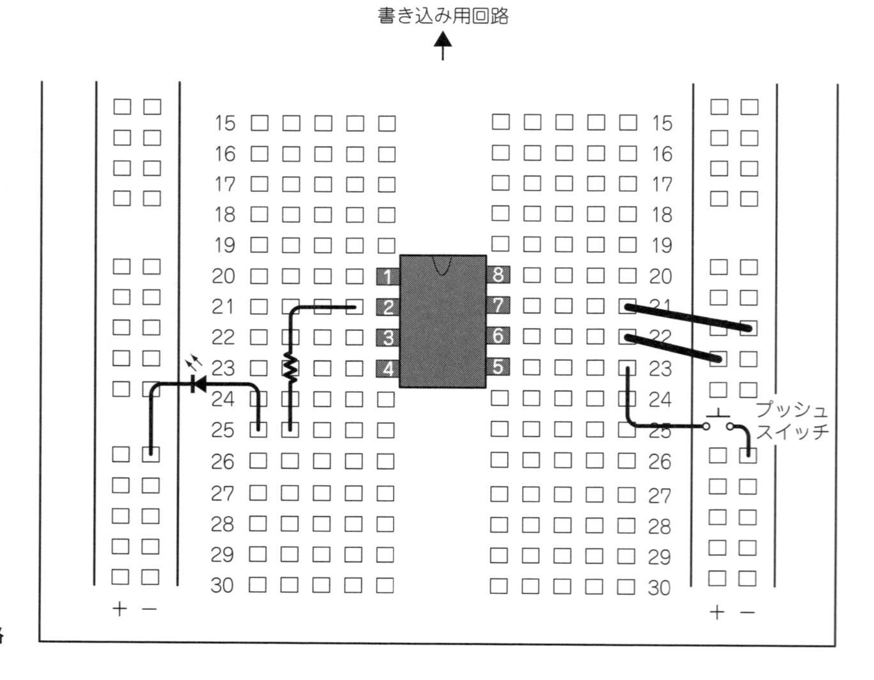

図76
プッシュ・スイッチの実験用回路

```
#ifdef __USE_CMSIS
#include "LPC8xx.h"
#endif

#include <cr_section_macros.h>

static int doBlinking = 0;
const int btnPort = 1;      // GPIO PI00_1
const int ledPort = 4;      // GPIO PIO0_4
const int intrChannel = 0; // PININT0

void SysTick_Handler()
{
        if( doBlinking )
                LPC_GPIO_PORT->NOT0 = (1<<ledPort);
}

void PININT0_IRQHandler() {
        doBlinking = 1 - doBlinking;
        if( !doBlinking )
                LPC_GPIO_PORT->CLR0 = (1<<ledPort);

        LPC_PIN_INT->IST = (1<<intrChannel);   // Clear interrupt
}

int main(void) {
        LPC_SYSCON->SYSAHBCLKCTRL |= (1<<6);  // Clock for GPIO
        LPC_SYSCON->PRESETCTRL &= ~(0x1<<10); // GPIO reset
        LPC_SYSCON->PRESETCTRL |= (0x1<<10);  // resume reset

        LPC_GPIO_PORT->DIR0 |= (1<<ledPort);  // PIO0_4 -> OUT
        LPC_GPIO_PORT->DIR0 &= ~(1<<btnPort); // PIO0_1 -> IN

        SysTick_Config(6000000);  // SysTick Timer

        LPC_SYSCON->PINTSEL[intrChannel] = btnPort; // PIO0_1 -> PININT0
        NVIC_EnableIRQ(PININT0_IRQn);               // Enable PININT0 IRQ
        LPC_PIN_INT->ISEL &= ~(1<<intrChannel);     // Edge detection
        LPC_PIN_INT->IENF |= (1<<intrChannel);      // Falling Edge
        while(1) {
    }
    return 0 ;
}
```

図 77　ピン入力割り込みの実験用コード

し，HEX ファイルが生成されるようにプロジェクトのプロパティを設定してください．ここでは，BtnInt というプロジェクト名で保存したものとして説明します．

図 77 のコードを，main.c に入力し，プロジェクトをビルドして，生成された HEX ファイルを，Flash Magic で LPC810 に書き込んで，その後リセットします．

初期状態では，LED は点滅しないようになっています．プッシュ・スイッチを押すと LED が点滅を開始し，もう一度プッシュ・スイッチを押すと，点滅が止まるというトグル動作をするようになっています．

LED を接続しているピン 2(PIO0_4) と，プッシュ・スイッチを接続しているピン 5(PIO0_1) のそれぞれの信号のようすを観察したものが，**図 78** です．この後で説明するように，プッシュ・スイッチを接続した PIO0_1 のポートは，デフォルトの内蔵プルアップの状態で使用しているので，**図 78** の PushSW の信号は，スイッチが押されていない状態では電源電圧の＋3.3V になっています．

1
2
3
4
Appendix

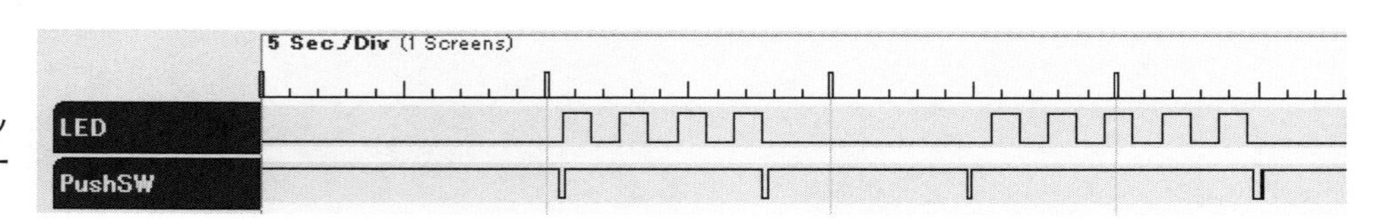

図 78 LEDポートとプッシュ・スイッチポートの信号

プッシュ・スイッチを押すと，PIO0_1がGNDに短絡(ショート)されるので，PushSWの信号が一旦0Vに落ち，ボタンを離すと+3.3Vに復帰しているようすがわかります[35]．**図77**のコードでは，信号が下降するエッジ(falling edge)を検出して割り込みをかけるように記述しているので，最初にボタンが押されたタイミングでLEDの点滅が始まり，次にボタンが押されたタイミングで点滅が停止していることが，**図78**からわかります．

●ピン割り込みについて

LPC810のピン割り込みは，8系統あり，PININT0からPININT7までの割り込みを使うことができます．ピンによる割り込みは，それぞれのピン単独で割り込みを発生させる使い方の他にも，複数のピンの状態を組み合わせた条件によって，割り込みを発生させるパターンマッチという機能も持っています．本節では，単独のピン割り込みを1系統だけ使っていて，PIO0_1→PININT0として，PIO0_1に接続したボタンが押されたときに，PININT0の割り込みが発生するように設定しています．

LPC810の入力ピンは，デフォルトで内蔵プルアップ回路を使って，+3.3Vにプルアップされているので，ボタンが押されたときに，PIO0_1がGNDの0Vに接続するようにしておき，3.3V→0Vに降下するエッジを検出したタイミングで，PININT0の割り込みが発生するようにピンの割り込み発生条件を設定しています．

図77のコードの中で，割り込みに関係している処理は次のようになっています．

▶ GPIOブロックにクロックの供給を開始する

```
LPC_SYSCON->SYSAHBCLKCTRL |=
        (1<<6);  // Clock for GPIO
```

SYSCONのSYSAHBCLKCTRLレジスタのビット6を1とすることで，GPIOブロックへのクロックが供給されるようになります(UM p.36,Table 31)．

▶ GPIOブロックをリセットする

```
LPC_SYSCON->PRESETCTRL &=
        ~(0x1<<10);  // GPIO reset
LPC_SYSCON->PRESETCTRL |=
      (0x1<<10);   // resume reset
```

クロック供給を開始した後，GPIOブロックを一度リセットします．周辺I/Oブロックのリセットは，SYSCONのPRESETCTRLレジスタを使う[36]ようになっていて，該当するビットを0にするとリセット状態になり，その後，当該ビットを1に戻すことで，リセットが完了します．GPIOブロックのリセットは，PRESETCTRLレジスタのビット10です(UM p.29, Table 20)．

▶ PIO0_1を入力に設定する

```
LPC_GPIO_PORT->DIR0 & =
    ~(1<<btnPort); // PIO0_1 -> IN
```

GPIOのポートは，DIR0レジスタの該当ビットを0とすることで，当該ポートが入力ポートとして使用されます(UM p.89)．

このプログラムでは，const int btnPort = 1; と宣言されているので，1を1ビット左シフトした結果，(1<<1)は，2進数で000 … 010となり，これをビット反転する「~」の演算子を適用した結果は，111…101と，ビット1だけが0となっている2進数が得られます．この111…101とDIR0レジスタとのANDをとることで，GPIOポート設定の，DIR0レジスタのビット1を0と設定していることになります．

▶ PIO0_1を，ピン割り込みの0番に設定する

```
LPC_SYSCON->PINTSEL[intrChannel]
```

35 PushSWの信号をよく見ると，一番右のスイッチ押し下げでは短時間にON/OFFを繰り返すチャタリングが発生している．ソフトウェア的にこれに対処するためには，スイッチが押されたあと，一定時間はスイッチ入力ポートの状態を無視するような処理を入れる必要がある．この実験では，割り込みの原理を説明するため，コードの記述量が増えて見通しが悪くなることを嫌ってチャタリング対策の処理については省略している．
なお，チャタリングについては，外付けのハードウェアで対処する方法や，LPC810が持っているグリッチ・フィルタや，ヒステリシスの機能を使って対処する方法もある．

36 Peripheral RESET ConTRoL registerで，略称をみると，PRESET(プリセット)と紛らわしい．

ISEL							
0: edge				1: level			
		IENR				IENR	
		0	1			0	1
IENF	0	no interrupt	rising edge	IENF	0	no interrupt	low level
	1	falling edge	both edge		1	no interrupt	high level

図 79　PIN_INT の各レジスタの設定と割り込み発生条件（ビット単位で設定）

```
    = btnPort; // PIO0_1 -> PININT0
```

8 系統あるピン割り込みの，どの系統をどのピンでトリガするかを決める設定は，SYSCON の PININTSEL[0]から PININTSEL[7]までの 8 本のレジスタで，それぞれ設定します．このレジスタの設定は，ビット単位ではなく，PIO0_n の n の数値を各レジスタに書き込むことで，割り込みとピンとの対応付けが行われます（UMpp.42 − 43）．

このプログラムでは，intrChannle = 0 としているので，PININTSEL[0]の 0 番の割り込みに，GPIO の 1 番ピン[37]（PIO0_1）が対応付けされています．

▶ ピン割り込み 0 番の IRQ を有効にする

```
NVIC_EnableIRQ(PININT0_IRQn);
            //  Enable PININT0 IRQ
```

ピンと割り込み系統の対応付けとは別に，使いたい割り込みの IRQ を有効にする必要があります．IRQ を管理する NVIC での IRQ 番号は，ピン割り込みの系統を示す番号とは別で，PININT0 が NVIC での IRQ 番号 24 に対応しています（UM p.15）．これはさすがにややこしいので，LPC8xx.h の 67 行目～ 100 行目に IRQn_TYPE という列挙型の変数が定義してあり，その中のシンボルを使うのが簡便です．

この `NVIC_Enable()` は，core_cm0plus.h の中で定義されているインライン関数で，NVIC の ISER0 レジスタを，

```
NVIC->ISER[0] = (1 << ((uint32_t)
                 (IRQn) & 0x1F));
```

として設定しているだけの内容です．これを呼ぶ代わりに自分で IRQ 番号を調べ，

```
NVIC->ISER[0] = (1 << 24);
```

としても PININT0 の IRQ を有効にすることができます．

▶ 入力として使う PIN0_1 の割り込み発生条件を設定する

```
LPC_PIN_INT->ISEL &=
~(1<<intrChannel); // Edge detection
LPC_PIN_INT->IENF |=
  (1<<intrChannel); // Falling Edge
```

入力ポートの状態がどうなったときに割り込みが発生するか，を設定します．ここまでで，NVIC の 24 番割り込みである，ピン割り込み 0 番（PININTSEL[0]）に，GPIO のピン 1（PIO_1）を設定している状態です．割り込み発生条件の設定は，これらのうち，ピン割り込み番号を使って行うので，intrChannel（= 0）を使って（1<<intrChannel），として，ISEL レジスタや IENF レジスタのビット 0（PININT0 の割り込み発生条件）を操作します．

設定は，PIN_INT の ISEL でエッジ検出を選び，IENF で falling を選ぶことで，PIO0_1 の状態が high->low に変化するエッジを検出して割り込みがかかるようにしています．

関係するレジスタは，UM p.99 Table93 の各レジスタで，割り込み系統の 0 ～ 7 を，ビット単位で設定します．基本的には，

- ISELレジスタでエッジかレベルかを選択（PMODE＝0：エッジ，1：レベル）
- エッジ検出なら，IENRでrising，もしくはIENFでfallingをenableにする
- レベル検出なら，IENRでレベルトリガをenableし，IENFでhighかlowを選ぶ

という設定になります．

割り込み発生条件の設定に関係する，ISEL，IENR，IENF の組み合わせは，**図 79** のようになります．これらは，ISEL,IENR,IENF に対して，設定したいビットを，OR 演算や AND 演算で直接操作することでも設定できるし，IENR と IENF についてはビットをセット，またはクリアする SIENR/CIENR，SIENF/CIENF

37 繰り返しになるが，GPIO の 1 番ピン（PIO0_1）は，パッケージのピン番号では 5 番ピンとなる．

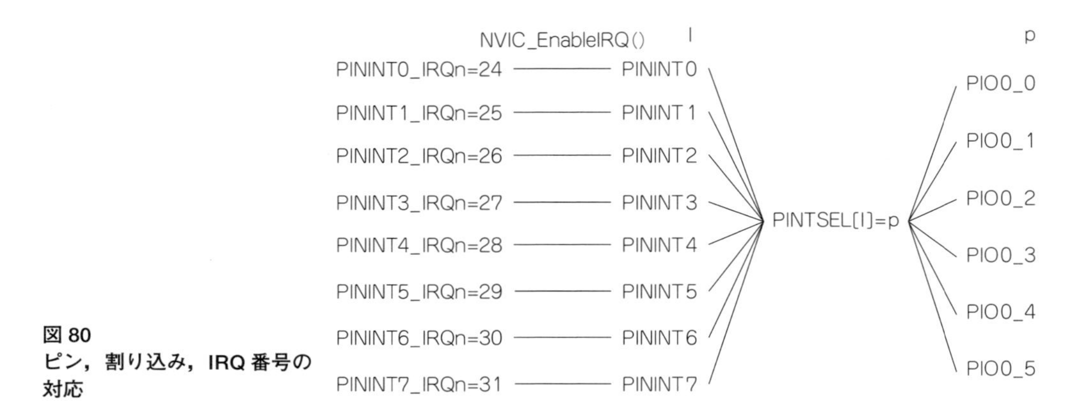

図 80
ピン，割り込み，IRQ 番号の対応

のそれぞれのレジスタも使用できます．

セット/クリアのレジスタは，0が入っているビットは，no operation なので，セットまたはクリアしたいビットにのみ1を立てたデータを代入すれば良いわけですが，これらを使わずに，ISEL，IENR，IENF を直接操作してもほとんど違いはありません．

ここまでで，PIO0_1 の状態が ISEL，IENR，IENF で設定した状態になると，PININT0 がトリガされ，PININT0_IRQn の割り込みベクタを参照して，割り込みハンドラがコールバックされるようになります．割り込みハンドラは，SysTick のときと同様に，cr_startup_lpc8xxx.c の中でプレース・ホルダとして weak 宣言されており，これを main.c の中で上書きするようにしておけば，PIO0_1 からの割り込みをトリガとして処理を行うことができるようになります．

```
void PININT0_IRQHandler() {
     doBlinking = 1 - doBlinking;
     if( !doBlinking )
           LPC_GPIO_PORT->CLR0 =
                   (1<<ledPort);

     LPC_PIN_INT->IST =
        (1<<intrChannel); // Clear
                       interrupt
  }
```

この関数の中で行っている処理は単純で，点滅動作をするかどうかのフラグ，doBlinking の値を1と0の間でトグルし，点滅しない0になったときには，ledPort をクリアして強制的に LED を消灯した後，割り込みをクリアしています．エッジ検出時の割り込みクリアは，割り込み状態を示す，PIN_INT の IST レジスタの該当ビットに1を書きこむことで行います(UM p.103)．

SysTick の割り込みハンドラ，`SysTick_Handler()` では，この割り込みクリアの処理を行っていませんが，SysTick の方がむしろ例外的な扱いで，通常，割り込み処理においては割り込みハンドラ内で割り込みをクリアしないと，次の割り込みが発生しないようになっています．

LED の点滅自体は，SysTick を使っていますが，このコードでは，CMSIS_CORE に含まれる `SysTick_Config()` という関数を呼び出して，カウンタの設定を1行で記述するようにしています．`SysTick_Config()` で行われている処理は，**図 69** の SysTick タイマの設定部分と本質的に同じ処理です．

`SysTick_Handler()` の中では，if(doBlinking) で点滅動作を行うかどうかを判定しているので，結果的にボタンを押すたびに点滅をする，しないがトグルされるようになっています．

ピン入力による割り込みを使う流れをまとめると，以下のようになります．

① GPIO ブロックにクロックを供給し，リセットする
② GPIO ピンを入力に設定する
③ GPIO ピンを PINTSEL[0]～[7]のいずれかに設定する
④ 選択した PINTSEL[0]～[7]の IRQ を有効にする
⑤ 入力ピンのトリガ条件を設定する
⑥ 割り込み発生時に呼ばれる IRQ ハンドラを記述する

上記の③，④の対応は，**図 80** のようになります．⑤の入力ピンのトリガ条件は，**図 80** の中央の列にある PININT の番号を使い，LPC_PIN_INT の ISEL，IENR，IENF に対してビット単位で指定します．

LED ルーレット

続いて，接続するLEDを3本に拡張してルーレットを作成してみます．たとえば，Roulette，などのプロジェクト名で，新規にプロジェクトを作成してください．もちろん，上記で作ったボタン実験のプロジェクトをコピーして名前を変更してもかまいません．

● LED ルーレットのパーツ

本節では，LED点滅とボタン割り込み入力に使ったパーツに加えて，次のパーツが必要です．

追加LED	2本
追加LED用抵抗	2本

追加のLEDは何色でもかまいませんが，青や白のLEDは条件によっては点灯しないか，点灯してもかなり暗くなる可能性もあります．電流制限用に使う抵抗は，よくわからなければ，最初に用意した100Ωのものでも問題はありません．自分で最適な抵抗を用意したい場合は，Appendixの「LED電流制限抵抗」を参考に計算してみてください．

● ユーザ・コード動作用回路

ユーザ・コード動作用の回路は，**図81**のようになります．パッケージのピン番号で1番，4番，8番のピンに，それぞれ電流制限抵抗を接続し，その先にLEDのアノード(A，プラス側)を接続します．LEDのカソード(K，マイナス側)はGNDのラインに接続します(**図82**)．

● Switch Matrix Toolの設定

LEDを3本と，スイッチを一つ接続するということで，GPIOとして使うピンが四つになるため，Switch Matrix Toolを使ってデフォルトのピン・アサインから変更する作業が必要です．3本のLEDは，できるだけ離れたピンに配置することにして，次の三つのピンをLED用のピンとして使用します．

PIO0_0	パッケージ・ピン8
PIO0_2	パッケージ・ピン4

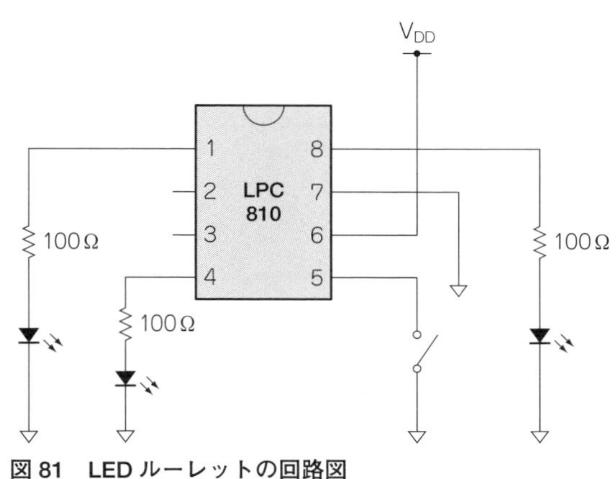

図81　LEDルーレットの回路図

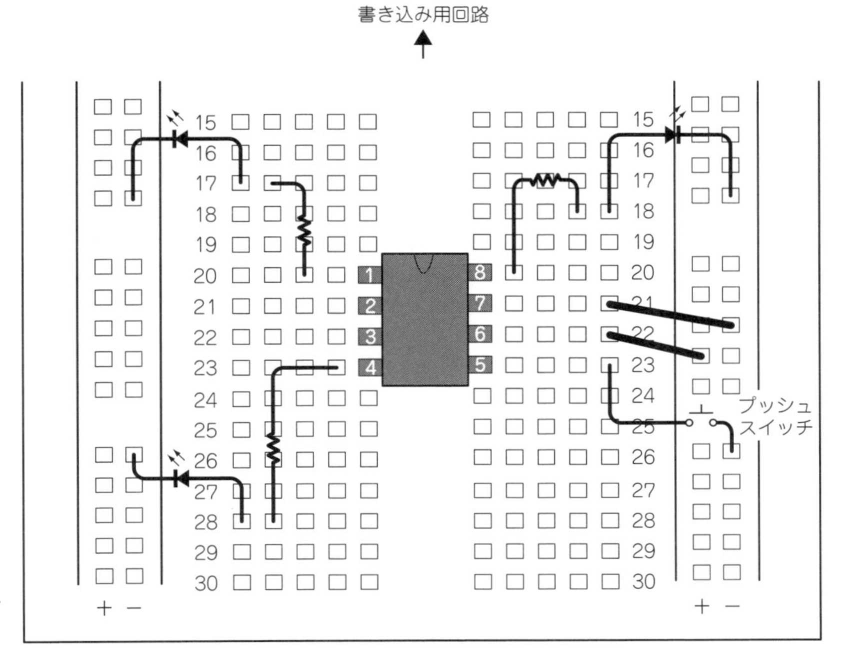

図82
LEDルーレットのブレッドボード配線例

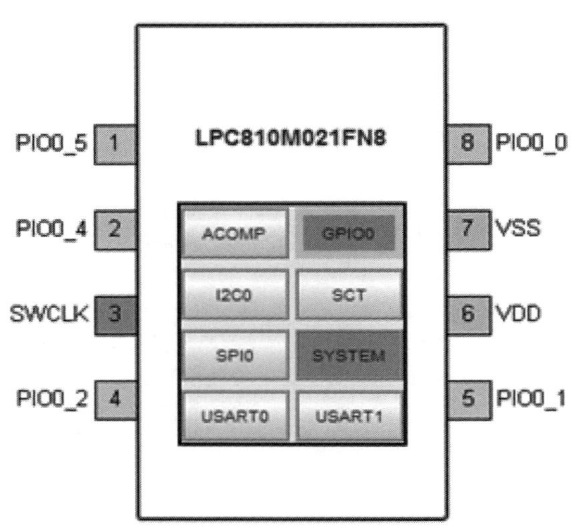

図83　ルーレット用のSwitch Matrix設定

PIO0_5　　パッケージ・ピン1

パッケージのピン番号が反時計回りであるのに対して，PIO0のポート番号が時計回りについているのがややこしいところですが，**図83**を参考にピンの設定を行ってください．設定が完了したら，Exportからswm.cとtype.hを，ルーレット用のプロジェクトのsrcフォルダにExportし，type.hを修正しておきます．

● LEDルーレットのユーザ・コード

ルーレット用のコードは，**図84**のようになります．処理の内容は，**図77**の割り込み実験のコードに，点灯するLEDを順に変更していく処理が追加されたものになっています．

これまでの実験用コードでは，LED点滅やボタン入力の処理は，割り込みハンドラの関数内で行い，

図84　ルーレットのコード

```
#ifdef __USE_CMSIS
#include "LPC8xx.h"
#endif

#include <cr_section_macros.h>

const int btnPort = 1;      // GPIO PI00_1
const int intrChannel = 1; // PININT0

const int numLED = 3;
const int portLED[] = { 0, 2, 5 };
static int curLED = 0;
static int button_push = 0;
static int to_next_led = 0;
static int running = 0;

void SysTick_Handler() {
        to_next_led = 1;
}

void PININT1_IRQHandler() {
        button_push = 1;
        LPC_PIN_INT ->IST = (1 << intrChannel);   // Clear interrupt
}

void SwitchMatrix_Init(void);

int main(void) {
        LPC_SYSCON ->SYSAHBCLKCTRL |= (1 << 6);   // Clock for GPIO
        LPC_SYSCON ->PRESETCTRL &= ~(0x1 << 10);  // GPIO reset
        LPC_SYSCON ->PRESETCTRL |= (0x1 << 10);   // resume reset

        SwitchMatrix_Init();

        volatile int i;
        for( i=0 ; i < numLED; i++ )
```

main()の中では初期化処理を終えたあとは，while(1){}の無限ループとしていました．**図84**ではこれを変更し，割り込みハンドラ内では「割り込みがあった」というフラグを立て，ピン割り込みについては割り込みをクリアも行うというだけの処理とし，割り込みに対応する処理は，main()のwhile(1){}ループ内で，それぞれのフラグをみて必要な処理を行うようにしています[38].

LEDのループは点灯されるLEDを表すcurLEDの変数を，mod演算でcurLED ＝ 0，1，2，0，1，2，0……と動かすことで行っています．SysTickのタイマ間隔は，1/20秒で，SysTick_Config(SystemCoreClock/20)；で，ここを変更すると三つのLEDの回る間隔を変更できます．

ブレッドボードでルーレットを動作させているようすが，**図85**です．プッシュ・スイッチのボタンと，三つのLEDのポートの信号のようすは，**図86**のようになっています．LED1からLED3までの信号は，

図85　ブレッドボード上のLEDルーレット

```
            LPC_GPIO_PORT ->DIR0 |= (1 << portLED[i]); // LED  -> OUT
        LPC_GPIO_PORT ->DIR0 &= ~(1 << btnPort); // BTN -> IN

        SysTick_Config(SystemCoreClock/20);  // 0.05sec

        LPC_SYSCON ->PINTSEL[intrChannel] = btnPort; // PIO0_1 -> PININT1
        NVIC_EnableIRQ(PININT1_IRQn);                //  Enable PININT0 IRQ
        LPC_PIN_INT ->ISEL &= ~(1 << intrChannel);   // Edge detection
        LPC_PIN_INT ->IENF |= (1 << intrChannel);    // Falling Edge
        while (1) {
                if( running ) {
                        if( to_next_led ) {
                                to_next_led = 0;
                                curLED = (curLED + 1) % numLED;
                        }
                }
                for( i=0; i< numLED; i++ ) {
                        if( i == curLED )
                                LPC_GPIO_PORT->SET0 = (1<<portLED[i]);
                        else
                                LPC_GPIO_PORT->CLR0 = (1<<portLED[i]);
                }
                if( button_push ) {
                        button_push = 0;
                        running = 1 - running;
                }
        }
        return 0;
}
```

38 LEDルーレットの場合，入力は人間のスイッチ押し下げで，出力はLEDの点滅のストップであり，典型的な時間スケールは短く見積もってもミリ秒のオーダーである．このため，次の割り込みの発生前に割り込みハンドラの処理が終わらないという事態は想定しづらいが，機器同士の通信を割り込みで処理する場合など，タイミングにシビアなアプリケーションでは，割り込みハンドラ内で，フラグのセットと処理キューへの割り込みタスクの格納だけですぐに割り込み処理を終了し，メイン・ループ内でキューを順に処理するなどの対応が必要になることもある．

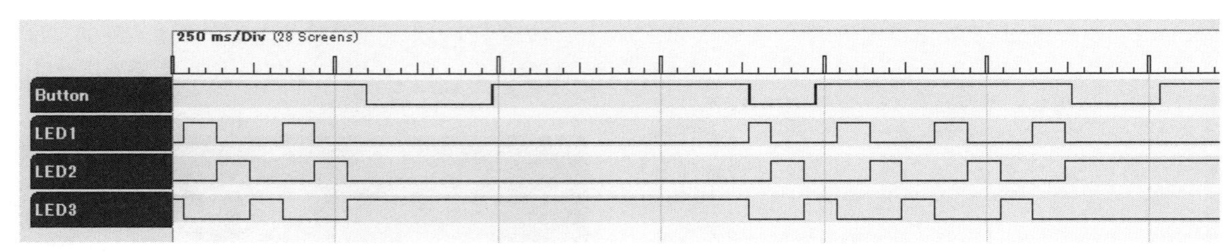

図 86　スイッチと LED の点灯・消灯

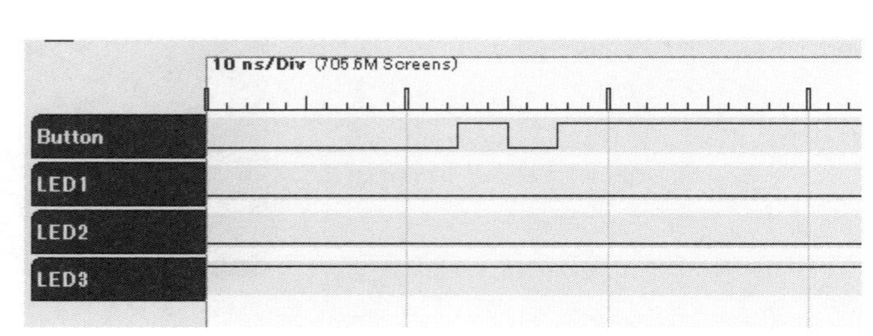

図 87
チャタリングの波形

点灯時には LED1 → LED2 → LED3->……とループしているようすがみえています．一番上の Button がプッシュ・スイッチで，プルアップされているのでスイッチを押していない状態で High(3.3V)，押したときに Low(GND)になり，

```
LPC_PIN_INT ->ISEL &= ~(1 <<
 intrChannel);  // Edge detection
LPC_PIN_INT ->IENF |= (1 <<
   intrChannel);  // Falling Edge
```

の設定で，High → Low の falling edge を検出するように設定しているので，ボタンが押されて電圧が GND に落ちたエッジのところで LED の点滅が Start/Stop しているようすがわかります．**図 86** の横軸は，大きなチックが 250ms 間隔なので，小さなチックは 25ms にあたり，LED 点灯のパルス幅は 50ms と，プログラムで設定した値になっています．

また，**図 86** の Button の信号をよくみると，1 回目のプッシュの離し際や，2 回目のプッシュの押し際，離し際の線の幅が太くなっているようにみえます．これはチャタリングで，2 回目のプッシュの離し際を拡大してみると，**図 87** のようになっています．**図 87** の横軸は大きいチックが 10ns なので，小さいチックは 1ns で，約 2 ～ 3ns のパルス幅でチャタリングが発生していることがわかります．

スイッチを入力として使う場合，**図 87** のようなチャタリングは避けて通れない問題で，対処としては外部に積分回路を入れるなどでハードウェア的に平滑化する，もしくは，ソフトウェア側で短時間の変動は無視する処理を入れる，などがよく行われます．LPC810 の場合は，一定幅未満のパルスを無視するグリッチ・フィルタや，ポート自体の設定としてヒステリシス特性を ON にするという設定もできます．

今の場合，**図 87** では本来の長いボタン・プッシュの離し際に，一度 3.3V まで上がってからまた GND に落ちる非常に短いパルスがあり，そこで falling edge が発生していますが，LED の点滅動作はこれに反応していません[39]．この理由は，たまたまこのチャタリングのタイム・スケールが 5ns 程度で，12MHz クロックの LPC810 では，最小の時間分解能が 1/(12MHz) ～ 83.3ns であるからです．

MRT で音を出す(単音)

本節では，LPC810 のもう一つのタイマである MRT(Multi Rate Timer)を使い，一つの圧電スピーカで音を鳴らす実験をしてみます．次節では，その結果を使い，圧電スピーカを二つ接続して，LPC810 で二重奏を行ってみることにします．

● MRT 単音テストのパーツ

本節では，圧電スピーカを一つ使います．次節では二つに増やす予定なので，二重奏をやってみたいと思われる方は，二つ購入しておきましょう．

39　チャタリングの発生した時点では，LED のルーレットは停止状態であるので，チャタリングの falling edge に反応すればルーレットが動き始めるはずであるが，**図 86** を見るとそうはなっていない．

品　名	型　番	数量	備　考
圧電スピーカ	PKM13EPYH4000-A0	1	次節で二つ使うので2個購入するとよい

図88　MRTサウンド実験用パーツ

図89　圧電スピーカ

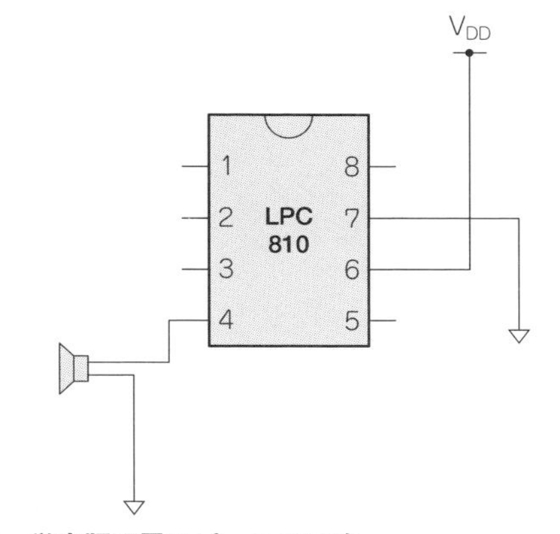

図90　単音版圧電スピーカの回路

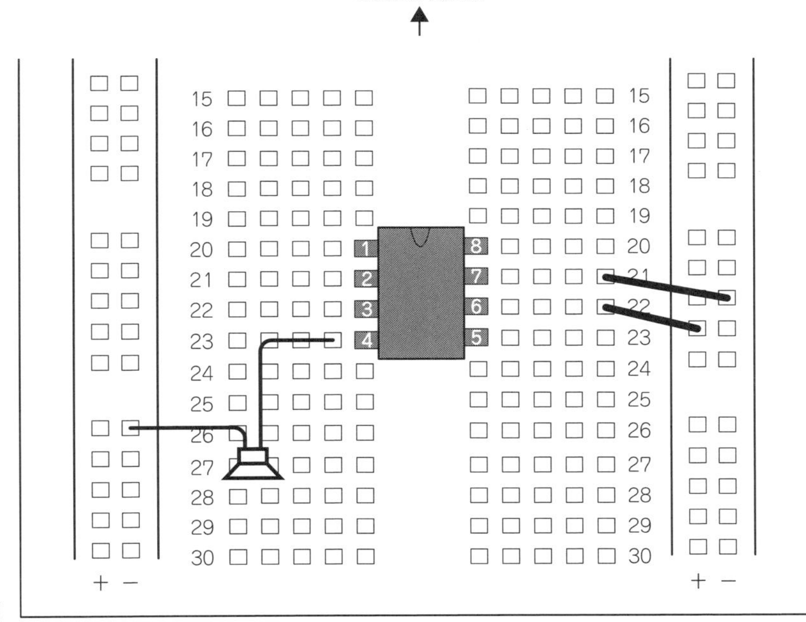

図91
ブレッドボード上の実装例

今回使用した圧電スピーカは，**図88**の型番で，ムラタ製作所製です．外見は，**図89**のようになっていて，1個あたり50円程度で売られているようです．この製品は極性指定がないため，+/−の区別を気にする必要はありませんが，圧電スピーカの中には極性指定があるものも存在するため，別の製品を使用する場合は製品ごとの説明書に従ってください．

●ユーザ・コード動作回路

ユーザ・コード動作用の回路は，**図90**のようになります．ブレッドボード上では，例えば，**図91**のように配線します．

なお，圧電スピーカにも逆起電圧があることと，電圧をかけると振動するということは，逆に振動を圧電スピーカに与えると電圧が発生するということは，一応注意しておく必要があります．参考までに，今回使用する圧電スピーカを指で叩いてみたときのようすが，**図92**です．横軸は1目盛が2ミリ秒，縦軸は1目盛が1Vで，ピーク時で+1.5V，マイナス側にも−0.5V近くの電圧が発生していることがわかります．

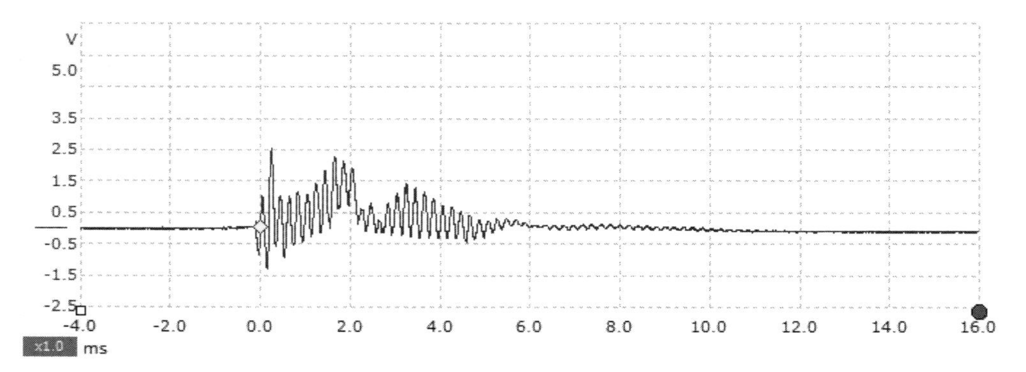

図 92 圧電スピーカを指で叩いたときの起電力

このため，本来はLPC810のポートを保護するためのツェナー・ダイオードをスピーカと並列に入れるほうがよいのですが，本節と次節で行う程度の実験では，実際上LPC810が壊れる恐れはほぼないため，一時的な実験用ということで保護回路は省略して進めます．

● MRT 単音動作ユーザ・コード

MRTを使い，単一の周波数の音を出すだけのテスト・コードは，**図 93** のようになります．**図 90** の回路図のとおり，圧電スピーカは，PIO0_2(パッケージ・ピンの4番)に接続します．このピンは，リセット後の機能はGPIOピンではありませんが，今回は単にGPIOピンに戻すだけなので，Switch Matrixは使わず，`main()`の中で直接SWMのレジスタを設定してパッケージ・ピンの4番を，PIO0_2のモードに設定しています．

これまで同様，CMSIS_COREのみをインポートしたワークスペースに好きな名称でプロジェクトを作成し，CRPとMTBを無効にして，crp.cとmtb.cを削除し，HEXファイルが生成されるようにしたプロジェ

図 93 単音を発音させるユーザ・コード

```
#ifdef __USE_CMSIS
#include "LPC8xx.h"
#endif

#include <cr_section_macros.h>

/* Control register bit definition. */
#define MRT_INT_ENA             (0x1<<0)
#define MRT_REPEATED_MODE       (0x00<<1)
#define MRT_ONE_SHOT_INT        (0x01<<1)

/* Status register bit definition */
#define MRT_STAT_IRQ_FLAG       (0x1<<0)
#define MRT_STAT_RUN            (0x1<<1)

void MRT_IRQHandler(void)
{
  if ( LPC_MRT->Channel[0].STAT & MRT_STAT_IRQ_FLAG )
  {
            LPC_MRT->Channel[0].STAT = MRT_STAT_IRQ_FLAG; /* clear interrupt flag */
            LPC_GPIO_PORT->NOT0 = (1<<2);
  }
  return;
}

void init_mrt(uint32_t TimerInterval)
{
```

クトのmain.cに，**図93**のコードを入力してプロジェクトをビルドし，生成されるHEXファイルをFlash MagicでLPC810に書き込みます．

LPC810を，**図94**のようにユーザ・コード動作回路に差し替え，電源を入れると，圧電スピーカから500Hzの方形波の音が聞こえてきます．このプログラムは音を出すテストだけなので，延々と同じ音を出し続けているだけです．音の周波数は，`init_mrt()`の引き数に与えている割り算の分母で決まります．**図93**では，SystemCoreClock/1000としているので，(1000/2)Hz = 500Hzとなりますが，たとえばこれを，SystemCoreClock/880とすれば，440Hzの方形波が出力されます．

図95は，パラメータとして，**図93**のSystemCoreClock/1000を，`init_mrt()`に与えたときの出力波形で，横軸の1目盛は1ミリ秒です．MRTの基本的な仕組みは，SysTickと同様で，カウンタの初期値を与えてタイマをスタートするとカウントダウンが始まり，カウンタが0になると，割り込みが発生して割り込みハンドラが呼ばれます．クロックは，デフォルトではシステム・クロックが使われるため，SystemCoreClockをカウントのスタートとして与えると，1秒ごとに割り込みが発生します．**図93**では，システムのクロックを1000で割っているので，1/1000秒ごと，つまり1ミリ秒ごとに割り込みが発生します．割り込みハンドラでは，スピーカが接続されたポートを反転させているので，結果として，**図95**のように1ミリ秒ごとにhighとlowが反転し，2ミリ秒を周期

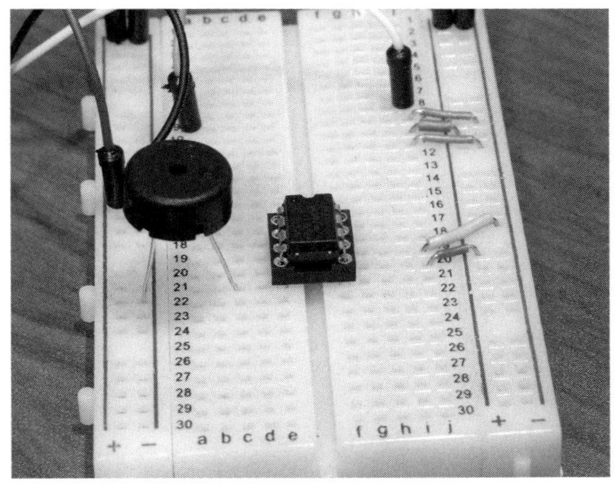

図94　圧電スピーカ1個での発音テスト

```
	LPC_SYSCON->SYSAHBCLKCTRL |= (0x1<<10);
	LPC_SYSCON->PRESETCTRL &= ~(0x1<<7);
	LPC_SYSCON->PRESETCTRL |= (0x1<<7);

	LPC_MRT->Channel[0].INTVAL = TimerInterval;
	LPC_MRT->Channel[0].INTVAL |= 0x1UL<<31;

	LPC_MRT->Channel[0].CTRL = MRT_REPEATED_MODE|MRT_INT_ENA;

	NVIC_EnableIRQ(MRT_IRQn);

	return;
}

int main(void) {
	SystemCoreClockUpdate();
	LPC_SYSCON->SYSAHBCLKCTRL |= (1<<7);
	LPC_SWM->PINENABLE0 |= (1<<3);

	init_mrt(SystemCoreClock/1000);

	LPC_GPIO_PORT->DIR0 |= (1<<2);

    while(1) {
    }
    return 0 ;
}
```

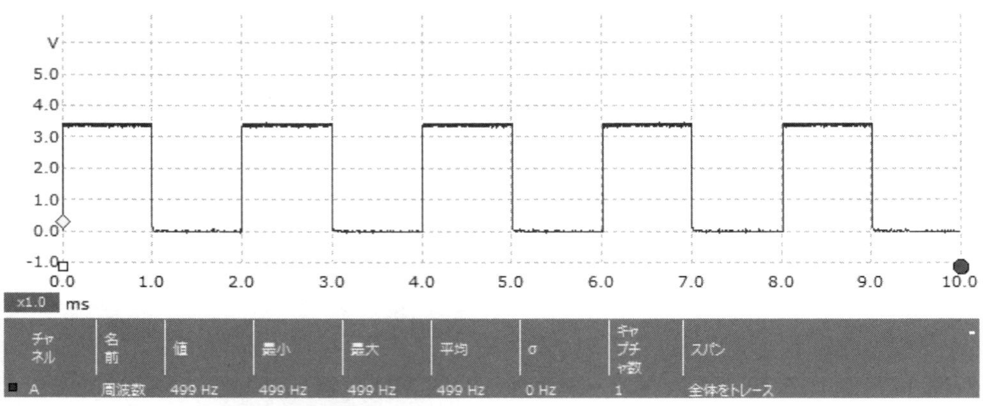

図 95　SystemCoreClock/1000 を init_mrt( ) に与えたときの出力波形(500Hz)

とした方形波，つまり 500Hz の方形波が得られています．

● MRT

MRT の概要

ここで使った，MRT(Multi-Rate Timer)は，基本的な使い方は SysTick と同様ですが，以下の違いがあります．

	SysTick	MRT
チャネル	1	4
ビット長	24	31
モード	repeat	repeat/one shot
割り込みクリア	不要	必要
カウント・スタート	レジスタ設定値	(レジスタ設定値) − 1
クロック	Sys or Sys/2	APB

MRT は，MRT0 から MRT3 までの 4 チャネルあり，それぞれ独立してカウント値を設定することができます．また，カウンタ長は，31 ビットです．SysTick では，正確なカウントをするためには，設定すべき値から 1 を引いたものをカウンタの初期値としてレジスタに設定しましたが，MRT は，レジスタに設定した値から 1 を引いた値からカウントをスタートします．

カウントが 0 になったときに割り込みハンドラが呼ばれる点は，SysTick と同様ですが，呼ばれるハンドラは 4 チャネルとも同じで，どのチャネルのタイマが割り込みを発生したのかを，対応するレジスタをみて判断する必要があります．また，SysTick と異なり，繰り返して割り込みを使う場合には，割り込みハンドラ内で該当する割り込みをクリアしておく必要があります．

例えば，MRT0 と MRT1 を使用する場合，割り込みハンドラの記述は，以下のようになります．

```
#include "LPC8xx.h"

#define MRT_STAT_IRQ_FLAG
(0x1<<0)

void MRT_IRQHandler(void) {
    if (LPC_MRT->Channel[0].STAT
            & MRT_STAT_IRQ_FLAG) {
        // MRT0 の割り込み処理
        LPC_MRT ->Channel[0].STAT
              = MRT_STAT_IRQ_FLAG;
    }
    if (LPC_MRT->Channel[1].STAT &
              MRT_STAT_IRQ_FLAG) {
        // MRT1 の割り込み処理
        LPC_MRT ->Channel[1].STAT =
                MRT_STAT_IRQ_FLAG;
    }

    return;
}
```

MRT のどのチャネルの割り込みが発生したかは，それぞれのチャネルのステータス・レジスタ STAT のビット 0 が 1 であることを確認して判断します．n 番目のチャネルのステータス・レジスタは，`LPC_MRT->Channel[n].STAT` で，このメンバのビット 0 を読みだしたときに 1 であれば，n 番目のチャネルのカウンタが 0 に到達したことを示しています．逆に，このビットに 1 を書き込むと，割り込みのクリアを行うことができます．

MRTを使うために必要なヘッダ・ファイルは，基本的には，LPC8xx.hです．ただ，レジスタ関係の一部のシンボルは，lpc800_driver_libのlpc8xx_mrt.hで定義されています．メモリの厳しいLPC810では，lpc800_driver_libをリンクすることでコード・サイズが大きくなることはあまり嬉しくないため，lpc8xx_mrt.hから，以下の定義を必要に応じて自分のコードに取り入れて使うことにします．

```
#define MRT_INT_ENA         (0x1<<0)
#define MRT_REPEATED_MODE   (0x00<<1)
#define MRT_ONE_SHOT_INT    (0x01<<1)

#define MRT_STAT_IRQ_FLAG   (0x1<<0)
#define MRT_STAT_RUN        (0x1<<1)

void MRT_IRQHandler(void);
```

MRTの使い方

MRTの基本的な使い方は，次のような流れです．ヘッダ・ファイルとして，LPC8xx.hをインクルードし，上記のlpc8xx_mrt.hからのシンボル定義を行っているものとします．

▶MRTにシステム・クロックを供給し，MRTブロックをリセットする

```
LPC_SYSCON->SYSAHBCLKCTRL |=
                        (0x1<<10);
LPC_SYSCON->PRESETCTRL &=
                        ~(0x1<<7);
LPC_SYSCON->PRESETCTRL |=
                        (0x1<<7);
```

MRTのクロックは，SYSCONのSYSAHBCLKCTRL，ビット10で，MRTブロックのリセットはSYSCONのPRESETCTRL，ビット7になっています．リセットは，該当するビットを0にマスクした後，1をセットすることで行います．

▶使用するMRTチャネルのカウンタ初期値を設定し，ロードビットを立てる

```
LPC_MRT->Channel[0].INTVAL =
                    TimerInterval;
LPC_MRT->Channel[0].INTVAL |=
                        0x1UL<<31;
```

MRTは，カウントダウン・タイマで，各チャネルのINTVALレジスタに，カウントの初期値とリロードの挙動を設定します．INTVALレジスタのビット30からビット0は，IVALUEと呼ばれるフィールドで，ここにカウントの初期値を書き込みます．ビット31は，LOADと呼ばれるフィールドで，カウンタのリロードを制御するビットです．

基本的な使い方としては，`LPC_MRT->Channel[n].INTVAL`にカウンタの初期値をセット[40]し，その後，`LPC_MRT->Channel[n].INTVAL`のビット31をセットすると，カウンタがスタートするという流れです．カウンタは，31ビット長のため，IVALUEの最大値は2147483647で，クロックとして12MHzのシステム・クロックを使った場合は，最長で179秒弱のタイマとなります．

▶カウンタの繰り返し設定と割り込み設定を行う

```
LPC_MRT->Channel[0].CTRL = MRT_
        REPEATED_MODE|MRT_INT_ENA;
```

MRTは，repeatedかone shotかを選択できます．また，カウンタが0になったときに割り込みを発生させるかどうかを選択することもできます．今の場合は，音を鳴らす用途のため，repeatedに設定し，割り込みも発生させます．

One shotは，たとえば時間待ちを行いたい場合などに使用できます．この場合は，割り込みを発生させずに，`LPC_MRT->Channel[n].TIMER`(カウンタの現在地)の値を監視するなどで，時間待ちを終了させる方法も考えられます．

▶割り込みを発生させる場合，MRTの割り込みを有効にする

```
NVIC_EnableIRQ(MRT_IRQn);
```

MRTの割り込みは，NVIC管理下にあるため，割り込みを発生させる場合は，MRTに対応するNVICのIRQを有効にする必要があります．SysTickは，NVICではなく専用の割り込み[41]を使っているため，IRQではなく，割り込みのクリアも必要ありませんが，MRTの場合は，該当するIRQを有効にし，割り込みをクリアする処理が必要になります．

MRTのIRQ番号は，#10ですが，これはLPC8xx.hに，`MRT_IRQn = 10;`として定義されているので，そのシンボル名を使います．

40 一般には書き込み直前のLOADビットの値を保存し，IVALUEに書き込む値を0x7FFFFFFFULでマスクしたものと，ORをとったものを書く(あるいは設定したいLOADビットの値にしたものを書く)．リセット直後は，IVALUE,LOADとも0になっているので，サンプル・コードでは直接IVALUEに代入する書き方になっている．

ここまでのMRT初期化処理は，**図93**の`init_mrt()`にまとめて記述してあり，`init_mrt()`の引き数がカウンタ初期値になっています．**図93**のコードでは，MRTのチャネル0を1系統だけ使うので，`init_mrt()`にはチャネルの指定を省略[42]していますが，複数系統を使用する場合は，適宜チャネル指定の変数を追加する必要があります．

MRTを使うための手続きは以上で，あとは割り込みハンドラとして先ほど述べた，`MRT_IRQHandler()`を記述し，割り込みの処理を行うことでMRTを使用することができます．**図93**では，割り込みハンドラ内でチャネル0の割り込みであるかどうかをチェックした後，割り込みをクリアし，圧電スピーカが接続されたポートの出力を反転させています．

MRTで二重奏

● MRT二重奏のパーツ

圧電スピーカを二つに増やし，二つのスピーカから異なるメロディを流すシステムを作ってみましょう．スピーカが二つになるので，MRTをそれぞれに1系統ずつ使うと同時に，それぞれのスピーカ用のMRTの周期を定期的に変更するために，MRTをもう1系統使用し，音程を順に変更していくことでメロディを演奏させてみます．

必要になるパーツは，**図96**のように圧電スピーカが二つです．

● ユーザ・コード動作回路

ユーザ・コードの動作回路は，**図97**のようになります．二つのスピーカから音が出るため，ブレッドボード上でできるだけ離れた配置になるように，パッケージ・ピンの5番と1番を使うようにします．これはGPIOのポート番号では，それぞれPIO0_1とPIO0_5になります．

品　名	型　番	数量
圧電スピーカ	PKM13EPYH4000-A0	2

図96　MRT2重奏で使用するパーツ

ブレッドボード上の配線例は，**図98**のようになります．本書で使用しているものは極性がないタイプですが，極性指定のある圧電スピーカを使用する場合は＋，－を正しく接続してください．

● MRT二重奏ユーザ・コード

MRT二重奏用のユーザ・コードは，**図99**のようになります．使用するMRTが3系統に増えたことと，演奏用の周波数データと音符データが含まれるため，長めのコードになっています．

図99のコードをコンパイルし，LPC810に書き込んで，**図100**のようにユーザ・コード動作回路で電源を入れると，左右のスピーカからカエルの歌の一部が聞こえてきます．

演奏しているのは，**図101**のような6小節（譜面のみやすさのために実際に鳴る音の1オクターブ上で表記しています）で，これを無限に繰り返しています．コードが長くなることを避けるため，電源が入ると同時に，演奏を開始して終了しないようにしていますが，ピン割り込みの節で作成したコードを活用すれば，ボタンで開始・終了を制御することも可能です．興味のある方はトライしてみてください．

● 演奏データ

図101の譜面データは，**図99**のコードの中の，`note0[]`と`note1[]`の配列で，中央のC（ド）を60として，半音単位の数値で表しています．有効な

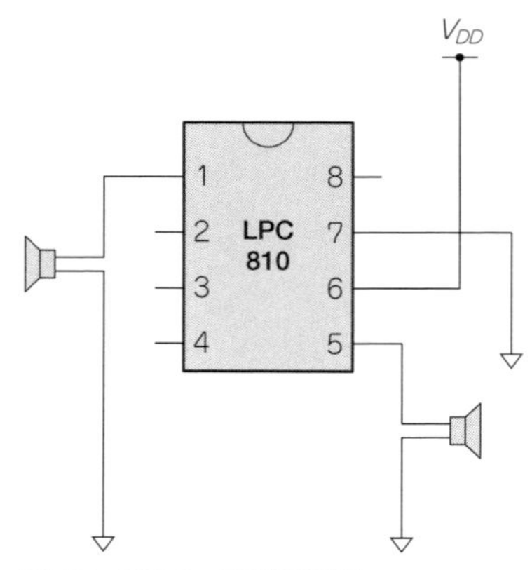

図97　MRT二重奏の回路

41 IRQは周辺機器用のバスであるAPBに接続されている複数のブロックからの割り込みを，NVICでまとめて管理するための番号である．SysTickは，APBではなく専用のペリフェラルバスを持っており（UM p.179　Fig.27），NVICとは独立している．NVICのIRQは順番待ちが発生する公共のバス上の割り込みで，SysTickは，それ専用のプライベート・バス上の割り込みであるため，厳密にいえば，SysTickのほうがMRTよりも原理的に高い精度が得られるともいえるが，そこまでシビアな状況でなければ，どちらを使ってもよい．

42 関数の引き数を増やすと，関数呼び出し時に引き数をスタックにプッシュし，関数側で取り出すコードが生成される．関数を一般化することで開発コストを減らすことは重要であるが，小容量のシステムの場合は，コード・サイズとの見合いでどの程度までの一般化を行うかを考える必要もある．

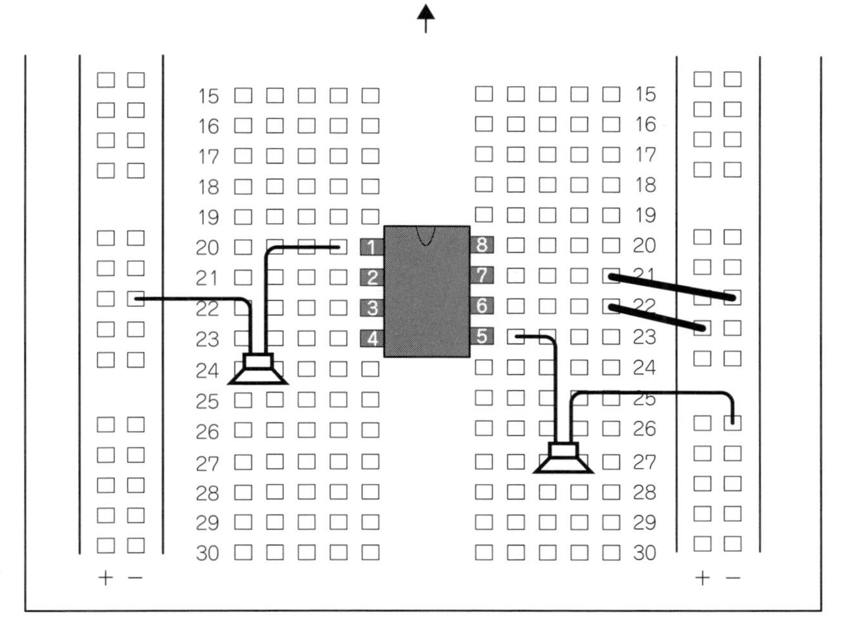

図98
MRT二重奏のブレッドボード配線例

図99　MRT二重奏のユーザ・コード

```
#ifdef __USE_CMSIS
#include "LPC8xx.h"
#endif

#include <cr_section_macros.h>

#define MRT_INT_ENA                 (0x1<<0)
#define MRT_REPEATED_MODE           (0x00<<1)

#define MRT_STAT_IRQ_FLAG           (0x1<<0)

static uint32_t scale[128];
static uint32_t scale4[12] = {
                440*2, 466*2, 494*2, 523*2, 554*2, 587*2,
                622*2, 659*2, 698*2, 740*2, 784*2, 831*2 };
static uint8_t note0[] = {
                 60, 62, 64, 65, 64, 62, 60,128,
                 64, 65, 67, 69, 67, 65, 64,128,
                128,128,128,128,128,128,128,128  };
static uint8_t note1[] = {
                48, 55, 48, 55, 48, 55, 48, 55,
                60, 62, 64, 65, 64, 62, 60,128,
                64, 65,  67, 69, 67, 65, 64,128 };
volatile uint32_t pos[] = { 0, 0 };
static uint8_t f0 = 0, f1 = 0;
static uint32_t note_on = 0;

void MRT_IRQHandler(void) {
     if (LPC_MRT ->Channel[0].STAT & MRT_STAT_IRQ_FLAG) {
            LPC_MRT ->Channel[0].STAT = MRT_STAT_IRQ_FLAG;
            f0 = 1;
     }
```

図 99　MRT 二重奏のユーザ・コード(つづき)

```
        if (LPC_MRT ->Channel[1].STAT & MRT_STAT_IRQ_FLAG) {
                LPC_MRT ->Channel[1].STAT = MRT_STAT_IRQ_FLAG;
                f1 = 1;
        }
        if (LPC_MRT ->Channel[2].STAT & MRT_STAT_IRQ_FLAG) {
                LPC_MRT ->Channel[2].STAT = MRT_STAT_IRQ_FLAG;
                note_on = 1;
        }
        return;
}

void init_mrt(uint32_t TimerInterval[], uint32_t nTI) {
        LPC_SYSCON ->SYSAHBCLKCTRL |= (0x1 << 10);
        LPC_SYSCON ->PRESETCTRL &= ~(0x1 << 7);
        LPC_SYSCON ->PRESETCTRL |= (0x1 << 7);

        volatile uint32_t i = 0;
        for (i = 0; i < nTI; i++) {
            LPC_MRT ->Channel[i].INTVAL = TimerInterval[i];
            LPC_MRT ->Channel[i].INTVAL |= 0x1UL << 31;
            LPC_MRT ->Channel[i].CTRL = MRT_REPEATED_MODE | MRT_INT_ENA;
        }

        NVIC_EnableIRQ(MRT_IRQn);

        return;
}

#define TEMPO 120
#define FRAC4  1

int main(void) {
        SystemCoreClockUpdate();

      LPC_SYSCON->SYSAHBCLKCTRL |= (1<<7);
      LPC_SWM->PINENABLE0 |= 0xfffffffbUL;

        uint32_t tintval[] = { 0, 0 ,SystemCoreClock*60/TEMPO/FRAC4 };

        init_mrt(tintval, 3);

        LPC_GPIO_PORT ->DIR0 |= (1 << 1);
```

図 100
MRT 二重奏の実験

```
	LPC_GPIO_PORT ->DIR0 |= (1 << 5);

	volatile int k;
	for (k = 0; k < 12; k++)
			scale[k + 69] = scale4[k] * 2;
	for (k = 68; k >= 0; k--)
			scale[k] = scale[k + 12] / 2;
	for (k = 81; k < 128; k++)
			scale[k] = scale[k - 12] * 2;

	while (1) {
	  if (note_on) {
		pos[0] = (pos[0] + 1) % (sizeof(note0) / sizeof(note0[0]));
		pos[1] = (pos[1] + 1) % (sizeof(note1) / sizeof(note1[0]));

			LPC_MRT ->Channel[0].INTVAL = SystemCoreClock
					/ scale[note0[pos[0]]];
			LPC_MRT ->Channel[0].INTVAL |= 0x1UL << 31;
			LPC_MRT ->Channel[1].INTVAL = SystemCoreClock
					/ scale[note1[pos[1]]];
			LPC_MRT ->Channel[1].INTVAL |= 0x1UL << 31;

			note_on = 0;
		}
		if (f0) {
			if (note0[pos[0]] < 128)
				LPC_GPIO_PORT ->NOT0 = (1 << 1);
			else
				LPC_GPIO_PORT ->CLR0 = (1 << 1);
			f0 = 0;
		}
		if (f1) {
			if (note1[pos[1]] < 128)
				LPC_GPIO_PORT ->NOT0 = (1 << 5);
			else
				LPC_GPIO_PORT ->CLR0 = (1 << 5);
			f1 = 0;
	  }
	}
	return 0;
}
```

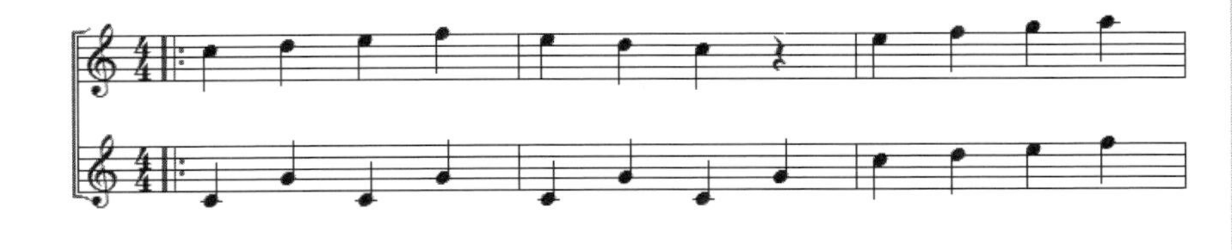

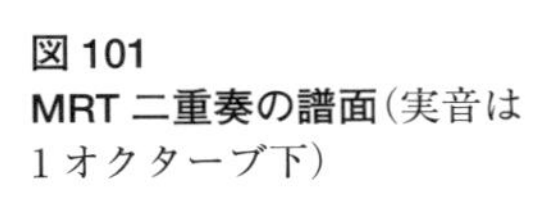

図 101
MRT 二重奏の譜面（実音は1オクターブ下）

	C-1	…	…	…	…	…	…	…	…	…	…	…
	0	…	…	…	…	…	…	…	…	…	…	…
	8	…	…	…	…	…	…	…	…	…	…	…
	C3	C#3	D3	D#3	E3	F3	F#3	G3	G#3	A3	A#3	B3
	48	49	50	51	52	53	54	55	56	57	58	59
	131	139	147	156	165	175	185	196	208	220	233	247
音名	C4	C#4	D4	D#4	E4	F4	F#4	G4	G#4	A4	A#4	B4
ノート・ナンバ	60	61	62	63	64	65	66	67	68	69	70	71
周波数(Hz)	262	277	294	311	330	349	370	392	415	440	466	494
	C5	C#5	D5	D#5	E5	F5	F#5	G5	G#5	A5	A#5	B5
	72	73	74	75	76	77	78	79	80	81	82	83
	523	554	587	622	659	698	740	784	831	880	932	988
	…	…	…	…	…	…	…	G9				
	…	…	…	…	…	…	…	127				
	…	…	…	…	…	…	…	12544				

図 102
MIDI 音名とノート・ナンバ，周波数

音の範囲は 0 ～ 127 で，128 を指定すると休符として扱われます．

```
static uint8_t note0[] = {
    60, 62, 64, 65, 64, 62, 60,128,
    64, 65, 67, 69, 67, 65, 64,128,
   128,128,128,128,128,128,128,128 };
static uint8_t note1[] = {
   48, 55, 48, 55, 48, 55, 48, 55,
   60, 62, 64, 65, 64, 62, 60,128,
   64, 65, 67, 69, 67, 65, 64,128 };
```

この数字は，MIDI のノート・ナンバに対応していて，音名とノート・ナンバ，周波数の関係は，**図 102** のようになっています[43]．

音高[44]は，A4 = 440Hz を基準として，平均律では半音ごとに 2 の 12 乗根を掛けた周波数で表されます．A4 のノート・ナンバは 69 なので，ノート・ナンバを N とすると，周波数は，

$$f(N) = 440 \times (\sqrt[12]{2})^{N-69} \text{ [Hz]}$$

で表されます．2 の 12 乗根は単精度の浮動小数点で表現すると 1.0594630 ですが，LPC810 では浮動小数点演算のコストが大きすぎるため，**図 99** のコードでは，scale4[ ]という配列に，A4 を含む 1 オクターブの音の周波数を予め入力しておき，1 オクターブ違えば周波数が 2 倍，あるいは 1/2 倍になる，という関係を使ってノート・ナンバ 0 ～ 127 までの周波数を scale[128] という配列に生成しています．これは，1 オクターブは 12 個の半音からなるため，2 の 12 乗根を 12 回掛けるとちょうど 2 倍になる，という平均律の考え方に基づいています．

図 103 は，scale4[12] から下のオクターブの周波数データを生成する流れを表したもので，まず，scale4[12] のノート・ナンバの範囲にあたる，scale[69] ～ scale[80] までに 12 音の周波数のデータをコピーし，そのデータを 2 で割ったものを配列のインデックスで 12 だけ離れた位置に代入することを繰り返します．上のオクターブについては，2 を掛けたデータを繰り返し代入していくことで，最終的に全音域の周波数データを生成しています．

なお，scale4[ ] から scale[ ] への最初のコピーの際には，周波数 ×2 の数値を設定していますが，これはタイマ割り込みでスピーカ・ポートの high/low を切り替えるため，high/low の 1 セットが 1 周期に相当することから，周波数の 2 倍の数値を用意して，SystemCoreClock を割った値でタイマ割り込みを発生させることで，所望の周波数の方形波を生成するようにしているものです．

● 時間軸の最小分解能

音長は，**図 99** のコードでは MRT のチャネル 2 を使い，0.5 秒ごとに割り込みを発生させて音高を切り

43 平均律では，C# = Db などだが，異名同音については # での表記で代表している．また，A4 = 440Hz は，ヤマハなど一部のメーカーでは A4 → A3 と 1 オクターブずれていることがあるが，相対的な周波数の関係は同じである．

44 音高は pitch，音程は interval で，音程は二つの音の音高の関係(間隔)の意味．複雑な倍音成分を持つ音の場合は，知覚上の音高と物理的な基本周波数が一致しないこともあるが，素朴な言い方では，音高は一つの音の周波数で，音程は二つの音の周波数の比(対数をとれば，差)と，とりあえず考えておいてもよい．

```
scale4[12]={ 440, 466, 494, 523, 554, 587, 622, 659, 698, 740, 784, 831 };
                    ×2[high\low] ↓
           [69] [70] [71] [72] [73] [74] [75] [76] [77] [78] [79] [80]
                          ↓  /2 [octave]
           [57] [58] [59] [60] [61] [62] [63] [64] [65] [66] [67] [68]
                          ↓  /2 [octave]
           [45] [46] [47] [48] [49] [50] [51] [52] [53] [54] [55] [56]
                          ↓  /2 [octave]
scale[128] [33] [34] [35] [36] [37] [38] [39] [40] [41] [42] [43] [44]
                          ↓  /2 [octave]
           [21] [22] [23] [24] [25] [26] [27] [28] [29] [30] [31] [32]
                          ↓  /2 [octave]
            [9] [10] [11] [12] [13] [14] [15] [16] [17] [18] [19] [20]
                          ↓  /2 [octave]
                      [0]  [1]  [2]  [3]  [4]  [5]  [6]  [7]  [8]
```

図 103
1 オクターブ分の周波数データから，残りのオクターブ範囲の周波数を生成する（下降分）

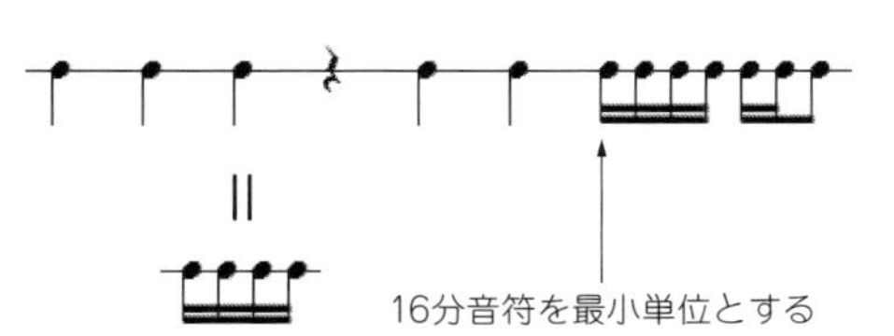

図 104　譜面上の最短音符の整数倍ですべてが表される場合

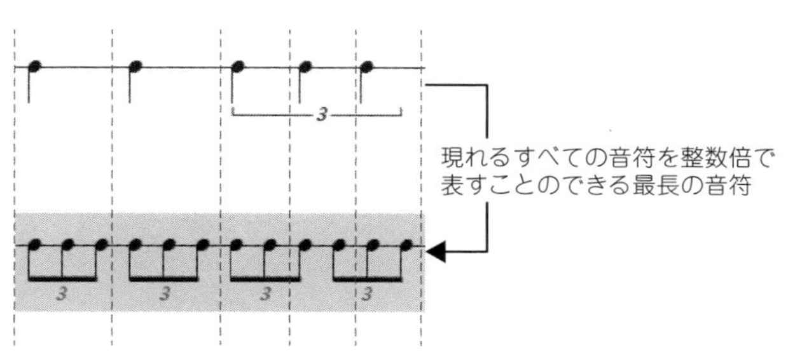

図 105　譜面上の最短音符の整数倍にならない音符がある場合

替えていて，この 0.5 秒が，**図 99** のコードでの音長の最小分解能にあたります．音符の長さはテンポを指定して，はじめて決まる相対的なものですが，たとえば，♩ = 120 をのテンポ指定とすれば，0.5 秒は 4 分音符の長さに相当し，**図 101** の譜面はこの解釈で記譜したものにあたります．

一般に，ある譜面のデータを，**図 99** のコード用に数値化する場合，譜面に現れるもっとも短い音符を調べ，他の音符がすべて最短音符の整数倍で表されるならば，所望のテンポにおける最短音符の時間的な長さを最小分解能として，その時間を MRT のチャネル 2 の割り込み周期に設定します．たとえば，**図 104** のようなケースでは，16 分音符を最小分解能とすれば，他の音符はすべてその整数倍で表すことができます．

譜面中に 3 連符などが現れる場合は，たとえば 4 分音符と 3 連 4 分音符とでは，3 連 4 分音符のほうが短くなるが，4 分音符は 3 連 4 分音符の 3/2 倍の長さを持ち，整数倍では表せないため，**図 105** のように譜面上には現れていない 3 連 8 分音符を最短音符として扱う必要があります．

一般に，テンポ T を，4 分音符の 1 分間の数で表す ♩ = Q の表記で表し，最小分解能を 4 分音符の $1/N$ で表すとすると，最小分解能に相当する時間間隔 t_p [s] は，

$$t_p = \frac{60}{Q \cdot N} \text{[秒]}$$

となります．たとえば，♩ = 120 で 4 分音符を最小分解能とすると，Q = 120，N = 1 なので，先ほどのように t_p = 0.5 秒となり，**図 104** のように 16 分音符を最小分解能とすると，N = 4 なので，♩ = 120 で t_p = 0.125 秒 = 125ms となります．**図 105** のように 3 連 8 分音符を最小単位とする場合は，3 連 8 分音符は 4 分音符の 1/3 の長さなので，N = 3 で，♩ = 120 であれば t_p = 0.1677778 秒 = 167.778ms，♩ = 100 であれば t_p = 0.2 秒 = 200 ms のようになります．

この t_p を元に，MRT2 の割り込み周期を設定し，音高を配列に数値として記述することで任意の曲データを入力することができます．タイマの割り込み周期は，tp ごとに割り込みを発生させたい場合，カウンタ初期値を，SystemCoreClock*t_p と設定すればよいので，上の考え方で求めた t_p を，SystemCoreClock に乗算することで求めています．

例えば，**図 106** のような譜面を演奏させたい場合，データは以下のように用意します．

```
static uint8_t note0[] = {
  67,128, 67,128, 67,128, 69, 69,
```

図106 「ふるさと」の冒頭4小節(実音は1オクターブ下)

```
    69, 71, 69, 69,
    71,128, 71,128, 72,128, 74, 74,
    74, 74, 74, 74 };
  static uint8_t note1[] = {
    59, 62, 59, 62, 59, 62, 54, 62,
    54, 62, 54, 62,
    55, 62, 55, 59, 62, 57, 55, 59,
    62, 60, 59, 57 };
```

この譜面の場合，8分音符を最小単位として扱うので，♩= 96を指定するとすれば，テンポと4分音符に対する割合の定義は以下のようになります．

```
#define TEMPO 96
#define FRAC4  2
```

演奏データは，4分音符が連続するところは，8分音符＋8分休符(データ128)としています．これは，**図99**のコードでは，同音が連続した場合に間に空白が入らない簡便な実装をしているからです．同音が連続した場合にもきちんと区切れて聞こえるようにするには，最小分解能をさらに細かく設定して音と音の間に空白を入れるか，もしくは波形のエンベロープを扱う[45]ことができるようにする必要があります．その場合，コードが，**図99**に比べて煩雑になるため，ここでは同音の連続の場合は，スタカート気味に発音させることで対処することで済ませています．

● MRTの複数系統使用

MRTを使った演奏処理についてですが，全体の流れとしては，MRT0とMRT1を各音の発音のために使い，MRT2を周波数切り替えのために使うことで2音での演奏を行っています．

MRT2のカウンタ初期値は，SystemCoreClock×tpで，最小分解能tpごとに割り込みが発生し，演奏位置を示すpos[0]とpos[1]を1ずつ進めていきます．pos[0]とpos[1]はそれぞれ，MRT0とMRT1のカウンタ初期値を設定する配列のインデックスとして使われています．

MRT0とMRT1のカウンタ初期値は，それぞれ，note0[]とnote1[]の現在位置のノート・ナンバから，scale[]の配列に設定されたノート・ナンバごとのカウンタ初期値＝周波数×2を使って設定されます．

プログラム中の配列を使って，MRT0とMRT1のそれぞれのカウンタ初期値を書くと，以下のようになります．

```
MRT0 scale[note0[pos[0]]]
MRT1 scale[note1[pos[1]]]
```

この流れは，**図107**のようになっていて，MRT2で割り込みが発生するたびに，MRT0とMRT1のカウンタ初期値が変更され，演奏される音の周波数が変わっていきます．

処理としては，MRT_IRQHandler ()が以下のように0から2までのどのチャネルでMRT割り込みが発生したかをチェックして，main ()のループ内でチェックするための自前のフラグ(MRT割り込みフラグとは別)を立てるようにしています．

```
void MRT_IRQHandler(void) {
    if (LPC_MRT ->Channel[0].STAT
            & MRT_STAT_IRQ_FLAG) {
        LPC_MRT ->Channel[0].STAT
              = MRT_STAT_IRQ_FLAG;
        f0 = 1;
    }
    if (LPC_MRT ->Channel[1].STAT
            & MRT_STAT_IRQ_FLAG) {
        LPC_MRT ->Channel[1].STAT =
              MRT_STAT_IRQ_FLAG;
        f1 = 1;
    }
    if (LPC_MRT ->Channel[2].STAT
            & MRT_STAT_IRQ_FLAG) {
        LPC_MRT ->Channel[2].STAT =
              MRT_STAT_IRQ_FLAG;
```

45 ディジタル出力ポートを使用しているので，波形の振幅はpeak to peakで3.3Vに固定されている．この振幅を時間変化させることができるようにすれば，音の立ち上がりや減衰を設定することができ，同じ音が続いても個々の音を認識できるように演奏できる．

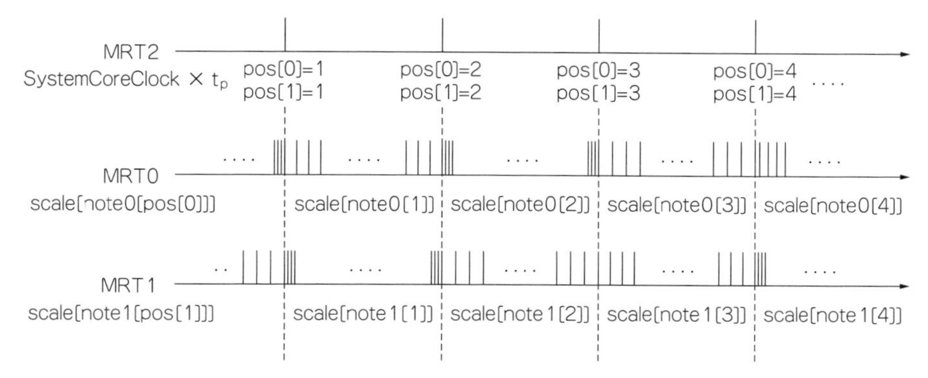

図 107
演奏処理の流れ

```
        note_on = 1;
    }
    return;
}
```

割り込みハンドラ内では，割り込みを発生させた系統について，割り込みフラグをクリアして，その系統の割り込みがあったというフラグを立てるだけの処理としています．

実際の演奏処理は，main ()内の while (1)ループでフラグを見て行っており，MRT2 の割り込みフラグが立っていれば，

```
if (note_on) {
    pos[0] = (pos[0] + 1) %
                  (sizeof(note0) /
               sizeof(note0[0]));
    pos[1] = (pos [1] + 1)%
                  (sizeof(note1) /
               sizeof(note1[0]));

      LPC_MRT ->Channel[0].INTVAL
               = SystemCoreClock
          / scale[note0[pos[0]]];
        LPC_MRT ->Channel[0].INTVAL
                  | = 0x1UL << 31;
        LPC_MRT ->Channel[1].INTVAL
               = SystemCoreClock
          / scale[note1[pos[1]]];
        LPC_MRT ->Channel[1].INTVAL
                  | = 0x1UL << 31;

        note_on = 0;
    }
```

として，演奏位置を一つ進め，MRT0 と MRT1 の割り込み周期を変更しています．

MRT0 と MRT1 は，フラグと対象 GPIO ポートが異なるだけなので，MRT0 について処理を示すと，

```
if (f0) {
    if (note0[pos[0]] < 128)
        LPC_GPIO_PORT ->NOT0 = (1
                            << 1);
    else
        LPC_GPIO_PORT ->CLR0 = (1
                            << 1);
    f0 = 0;
}
```

のように，演奏データが 128 未満であれば，GPIO ポートを反転させ，128 以上であれば，CLR0 を使って出力を low に固定する処理をしています．

図 99 のコードは，MRT を複数系統使用して複数の音を鳴らしわけることができることのデモンストレーションとして作成したもので，これまでの説明でも触れたように，簡明にするためいろいろと省略されている機能があります．興味を持った方は，改良にも挑戦してみてください．

I²C で LCD 表示

● I²C 通信

I²C [46] は，クロック(SCL)とデータ(SDA)の 2 本の信号線 [47] のみで，マイコンと周辺デバイス(センサや

46 Inter-Integrated Circuit から，I²C が正式の略称であるが，しばしば I2C や IIC とも表記される．I-squared-C(アイ・スクエアド・シー)が正式の読み方とされているが，アイ・ツー・シー，という読み方や，スクエアドをスケアと転訛し，I スケア C と表記している通販サイトも存在する．

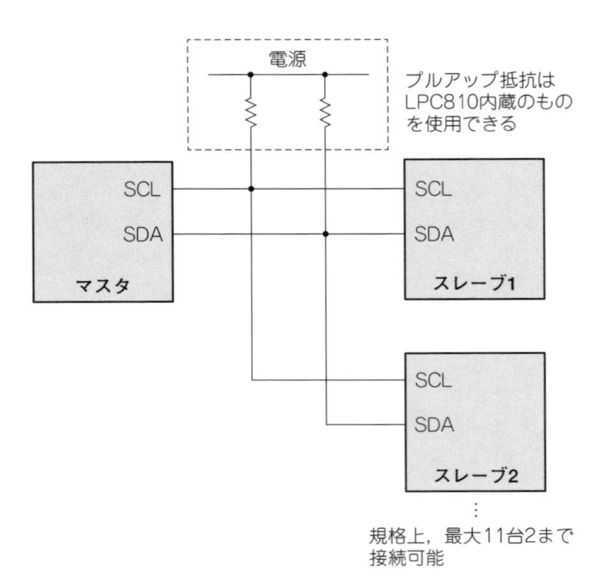

図 108　I²C のバス接続

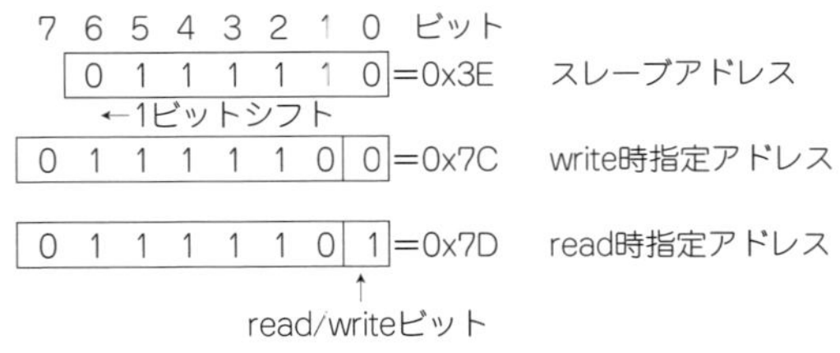

図 109　スレーブ・アドレスが 0x3E のときのマスタ側のアドレス・フォーマット

表示機器など)を接続できる規格です．接続形態として SCL と SDA の 2 本の信号線を複数の I²C 機器で共有できるため，ピン数の少ないパッケージである LPC810 には，特に向いている接続規格であると言えます．マイコンと周辺デバイスの接続規格としては，I²C と並んで SPI という規格が普及しており，LPC810 でも SPI をサポートしてはいますが，必要とする信号線の数[48]から，LPC810 では SPI を使うメリットはなかなか見出しにくい状況にあります．

I²C の接続形態は，**図 108** のようになっていて，通信を主導する 1 台のマスタと，1 台以上 112 台以下のスレーブを 2 本の信号線上に並列に接続していきます．接続の回路は，オープン・コレクタ構成にすることになっていて，各信号線はプルアップ抵抗を介して＋電源に接続します．これは，LPC810 に接続する場合，LPC810 に内蔵されているプルアップ回路を使うことができます．

バス上の各スレーブには，7 ビットの ID を割り振っておき，これによってどのデバイスとの通信であるかを指定するようになっています．通信は，常にマスタ側から開始する仕組みのため，マスタは特に ID をもちません．

スレーブの ID が 7 ビットということは，0x00 から 0x7F までの 128 個のアドレスが指定できますが，0x00 ～ 0x07 までの八つと，0x78 ～ 0x7B の四つ，0x7C ～ 0x7F の四つの計 16 のアドレスが予約アドレスして指定されているため，128 − 16 ＝ 112 が接続できるスレーブの最大数となります．なお，I²C の規格には，アドレスとして 10 ビットを使用できる規格も定められていますが，本書では 7 ビット・アドレスに限って説明します．

7 ビット・アドレスの I²C では，マスタからの通信開始時に，**図 109** のようなアドレス・フォーマットに従って通信相手のスレーブを指定します．**図 109** は，スレーブのアドレスが 0x3E の場合で，通信開始時のアドレス・フォーマットを作るには，まずスレーブのアドレスを 1 ビット左にシフトします．0x3E のアドレスのスレーブであれば，これは**図 109** のように 0x7C となります．左にシフトしたことで，最下位のビット 0 が不定になりますが，以降の通信でマスタ側からのデータ送信を行う場合は，ビット 0 を 0，マスタ側が受信を行う場合はビット 0 を 1 とします．つまり，アドレス 0x3E を持つスレーブに対してマスタ側が送信を行いたい場合は 0x7C を，スレーブからのデータをマスタ側が受信したい場合は 0x7D を，マスタ側がバス上に送出します．

実際には，アドレス・フォーマットのデータを送出する前に，マスタ側がスタート・コンディションという信号を送出し，それに続けてマスタ側からアドレス・フォーマットを送出します．すべてのスレーブは，常に信号線をみていて，スタート・コンディションが送出されたら，マスタからのアドレス・フォーマットを受信し，自分のアドレスが含まれていれば，そのスレーブのみが ACK と呼ばれる 1 ビットのデータを送出します．これでマスタと，アドレス・フォーマットで指定されたスレーブとの通信が確立し，以降，マスタ側がストップ・コンディションの信号を送出するま

47 もちろん，電源と GND のラインは SCL，SDA とは別にそれぞれ必要である．

48 SPI は CLOCK と，MOSI，MISO の送受信線，通信相手の選択を行う SS の 4 本の信号線を用いる．電源と GND を除くと 6 ピンしか使用できない LPC810 では，それだけでも厳しいが，加えて SPI では，通信相手が増えるごとに SS のラインも増えていくため，通信相手が 3 台になると 6 ピンが必要となり，LPC810 単体では SPI のデバイスとしては三つの接続が限界である上に，この場合 SPI 以外の用途に用いることのできる I/O ピンはなくなってしまう．外付けのセレクタ回路を用いればこの問題を回避することも可能だが，通信相手が増えても 2 本の信号線で済む I²C と比較すると，得失差は明らかである．

で通信が続きます．

スタート・コンディション
SCL が high のときに SDA を low にする
ストップ・コンディション
SCL が high のときに SDA を high にする
アドレス/データ信号
SCL が low のときに SDA を high/low にする

スタート・コンディションとストップ・コンディションの信号は上のようになっていて，アドレスやデータのビットを送受信する場合は，SCL が low のタイミングで SDA に送信側が High/Low を設定しますが，SCL が High のタイミングで SDA が変化すると，それはスタートもしくはストップのコンディションの信号を意味し，SDA が Low になったときスタート，High になったときストップとして解釈されます．

これらの信号処理は，原理的には自分で LPC810 の I^{2}C 関係のレジスタを操作しつつプログラムすることもできますが，さすがにそれは負担が大きいため，通常は，lpc8xx_driver_lib に含まれるライブラリ，もしくは，内蔵 ROM に存在する I^{2}C ライブラリ（I^{2}C ROM API）のコードのいずれかに任せる使い方になります．

本書では，少しでもユーザの RAM 領域を消費せずに済む，ROM API を使った I^{2}C 通信の方法をみていくことにします．

● ROM I^{2}C API

ROM に存在する I^{2}C API を使用するためには，**図 110** の romi2c.h が必要です．このファイルをプロジェクトの src フォルダに置き，必要な関数を呼び出すことで ROM 内の I^{2}C API を使うことができます．

この romi2c.h 内で定義されている構造体などは，基本的には UM に記載されています．記載されているページは以下のとおりです．

p.308	I2C_HANDLE_T
p.309	I2C_CALLBK_T
p.309	I2C_PARAM
p.309	I2C_RESULT
p.310	I2C_MODE_T
pp.309 − 310	ErrorCode_t
pp.302 − 303	I2CD_API_T
p.310	ROM_DRIVERS_PTR

最後の ROM_DRIVERS_PTR は，0x1FFF1FF8 というアドレスを指すように定義されています．このアドレスから，ROM 内の各 API（I^{2}C 以外の API も含む）の関数群の先頭アドレスを格納したテーブルが始まっていて，所定のオフセット（I^{2}C の場合，＋0x14）だけ離れた位置にある 32 ビットの数値が，I^{2}C の関数群が格納されている領域の先頭アドレスを示しています．

この ROM_DRIVERS_PTR は，romi2c.h 内で定義されている struct ROM_CALL 型の構造体で，pI2CD というメンバが上記のオフセット位置と一致するように定義されているので，ROM_DRIVERS_PTR->pI2CD という参照が，ROM I2C API の関数群の先頭アドレスを返すようになっています．これを，I2CD_API_T へのポインタとして宣言する変数で受けておけば，そのポインタを通して ROM の I2C API を使用することができるという仕組みになっています．

例えば，

```
#include "LPC8xx.h"
#include "romi2c.h"

I2CD_API_T *pI2C;

pI2C = (I2C_HANDLE_T) ROM_DRIVER_
                              PTR->pI2CD;
```

とすれば，`pI2C->i2c_setup(…………)` のように，UM p.302 の Table 273 にある ROM の I^{2}C API 関数を使うことができます．

I^{2}C の初期化を行うには，上記のコードに続けて，

```
I2C_HANDLE_T *hI2C;
volatile uint8_t iHandle[96];

hI2C = pI2C->i2c_setup(LPC_I2C_BASE,
         (uint32_t *)&iHandle[0]);
pI2C->i2c_set_bitrate(hI2C,SystemCoreClock,
                                  10000);
```

のように記述します．

ここで，`i2c_setup()` から返される `I2C_HANDLE_T` へのポインタ（上の例では hI2C）は，以降，ビット・レートの設定やデータの送受信を行う際，それぞれの関数に渡すパラメータの一つとして必要になります．

`i2_setup()` で指定されている，`iHandle[]` は，ROM I2C API が使用する RAM 領域で，どれだけ必要かは，`pI2C->i2c_get_mem_size()` で調べることができます．LPC810 では，96 バイトと返ってきます．正統的な C プログラミングであれば，まず

図110　romi2c.h（ROM I2C APIを使用するためのヘッダ・ファイル）

```
//-----------------------------------------------------------
#ifndef ROMI2C_H_
#define ROMI2C_H_

#include "stdint.h"

typedef void *I2C_HANDLE_T;
typedef void (*I2C_CALLBK_T )(uint32_t err_code, uint32_t n);

#ifndef __ROMCALL__
#define __ROMCALL__
typedef struct ROM_CALL {
	const uint32_t reserved1[5];
	const uint32_t *pI2CD;
	const uint32_t reserved2[3];
	const uint32_t *pUARTD;
} ROM;
#define ROM_CALL_T ROM
#endif

typedef struct i2c_A {
	uint32_t num_bytes_send;
	uint32_t num_bytes_rec;
	uint8_t *buffer_ptr_send;
	uint8_t *buffer_ptr_rec;
	I2C_CALLBK_T func_pt; // callback function pointer
	uint8_t stop_flag;
	uint8_t dummy[3]; // required for word alignment
} I2C_PARAM;

typedef struct i2c_R {
	uint32_t n_bytes_sent;
	uint32_t n_bytes_recd;
} I2C_RESULT;

typedef enum I2C_mode {
	IDLE, MASTER_SEND, MASTER_RECEIVE, SLAVE_SEND, SLAVE_RECEIVE
} I2C_MODE_T;

typedef enum {
	LPC_OK = 0,
	ERROR, ERR_I2C_BASE = 0x00060000,
	ERR_I2C_NAK = ERR_I2C_BASE + 1,
	ERR_I2C_BUFFER_OVERFLOW,
	ERR_I2C_BYTE_COUNT_ERR,
	ERR_I2C_LOSS_OF_ARBRITRATION,
```

この関数を呼んだ上で，得られた値から，malloc()かcalloc()で動的にメモリを確保するところですが，malloc()やcalloc()のコードをリンクすると，プログラムの容量が増えてしまうため，固定サイズでram領域を宣言しています．

i2c_set_bitrate()の最後の10000は，I^{2}C通信のビット・レートで，ここでは10kbpsを指定した例になっています．これは，I^{2}Cのlow－speedモードに相当するビット・レートです．LPCシリーズでは，PIO0_10とPIO0_11を使用できるモデルは，I^{2}Cのバス規格であるオープン・ドレイン・モードをきちんとサポートしていますが，LPC810は，これらのピンを使用することができないため，I^{2}Cのstandard modeの100kbpsまでで使用したほうが安全です．

```
    ERR_I2C_SLAVE_NOT_ADDRESSED,
    ERR_I2C_LOSS_OF_ARBRITRATION_NAK_BIT,
    ERR_I2C_GENERAL_FAILURE,
    ERR_I2C_REGS_SET_TO_DEFAULT
} ErrorCode_t;

typedef struct I2CD_API {
    void (*i2c_isr_handler)(I2C_HANDLE_T* h_i2c);
// MASTER functions ***
    ErrorCode_t (*i2c_master_transmit_poll)
        (I2C_HANDLE_T* h_i2c, I2C_PARAM* ptp,I2C_RESULT* ptr);
    ErrorCode_t (*i2c_master_receive_poll)
        (I2C_HANDLE_T* h_i2c, I2C_PARAM* ptp,I2C_RESULT* ptr);
    ErrorCode_t (*i2c_master_tx_rx_poll)
        (I2C_HANDLE_T* h_i2c, I2C_PARAM* ptp,I2C_RESULT* ptr);
    ErrorCode_t (*i2c_master_transmit_intr)
        (I2C_HANDLE_T* h_i2c, I2C_PARAM* ptp,I2C_RESULT* ptr);
    ErrorCode_t (*i2c_master_receive_intr)
        (I2C_HANDLE_T* h_i2c, I2C_PARAM* ptp,I2C_RESULT* ptr);
    ErrorCode_t (*i2c_master_tx_rx_intr)
        (I2C_HANDLE_T* h_i2c, I2C_PARAM* ptp,I2C_RESULT* ptr);
// SLAVE functions ***
    ErrorCode_t (*i2c_slave_receive_poll)
        (I2C_HANDLE_T* h_i2c, I2C_PARAM* ptp,I2C_RESULT* ptr);
    ErrorCode_t (*i2c_slave_transmit_poll)
        (I2C_HANDLE_T* h_i2c, I2C_PARAM* ptp,I2C_RESULT* ptr);
    ErrorCode_t (*i2c_slave_receive_intr)
        (I2C_HANDLE_T* h_i2c, I2C_PARAM* ptp,I2C_RESULT* ptr);
    ErrorCode_t (*i2c_slave_transmit_intr)
        (I2C_HANDLE_T* h_i2c, I2C_PARAM* ptp,I2C_RESULT* ptr);
    ErrorCode_t (*i2c_set_slave_addr)
        (I2C_HANDLE_T* h_i2c,uint32_t slave_addr_0_3,
                 uint32_t slave_mask_0_3);
// OTHER functions
    uint32_t (*i2c_get_mem_size)(void);
    I2C_HANDLE_T* (*i2c_setup)
        (uint32_t i2c_base_addr, uint32_t *start_of_ram);
    ErrorCode_t (*i2c_set_bitrate)
        (I2C_HANDLE_T* h_i2c, uint32_t Pclk,uint32_t bitrate);
    uint32_t (*i2c_get_firmware_version)();
    I2C_MODE_T (*i2c_get_status)(I2C_HANDLE_T* h_i2c);
} I2CD_API_T;

#define ROM_DRIVERS_PTR ((ROM *)(*((unsigned int *)0x1FFF1FF8)))

#endif /* ROMI2C_H_ */
```

初期化が終わったあとの送受信に関しては，ROMのI2C APIには，ポーリング・モードと割り込みモードの両方の関数が用意されています．本書では，LPC810をI^2Cのマスタとして使い，スレーブからの非同期な受信を想定しないため，I^2Cに関してはポーリング・モードで使っていきます．

LPC810をマスタで使用する場合のポーリング・モードの送受信関数は，以下の三つです．なお，引き数はすべてポインタ変数です．

```
i2c_master_transmit_poll(i_handle,
                i_param,i_result)
i2c_master_receive_poll(i_handle,
                i_param,i_result)
```

```
i2c_master_tx_rx_poll(i_handle,
                      i_param,i_result)
```

それぞれの関数は，名称からも推測できるとおり，マスタ側からの送信，受信，送受信に対応しています．送受信は，スレーブ側のデータを読み出す際に，マスタ側から読み出す対象を指定するデータを送った後，スレーブ側から送られてくるデータを受け取るようなケースで使用されます．

指定できるパラメータは，三つの関数で共通しています．`i_handle` は `i2c_setup()` が返してくる I^2C ドライバへのハンドル(さきほどの例では hI2C)，`i_param` が送受信のバイト数やバッファへのポインタを指定するパラメータ，`i_result` が実行結果の情報をそれぞれ格納する構造体です．

`i_param` は，I2C_PARAM 型の構造体で，そのメンバは以下のように[49]なっています．

```
uint32_t         num_bytes_send
  送信するバイト数
uint32_t         num_bytes_rec
  受信するバイト数
uint8_t          *buffer_ptr_send
  送信バッファへのポインタ
uint8_t          *buffer_ptr_rec
  受信バッファへのポインタ
I2C_CALLBK_T     func_pt
  割り込みハンドラ
uint8_t          stop_flag
  ストップ・シグナルを送信するかどうか
```

これらのうち，ポーリング・モードで使用する場合は，割り込みハンドラに関してはNULLポインタを設定しておけばよく，また，送信のみの時は受信に関するパラメータは参照されず，受信のみのときは送信に関して同様となります．ストップ・シグナルを送信するかどうかは，指定された送受信の後，さきほど述べたストップ・コンディションの信号を送出するかどうかのフラグです．

ポーリング・モードの場合，`i_param` と `i_result` は次のように初期化しておくとよいでしょう．

```
I2C_PARAM i_param={0,0,(uint8_t *)0,
        (uint8_t *)0,(void *)0,1,
                        {0,0,0}};
I2C_RESULT i_result={0,0};
```

例えば，スレーブのアドレスが0x3Eで，このスレーブに対して0x38，0x39，0x14という3バイトのデータをtrasnmitで送信したい場合，上のように宣言しておいた，`i_param` に必要なデータをセットして，`i2c_master_transmit_poll()` を呼び出します．

```
uint8_t sd[] = { 4, 0x3E<<1 ,
0x38, 0x39, 0x14 };
i_param.num_byte_send = sd[0];
i_param.buffer_ptr_send =
(uint8_t *) &sd[1];
pI2C->i2c_master_transmit_poll
(hI2C,&i_param,&i_result);
```

pI2C，hI2Cは，初期化の例として示したコードの中で使われている変数名です．パラメータのうち，`num_byte_send` は，スレーブのアドレスも送信するバイト数としてカウントする必要があります．アドレスは，今の場合はwriteモードで送信するとしたので，1ビット左シフトしただけです．Readで通信する場合は，`(0x3E<<1)|(0x01)` のように最下位ビットを1として，receiveやtx_rxの関数を呼び出します．

● 液晶表示テストのパーツ

ROM I2C APIのテストとして，秋月電子の I^2C 液晶に文字を表示してみます．使用する I^2C 液晶は，秋月電子の型番でAE-AQM0802の製品です．8文字×2行のキャラクタLCDモジュールと，2.54mmピッチへの変換基板がセットになっています．LCD単体でも売られていますが，ピン間隔がブレッドボードに適合しないため，**図111** に書かれた通販コードK-06795の変換基板セットのものを入手しました．同じAE-AQM0802の型番で変換基板のみのものも売られていますが，基板と液晶セットは600円でした．

セットの内容は，**図112** のようなものです．液晶本体と変換基板，ブレッドボードに挿しこむためのピン・ヘッダが入っています．ピン・ヘッダは，セットには7ピンのものが入っていますが，必要になるのは5ピンなので，ニッパなどでカットし，**図112** のように5ピンにします．

液晶のはんだ付けは，液晶のピン間隔が狭いので，隣のピンとショートしないよう慎重に行ってください．液晶とピン・ヘッダを変換基板にはんだ付けしたようすを，**図113** に示します．

完成した基板の裏側は，**図114** のようになってい

49 最後のuint8_tの `dummy[3]` は，データの区切りを32ビットのワード境界に明示的に合わせるためにおかれている．

品　名	型　番	数量	備　考
I²C 液晶変換基板セット	AE-AQM0802	1	通販コード K-06795 のもの

図 111　I²C 液晶のパーツ・リスト

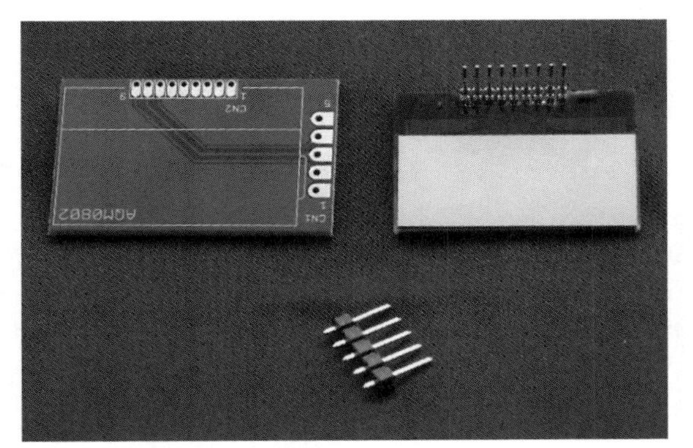

図 112　I²C 液晶とピッチ変換基板，ピン・ヘッダ

図 113　基板とピン・ヘッダをはんだ付けしたようす
(液晶面)

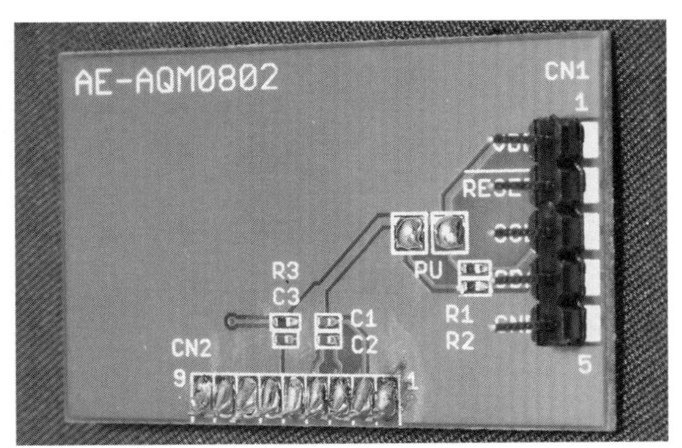

図 114　基板とピン・ヘッダをはんだ付けしたようす
(ピン側，もとのピンは切っている)

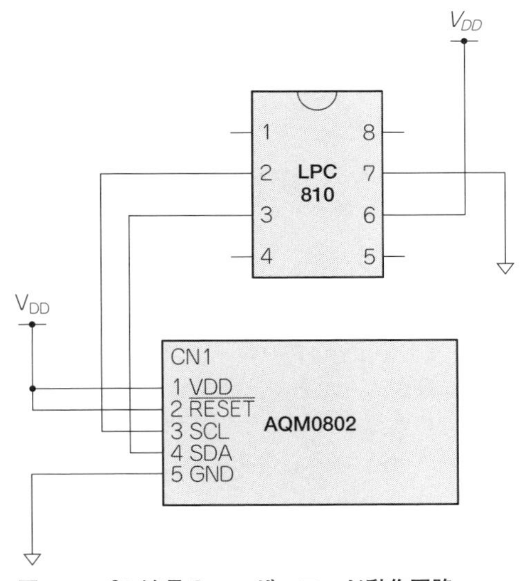

図 115　I²C 液晶のユーザ・コード動作回路

ます．液晶に元々ついていたピンは，ブレッドボードに挿しこむ際に干渉するので，長い分をカットしています．

●ユーザ・コード動作回路

LPC810 と I²C 液晶との接続は，**図 115** のように行います．I²C 液晶の 2 番ピンは RESET で，負論理[50]の端子のため，電源(V_{DD})に接続します．I²C の信号線は，I²C 液晶の 3 番ピンが SCL，4 番ピンが SDA で，これを LPC810 の 2 番ピンに SCL，3 番ピンに SDA をつなぎます．

ブレッドボード上の配線は，**図 116** のようになります．結線数は少なめなので，取り回しに注意する点はありません．I²C 液晶は，LPC810 に比較するとサイズがやや大きいので，書き込み回路とユーザ・コード動作回路の間で差し替える際に作業しやすい程度の間隔を取るような配置にした方がやりやすいでしょう．

今回，LPC810 側は，以下のようなピン・アサインで使用します．

PIO0_4	SCL	パッケージ・ピン 2
PIO0_3	SDA	パッケージ・ピン 3

50 `High(1)` のとき機能が有効になる端子を正論理，`low(0)` のとき有効になる端子を負論理と呼ぶことがある．負論理の端子は，基板上や回路図，仕様書などでは $\overline{\text{RESET}}$ のように上にバーのついた表記になっていることも多い．今の場合，$\overline{\text{RESET}}$ が負論理ということは，この端子を GND に落とすとリセットの機能が有効になるということである．

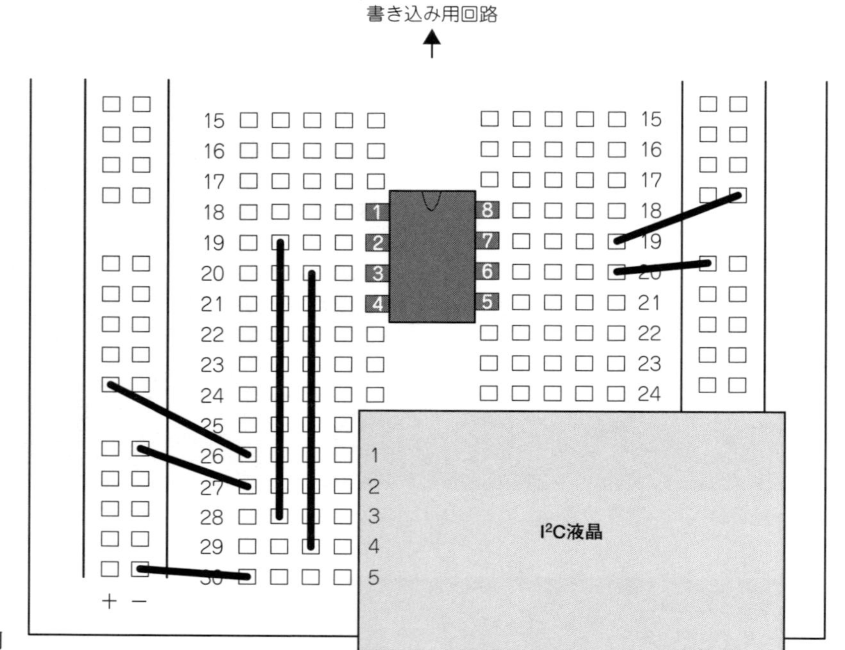

図 116
ブレッドボード上の配線例

ピン設定は，Switch Matrix Tool を使わず，直接ユーザ・コードに記述することにします．

● I²C 液晶テスト・ユーザ・コード

I²C 液晶のテスト用ユーザ・コードは，**図 117** のようになります．**図 117** のコードをコンパイルし，LPC810 に書き込んだあと，ユーザ・コード動作回路で LPC810 の電源を入れると，**図 118** のように，「ﾊﾛｰ World.」と「World. Hello.」の文字が 0.5 秒間隔で切り替わりながら表示されます．

使用した I²C 液晶のキャラクタ・コード表を，**図 119** に示します．数字，アルファベットと一部の記号（0x20 ～ 0x7D の範囲）は，ASCII コードがそのまま対応しています．そのため，コード中でのデータの定義としては 'a'，または 0x61 のどちらでも指定することができます．

半角カナ（0xA0 ～ 0xDF の範囲）は，Shift JIS の半角カナがそのまま対応していますが，LPCXpresso の文字コードは UTF-8 であるため，'ｱ' という指定をすることができず，0xB1，のように直接文字コードで指定する必要があります．そのほかの部分には，独自拡張の文字が入っています．

プログラムの大まかな流れとしては，I²C 関係の変数や定数を宣言したあと，SysTick を使った時間待ちの関数を定義し，続いて液晶表示用のデータをいくつか定義しています．液晶の初期化や文字表示については，次項で詳しく説明します．

`main()` の中で，`while(1)` の無限ループに入る前の処理では，LPC810 の I/O ピン 2 番と 3 番（PIO0_4 と PIO0_3）を I²C 用に SCL と SDA に割り振っています．ここの処理は，Switch Matrix Tool でも設定できますが，数行で済む処理なので直接記述しています．

このコードで必要なピン関係のクロックは，Switch Matrix ブロックの SWM，I²C ブロック，オープン・ドレイン・モードにピンを設定するための IOCON の三つを有効にする必要があります．設定するレジスタは，LPC_SYSCON->SYSAHBCLKCTRL で，UM の pp.35 − 36 の Table 31 から，I²C がビット 5，SWM がビット 7，IOCON がビット 18 でそれぞれ有効になるので，このレジスタに対して `(1<<18)|(1<<7)|(1<<5)` との OR をとり，対応するクロックの供給をスタートさせます．

I²C 関係のピン・アサインは，LPC_SWM->PINASSIGN7 のビット 31 − 24 が SDA のピン番号で，このレジスタに 0x03FFFFFF を代入すると PIO0_3 が SDA というアサインになります．同様にして，LPC_SWM->PINASSIGN8 のビット 7 − 0 に 0xFFFFFF04 を代入することで，PIO0_4 が SCL に割り当てられます．これらの割り当てを有効にするために，リセット後に有効になっている各ピンの固定機能を LPC_SWM->PINENABLE0 を全ビット 1 とする（0xFFFFFFFF を代入する）ことで無効とし，可動機能を有効にします．

その後，PIO0_3 と PIO0_4 をオープン・ドレイン，

図117　I²C液晶テスト・ユーザ・コード

```
#ifdef __USE_CMSIS
#include "LPC8xx.h"
#endif

#include <cr_section_macros.h>
#include "romi2c.h"

//ErrorCode_t err;
I2C_HANDLE_T *hI2C;
I2CD_API_T* pI2CApi;
#define I2CCLK 10000

volatile uint8_t iHandle[96];

I2C_PARAM i_param =
     { 0, 0, (uint8_t *) 0, (uint8_t *) 0, (void *)0, 1, {0, 0, 0 } };
I2C_RESULT i_result = { 0, 0 };

int waiting = 0;
void SysTick_Handler(void) {
     waiting = 0;
}

static inline void wait_ms(uint32_t ms) {
     waiting = 1;
     SysTick_Config(SystemCoreClock/1000*ms);
     while (waiting);
}

#define S1A (0x3E)  // LCD address
#define S1W (S1A<<1)

static uint8_t initSeq[11] = { 10,
            S1W, 0x38, 0x39, 0x14, 0x7F,
            0x56, 0x6A, 0x38, 0x0C, 0x01 };

static uint8_t string1[4][10] = {
            { 3, S1W, 0x06 , 0x80 },
            { 8, S1W, 0x40, 0xCA, 0xDB, 0xB0, 0x20,0x20,0x20 },
            { 3, S1W, 0x06, 0xC0 },
            { 8, S1W, 0x40, 'W' , 'o', 'r', 'l', 'd' , '.'}
};

static uint8_t string2[4][10] = {
            { 3, S1W, 0x06 , 0xC0 },
            { 8, S1W, 0x40, 'H', 'e' ,'l', 'l', 'o','.'},
            { 3, S1W, 0x06, 0x80 },
            { 8, S1W, 0x40, 'W' , 'o', 'r', 'l', 'd' , '.'}
};

int main(void) {
     SystemCoreClockUpdate();

     // IOCON/SWM/I2C Clock
     LPC_SYSCON ->SYSAHBCLKCTRL |= (1 << 18)|(1<<7) |(1 << 5);
     LPC_SWM->PINASSIGN7 = 0x03ffffffUL;  // I2C0_SDA
```

1
2
3
4
Appendix

図117　I²C液晶テスト・ユーザ・コード(つづき)

```
    LPC_SWM->PINASSIGN8 = 0xffffff04UL;  // I2C0_SCL
    LPC_SWM->PINENABLE0 = 0xffffffffUL;  //Disable Fixed Functions
    LPC_IOCON ->PIO0_3 = 0x00000410UL;   // open drain, pull up
    LPC_IOCON ->PIO0_4 = 0x00000410UL;   // open drain, pull up

    pI2CApi = (I2C_HANDLE_T) ROM_DRIVERS_PTR ->pI2CD;
    hI2C = pI2CApi->i2c_setup(LPC_I2C_BASE, (uint32_t *)&iHandle[0]);
    pI2CApi->i2c_set_bitrate( hI2C, SystemCoreClock, I2CCLK);

    wait_ms(500);
    i_param.num_bytes_send = initSeq[0];
    i_param.buffer_ptr_send = (uint8_t *) &initSeq[1];
    pI2CApi->i2c_master_transmit_poll((
            I2C_HANDLE_T*) hI2C, &i_param, &i_result);
    wait_ms(1);

    register int m;
    while (1) {
        for( m = 0; m < 4; m++ ) {
            i_param.num_bytes_send = string1[m][0];
            i_param.buffer_ptr_send =
                (uint8_t *) &string1[m][1];
            pI2CApi->i2c_master_transmit_poll(
                (I2C_HANDLE_T*)hI2C, &i_param, &i_result);
        }
        wait_ms(500);
        for( m = 0; m < 4; m++ ) {
            i_param.num_bytes_send = string2[m][0];
            i_param.buffer_ptr_send =
                (uint8_t *) &string2[m][1];
            pI2CApi->i2c_master_transmit_poll(
                (I2C_HANDLE_T*) hI2C, &i_param, &i_result);
        }
        wait_ms(500);
    }

    return 0;
}
```

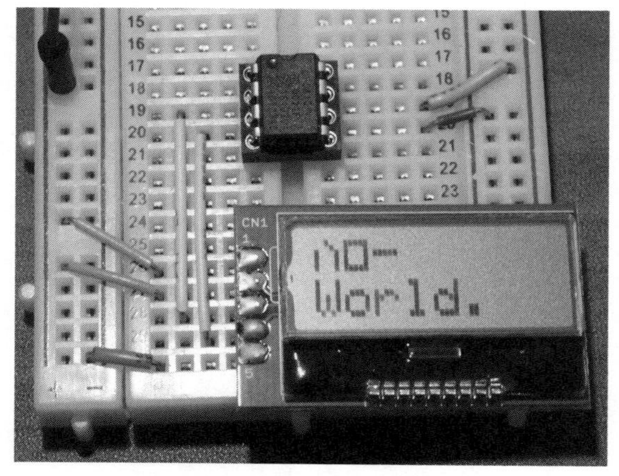

図118　0.5秒間隔で切り替わる液晶表示

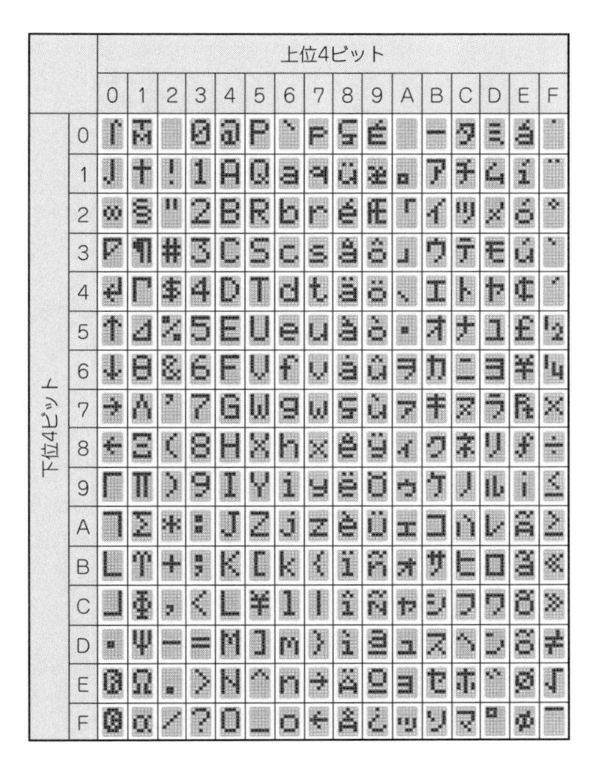

図 119　I²C 液晶のキャラクタ・コード表

プルアップの設定にしておきます．これは，UM pp.73 − 74 の Table 67 と Table68 をみて，該当する機能を有効にしています．

残りは，先ほど説明した I²C 関係の初期化を行い，無限ループに入る前に液晶モジュールに初期化のコマンドを送っています．無限ループ内では，500 ミリ秒＝0.5 秒の待ちを入れながら，2 種類の文字列を切り替えながら表示し続けています．

● I²C 液晶の制御

初期化

今回使用している I²C 液晶は，Sitronix 社の ST7032i というコントローラ IC を介して，液晶に対するコマンドを I²C 経由で書き込んでいます．このデバイスは，I²C 経由では，書き込みモードのみのサポートで，I2C での読み出しを行うことができません．デバイスのアドレスは 0x3E で，書き込みの場合は，0x3E = 0b 011 1110 を 1 ビット左にシフトした，0x7C = 0b 0111 1100 を I²C 通信の最初にアドレス・データとして送信すればよいことになります．

プログラムの中では，S1A に I²C 液晶のアドレスを定義した後，それを 1 ビット左シフトしたものを S1W として定義しておき，I²C の送信時には S1W を最初のバイトとして必ず送るようにしています．

```
#define S1A (0x3E)   // LCD address
#define S1W (S1A<<1)
static uint8_t initSeq[11] = { 10,
      S1W, 0x38, 0x39, 0x14, 0x7F,
      0x56, 0x6A, 0x38, 0x0C, 0x01 };
```

液晶の初期化のデータは，上の initSeq[11] の配列に定義しています．最初の 10 は，送信するデータのバイト数で，I2C_PARAM の num_byte_send に設定します．この送信バイト数の 10 自体は，送るデータとしては数えません．

initSeq[1] からのデータが初期化のコマンドで，0x3E から作った書き込み指定用の I²C アドレスが最初に入ります．送信バイト数には，常にアドレス指定のデータも含んで数えることに注意してください．

今回使用している液晶モジュールには，ノーマル・モードと拡張モードの二つのコマンド体系があります．ここで使った秋月の製品は，拡張モードが有効になっていました．コマンドの体系は，I²C 液晶に対して送るデータで切り替えます．

```
0x38    ノーマル・モードに設定
0x39    拡張モードに設定
```

となっており，データの書き込みは，0x38 を送ってノーマル・モードにしている状態で行います．0x39 を送った拡張モードでの設定は，内部の動作周波数や電圧・電力関係の設定，アイコン[51] 表示の設定，コントラストの設定で，通常は初期化の際に行うことが多い作業です．

初期化のために送っているデータとその意味は次のとおりです．

▶ S1W (0x7C)

液晶の I²C アドレス 0x3E に対して，write モードで通信を始める指定です．

▶ 0x38，0x39

まず液晶をノーマル・モードの設定にし，続いて拡張モードを有効にしています．

▶ 0x14

内部の動作周波数の設定で，0x14 のうち，下位 4 ビットが意味を持ちます．このデータは深く考えずにそのまま使いましょう．

51　アイコンは，液晶に付属のマニュアルで ICON と書かれている機能で，携帯などでアンテナや電波状態などの表示に使われるキャラクタだが，今回使用する液晶にはアイコン部分がないため，使用しない．

▶ 0x7F,0x56

この2バイトにはコントラストの設定情報が含まれています．**図120**のように，0x7Fの下位4ビットと，0x56の下位2ビットを，

(0x56の下位2ビット)(0x7Fの下位4ビット)

と並べた0x2Fが，**図117**のコードで指定しているコントラスト設定になります．

0x7Fの上位4ビットの7と，0x56の上位4ビットの5は，それぞれ固定されています．前者は，拡張モードでのコントラスト・セット・コマンド，後者は拡張モードでのブースタ，アイコン，コントラスト・セットのコマンドであることをそれぞれ意味しています．

0x56の残りのビットは，アイコン表示のON/OFFと，内部の電圧ブースタの設定ですが，これについては，アイコン表示なし(0)，ブースタON(1)として使います．

コントラストは，結局6ビットでの指定で，64段階の調節が可能です．たとえば，コントラストを0x38に設定したい場合は，0x78，0x57，というコマンドを送ればよいことになります．数値が小さいほど表示が薄くなり，0x72,0x56(コントラスト100010 = 0x22)でなんとかうっすらと表示が見える程度のため，64段階といっても実質は32段階程度と考えたほうが，よいかもしれません．

▶ 0x6A

これは内部のボルテージフォロワの設定です．このパラメータは，特に変更する必要はありません．

▶ 0x38

ここまでで，拡張モードのコマンドを使った設定は終わりです．以降，ノーマル・モードで液晶を使っていきます．表示データの設定もノーマル・モードで行うようになっています．

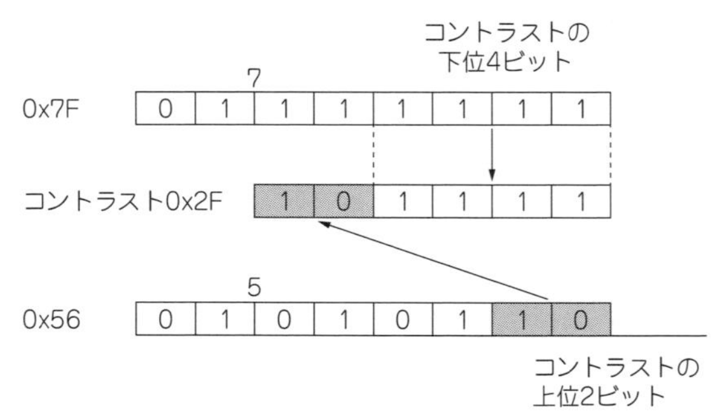

図120　コントラスト指定

▶ 0x0C

ディスプレイの表示をONにします．下位3ビットが意味を持ち，0000 1xyzのx = 1でディスプレイON，y = 1でカーソル(_) ON，z = 1でカーソル位置(■の点滅) ONとなります．

ディスプレイONで使う場合，0x0Cでカーソル無表示，0x0Dでカーソル位置(■)を表示，0x0Eでカーソル(_)を表示，0x0Fでカーソルとカーソル位置の両方を表示となります．

▶ 0x01

ディスプレイをクリアします．表示データ領域を，0x20(スペース)で埋め，カーソルがホーム位置(表示領域の先頭)に戻ります．他のコマンドは，26μs程度で実行が完了しますが，このコマンドは1msほどかかります．

ここまでで初期化の処理は完了です．

文字表示

液晶への文字表示は，DDRAM(Display Data RAM)とCGRAM(Character Generator RAM)のアドレスを指定し，文字コードをI^2C経由でCGRAMに送ることで行います．

今回の液晶は，8文字×2行で，DDRAM上の各文字のアドレスは，**図121**のようになっています．実際は画面に表示されない分のDDRAMも存在し，スクロール・コマンドを送ることでスクロールさせることもできますが，今回はスクロールを使用しないので，この機能についての説明は省略します．

文字表示は，① 文字データを送ったときに，次の書き込み位置を前後どちらに移動するか，② DDRAMのどの位置に表示するか，③ CGRAMのどこを使って文字情報を生成するかを指定した後，表示したい文字のデータを送ることで行います．

今回表示している2パターンの文字列のうち，一つ目のものは，次のようなデータを送信して表示させています．

```
static uint8_t string1[4][10] = {
        { 3, S1W, 0x06 , 0x80 },
        { 8, S1W, 0x40, 0xCA, 0xDB,
```

文字数	1	2	3	4	5	6	7	8
1行目	0x00	0x01	0x02	0x03	0x04	0x05	0x06	0x07
2行目	0x40	0x41	0x42	0x43	0x44	0x45	0x46	0x47

	1行目	2行目
DDRAMアドレス	0x00	0x40
アドレス指定コマンド	0x80	0xC0

図121
液晶画面と文字データのDDRAMアドレス

```
        0xB0, 0x20,0x20,0x20 },
    { 3, S1W, 0x06, 0xC0 },
    { 8, S1W, 0x40, 'W' , 'o',
            'r', 'l', 'd' , '.'}
};
```

0x06は，エントリ・モード・セットのコマンドで，**図122**のように下位2ビットが意味を持ち，0000 01xyのxが1なら，書き込み後にCGRAMのアドレスがインクリメント，0ならデクリメント，yが1なら画面全体がシフト(スクロール)，0ならシフトなし，となります．

今の場合は，xyが10になっているので，1文字書き込んだ後は，次の文字位置に移動し，画面のスクロールはしないという指定です．

次の0x80は，DDRAMのアドレス指定で，1行目の先頭文字の位置(0x00)を指定しています．I2CのCoビットの関係で，この0x80まで送った後，いったん送信を終了して，ストップ・コンディションを送信させたあと，0x40でCGRAMの先頭位置(0x00)を指定し，続いて，表示させたい文字のデータを送っています．

2行目のデータを表示するには，DDRAMアドレス指定の，0x80(DDRAM 0x00)を0xC0(DDRAM0x40)の指定に変えて，あとは同じ手順で文字データを送ればよいことになります．

DDRAMアドレス指定コマンド

1	D_6	D_5	D_4	D_3	D_2	D_1	D_0

CGRAMアドレス指定コマンド

0	1	C_5	C_4	C_3	C_2	C_1	C_0

エントリ・モード・セット・コマンド

0	0	0	0	0	1	I/D	S

図122　アドレス指定コマンドとエントリ・モード・セット・コマンドのフォーマット

I²Cモールス表示温度計

●モールス表示温度計

I²Cを使う例として，I²C接続のセンサから温度を読み取るアプリケーションを作ってみます．温度の表示は，あえて液晶を使わずに，LEDによるモールス符号で表示してみます．

●モールス符号

モールス符号は，短点と長点を組み合わせて文字を送信する符号化方式です．たとえば，「1」という数字は，短点を「・」，長点を「－」で表記すると，モールス符号では「・－－－－」と表されます．信号の長さは，**図123**のように規定されていて，長点は短点三つ分，文字と文字の間は短点三つ分の間隔を空け，語と語との間は短点七つ分の間隔を空けて送信します．

モールス符号は，英文のアルファベット，和文のカナの他，10進数の数字やよく使われる記号が符号が定義されており，電気通信の黎明期に重要な役割を果たしたコミュニケーション手段です．伝送媒体として，もっともよく使われたものは，無線による伝送で，信号を音響化して符号を判別する音響受信が一般にもポピュラーなイメージがありますが，そのほかにも，たとえば船同士の通信で投光器の光の投光と遮光の間隔でモールス符号を表現するなどの使われ方もあります．

現代的な観点からは，モールス符号はビット・レートの低い可変長符号化方式ということができますが，人間が聴覚や視覚を用いて復号できることや，それに関連して低いS/N比であっても通信が可能な状況があることなどの点から，現在でもモールス符号を用いた通信の利点は，失われていないといえます．

とはいえ，全盛期に比べればモールス符号を習得している人口は減っています．今回は温度計の温度の送信ということから，**図124**の13のモールス符号に限って使用することにします．

1　C　1

長点は短点3個分　文字間は短点3個分　語間は短点7個分

図123　モールス符号の通信規格

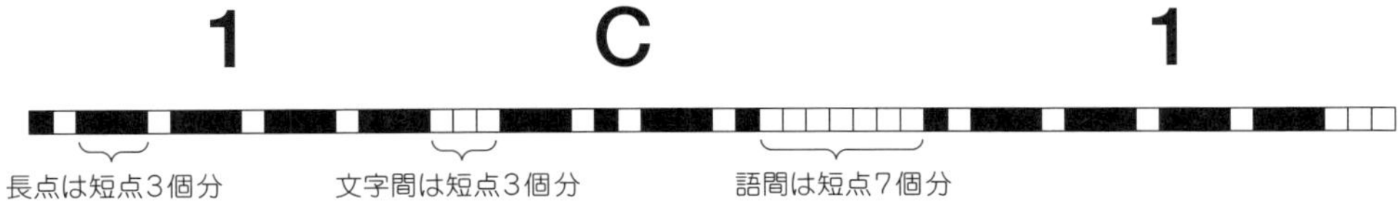

文字	符号	文字	符号	文字	符号
1	・－－－－	6	－・・・・	.(ピリオド)	・－・－・－
2	・・－－－	7	－－・・・	-	－・・・・－
3	・・・－－	8	－－－・・	C	－・－・
4	・・・・－	9	－－－－・		
5	・・・・・	0	－－－－－		

図124　温度計の温度送信に使用するモールス符号

品　名	型　番	数量	備　考
TMP102 搭載温度センサ	SFE-SEN-11931	1	旧製品も可(ピン配置に違いあり)
LED	−	1	抵抗内蔵タイプのLEDであれば電流制限抵抗は省略可
電流制限抵抗	100Ω 程度	1	

図 125　モールス表示温度計のパーツ

図 126　TMP10 ブレイクアウト基板(旧タイプ)

I²C 接続の温度センサで温度を計測し，その結果を，LED の点滅間隔を使ったモールス符号として表現するのですが，たとえば，24.8℃という計測結果であれば，・・−−−　・・・・−　・−・−・−　−−−・・−・−・というパターンでLEDが点滅するようにします．℃，はモールス符号では表現できないので，24.8C，という文字列をモールス符号で表したものが上記のパターンです．

● モールス表示温度計のパーツ

モールス表示温度計で使用するパーツは，**図 125** の I²C 温度センサです．モールス符号の表示に使用するLEDは，これまでの実験で使ってきたものがあればそれでかまいません．

温度センサは，TMP102 というチップで，センサ本体はかなり小さなものです．**図 125** の SFE-SEN-11931 は，スイッチサイエンスから販売されているブレイクアウト基板で，TMP102 の六つのピンをブレッドボードで使えるサイズのピンに引き出してあります．**図 126** は，旧タイプのものですが，左側の中央にある小さなチップが TMP102 本体です．現在売られているものは，ピンの配置が旧タイプと違っていますが，機能は同一です．

TMP102 の I²C アドレスは，**図 126** の ADDR0 のピン[52]をどこに接続するかによって，以下のように四つのアドレスの中から選択することができます．

```
I²C アドレス    ADDR0 接続先
0x48            GND
0x49            VCC (V+)
0x4A            SDA
0x4B            SCL
```

今回は，ADDR0 を GND に接続し，TMP102 の I²C アドレスとして 0x48 を選択して使うことにします．ALT のピンは，ALERT 信号で，SMBus などに接続して使う際に，デバイス側から ALERT を出して通信する場合に使われます．ここでは，この機能は使用しないので，未接続(NC)のまま[53]にしておきます．

● ユーザ・コード動作回路

モールス表示温度計の回路は，**図 127** のようになります．TMP102 は，電源(Vcc)と GND の他，

```
SDA      PIO0_4(パッケージ 2 ピン)
SCL      PIO0_3(パッケージ 3 ピン)
ALT      NC(未接続)
ADDR0    GND
```

と接続します．モールス符号を表示するための LED は，PIO0_2(パッケージ・ピン 5)に電流制限抵抗を介して接続しておきます．

ブレッドボード上の配線例は，**図 128** のようになります．

● モールス表示温度計ユーザ・コード

モールス送信温度計で，新たに用意するユーザ・コー

52 現行品にも ADDR0 のピンがある．
53 Alert は Output(出力)のピンである．

ドは，**図129**の main.c と，**図130**の morse.h です．morse.h は，プロジェクト名を右クリックし，New から Header file で，名前を morse.h と指定して作成します．

この他に，**図110**の romi2c.h も必要になるので，モースル送信温度計のプロジェクトの src フォルダに，romi2c.h をコピーしておきます．

今回も Switch Matrix Tool はあえて使わず，main() の中で以下のように設定を行っています．

```
LPC_SYSCON ->SYSAHBCLKCTRL |=
    (1 << 18) | (1 << 7) | (1 << 5);
LPC_SWM->PINASSIGN7 = 0x04fffffffUL;
                                 //SDA
LPC_SWM->PINASSIGN8 = 0xffffff03UL;
                                 //SCL
LPC_SWM->PINENABLE0 = 0xffffffffUL;
           // All I/O -> GPIO or mov
LPC_IOCON ->PIO0_3 = 0x00000410UL;
              // open drain, pull up
LPC_IOCON ->PIO0_4 = 0x00000410UL;
```

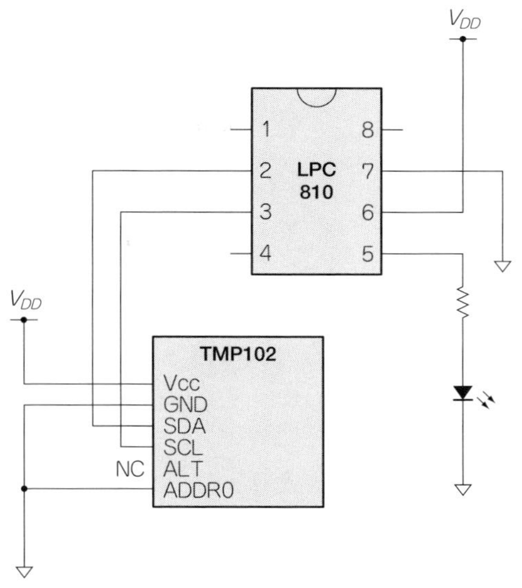

図127　モールス表示温度計の回路

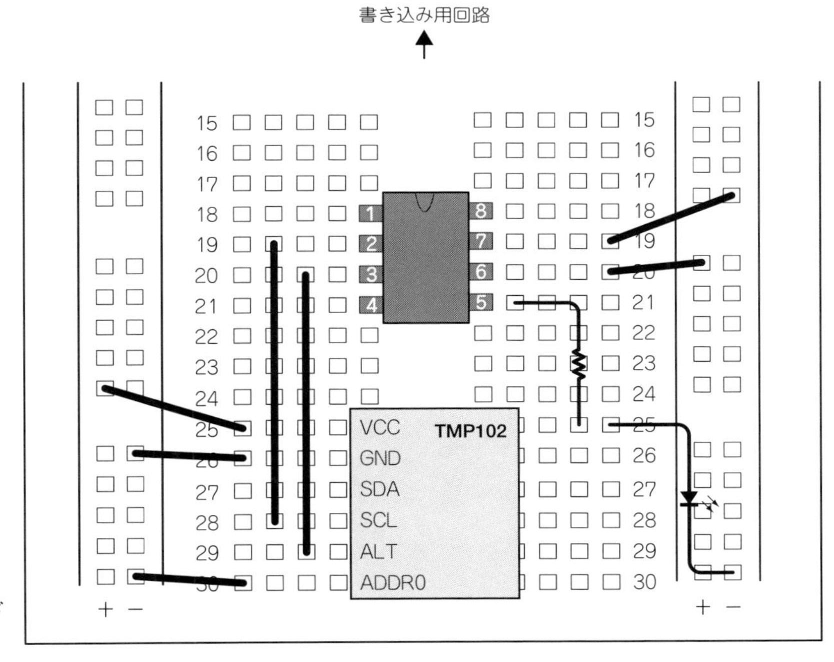

図128
モールス表示温度計のブレッドボード配線例

図129　モールス表示温度計の main.c

```
#ifdef __USE_CMSIS
#include "LPC8xx.h"
#endif

#include <cr_section_macros.h>
#include "romi2c.h"
#include "morse.h"
```

図 129　モールス表示温度計の main.c（つづき）

```
#define STCOUNT (SystemCoreClock/3)

int waiting = 0;
void SysTick_Handler(void) {
     if( waiting > 0 ) waiting--;
}
void waitShort(uint32_t len) {
     waiting = len;
     SysTick_Config(STCOUNT);
     while(waiting>0);
}

I2C_HANDLE_T *hI2C;
I2CD_API_T* pI2C;
uint32_t I2CCLK = 100000;
volatile uint8_t iHandle[96];

#define ADDR_S1     (0x48)   // ADDR->GND
#define WRITE_S1 (ADDR_S1<<1)
#define READ_S1 (ADDR_S1<<1)|0x01

uint8_t readcom[2] = { WRITE_S1 , 0x00 };
uint8_t snsrdata[3] = { READ_S1, 0, 0 };
uint8_t tstr[7];

I2C_PARAM i_param =
     { 2,3, (uint8_t *)readcom, (uint8_t *)snsrdata ,
             (void *)0, 1, {0,0,0} };
I2C_RESULT i_result = { 0, 0 };

void data2mcseq() {
     uint32_t t_abs;
     uint32_t i = 0;
     volatile int j;

     uint16_t data = (((uint16_t)snsrdata[1])<<4)|(snsrdata[2]>>4);;
     if( data & 0x800 ) { // 2's complement
            data = (data -1) ^ 0xFFF;
            tstr[i++] = 12; // - (minus)
     }
     t_abs = data * 625UL / 1000UL;
     uint32_t p = 100,dg = 0;
     for( j = 2; j >= 0; j-- ) {
            if( j == 0 ) {
                   tstr[i++] = 10; // '.'
            }
            dg = t_abs / p;
            tstr[i++] = dg;
            t_abs = t_abs - dg * p;
            p /= 10;
     }
     tstr[i++] = 11; // C
     tstr[i++] = 13; // termination
}

int main(void) {
     SystemCoreClockUpdate();

     LPC_SYSCON ->SYSAHBCLKCTRL |= (1 << 18) | (1 << 7) | (1 << 5);
     // IOCON & SWM & I2C Clock
     LPC_SWM->PINASSIGN7 = 0x04ffffffUL;  //SDA
     LPC_SWM->PINASSIGN8 = 0xffffff03UL;  //SCL
```

```
	LPC_SWM->PINENABLE0 = 0xffffffffUL;  // All I/O -> GPIO or mov
	LPC_IOCON ->PIO0_3 = 0x00000410UL;   // open drain, pull up
	LPC_IOCON ->PIO0_4 = 0x00000410UL;

	LPC_GPIO_PORT->DIR0 |= (1<<1);  // Morse LED

	pI2C = (I2C_HANDLE_T) ROM_DRIVERS_PTR ->pI2CD;
	hI2C= pI2C->i2c_setup(LPC_I2C_BASE, (uint32_t *) &iHandle[0]);
	pI2C->i2c_set_bitrate(
			(I2C_HANDLE_T*) hI2C,SystemCoreClock, I2CCLK);
	pI2C->i2c_master_tx_rx_poll(
			(I2C_HANDLE_T*) hI2C,&i_param, &i_result);

	while (1) {
		data2mcseq();  // snsrdata[] -> tstr[]
		volatile int c=0;
		while( tstr[c] < 13 ) { //
			volatile int m = 0;
			while( MC[tstr[c]][m] != 0 ) {
				LPC_GPIO_PORT->SET0 = (1<<1);
				waitShort(MC[tstr[c]][m]);
				LPC_GPIO_PORT->CLR0 = (1<<1);
				waitShort(IEG);
				m++;
			}
			waitShort(SG);
			c++;
		}
		pI2C->i2c_master_tx_rx_poll(
				(I2C_HANDLE_T*) hI2C,&i_param, &i_result);
		waitShort(MG);
	}
	return 0;
}
```

図 130　モールス送信温度計の morse.h

```
#ifndef MORSE_H_
#define MORSE_H_

#define IEG  1     // Inter-element gap(between marks)
#define SG   3     // short gap(between letters)
#define MG   7     // medium gap(between words)

uint8_t MC[13][7] = {
		{3,3,3,3,3,0}, // 0
		{1,3,3,3,3,0}, // 1
		{1,1,3,3,3,0}, // 2
		{1,1,1,3,3,0}, // 3
		{1,1,1,1,3,0}, // 4
		{1,1,1,1,1,0}, // 5
		{3,1,1,1,1,0}, // 6
		{3,3,1,1,1,0}, // 7
		{3,3,3,1,1,0}, // 8
		{3,3,3,3,1,0}, // 9
		{1,3,1,3,1,3,0}, // .
		{3,1,3,1,0},     // C
		{3,1,1,1,1,3} // -
};

#endif /* MORSE_H_ */
```

IOCON，SWM，I^{2}Cにクロック供給した後，SDAをPIO0_4に(PINASSGIN7)，SCLをPIO0_3に割り当て[54]，fixedの機能をすべて無効にしてI^{2}C割り当てを有効にし，I^{2}Cピンをオープン・ドレイン・プルアップに設定します．

このコードをコンパイルし，LPC810に書き込んでからユーザ・コード動作回路で起動すると，LEDがモールス符号で温度を表示しはじめます．

温度は，xx.x Cの形で，たとえば21.5℃のときは，21.5Cを表示するので，符号としては，・・ーーー　・ーーーー　・ー・ー・ー　・・・・・　ー・ー・のように点滅します．起動時に待ち時間を入れていないので，電源投入直後の初回は，TMP102Cのウォームアップが間に合わず，00.0Cが表示されますが，その後は現在の気温を測定したものが表示されます．

図131，はボタン電池のCR2032で温度表示をさせているようすで，このときのLEDポートの信号のようすが，**図132**です．一つ前の最後のC(ー・ー・)のあと，語と語との間は短点七つ分を空けて，23.1Cを表示しています．符号(・，または，ー)同士の間は短点一つ分，文字と文字の間は短点三つ分で，**図124**の符号表に照らし合わせてみると，確かに23.1Cを送信していることがわかります．

この温度計のモールス表示の速度は，短点一つ分が1/3秒の長さになるように設定されています．この設定は，main.cの，

```
#define STCOUNT (SystemCoreClock/3)
```

で，この値を調節することで表示速度を変えることができます．

モールス符号の速度の表し方としては，WPM(Word Per Minute)，もしくはPARIS速度，と呼ばれる単位がよく使われています．PARIS，は，文字間・語間の間隔まで含めて短点の数に換算したときに50短点分となり，これを標準の1語[55]として，1分間に何語を送ることができるか，言い換えれば，1分間に送ることのできる短点の数を50で割ったものをWPMと呼んでいます．たとえば，10WPM(＝PARIS 10)では，1分間に500短点分の送信を行うことができることになります．1WPMのときは(50短点)/(60秒)なので，短点一つは60/50＝1.2秒です．今回の設定では短点一つが1/3秒なので，(6/5)/(1/3)＝3.6 WPMに相当します．

なお，**図131**で使用しているCR2032のリチウム電池は，**図133**のような電池ホルダを使ってブレッド

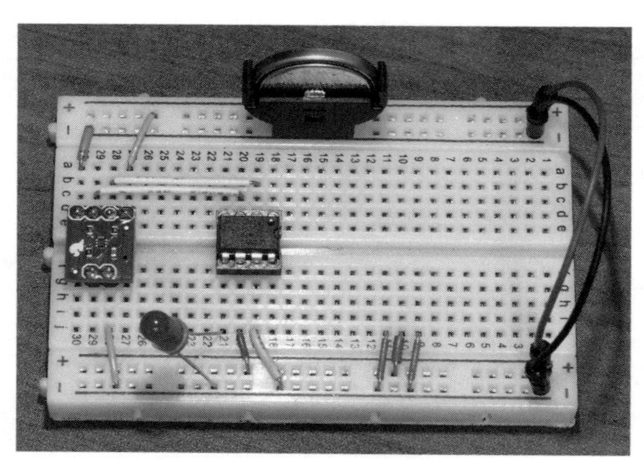

図131　電池駆動で温度をモールス表示しているようす

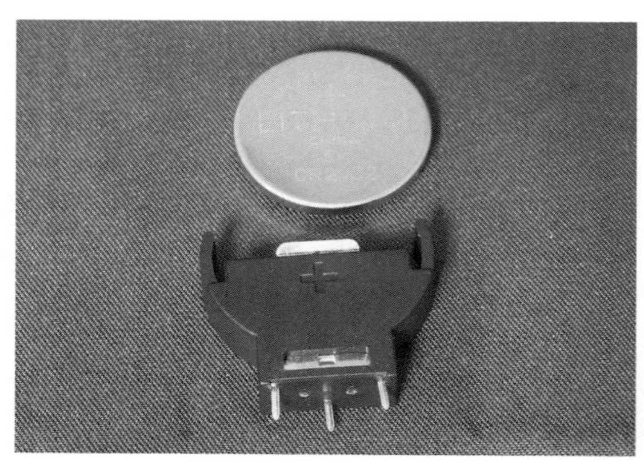

図133　リチウム電池CR2032と電池ホルダ

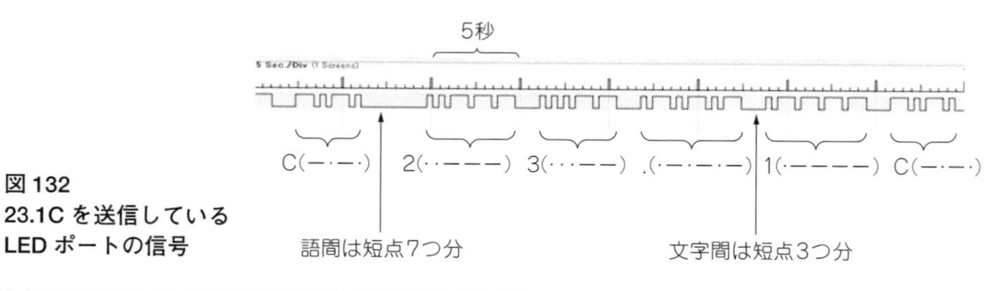

**図132
23.1Cを送信している
LEDポートの信号**

---

54 I^{2}C液晶のピン・アサインと比較すると，SDAとSCLが逆になっているので注意されたい．

55 1語の文字数はもちろん単語ごとに異なる上に，モールス符号は文字によって符号の長さが異なる可変長符号であるため，50短点＝1語，と便宜上定義している．

ボードに直接挿入しています．CR2032の電圧は，3Vですが，LEDの点灯とLPC810の駆動程度であれば，そのままで動作しています．きちんとやるには，昇圧回路か，もしくは3.3V以上の電圧になるように電池を用意してレギュレータで3.3Vを作ってやるのが正しい方法ですが，LPC810に外付けするパーツが電圧にシビアなものでなければ3V電池での駆動も十分可能であるのは嬉しいことです．

● I²Cセンサからのデータ読み取り

使用した温度センサTMP102は，次のようにして温度を読み取ることができます．

① マスタから，センサの書き込みアドレスに対して，センサのレジスタ・アドレスとして0x00を指定して送る
② 読み取りアドレスを送信する
③ センサから2バイトで温度データが送信される

具体的には，今回はTMP102のI²Cアドレスとして，0x48を設定しているので，書き込みアドレスは，`(0x48<<1)=0x90`，読み取りアドレスは`(0x48<<1)|(0x01)=0x91`です[56]．**図134**のように，マスタから，

```
0x90 0x00
```

の2バイトを送信すると，センサ側は，次に読み取りアドレスが送信されたときに，センサ内部のレジスタ・アドレス0x00の内容を送信する状態になります．

この状態で，マスタから，

```
0x91
```

を送信すると，センサから2バイトのデータが送信され，それが温度データとなります．

TMP102の使い方では，上のパターンのI²C通信しか行わないため，**図129**のコードでは送信バッファと受信バッファを予め固定の内容で用意しておき，`main()`内の無限ループでは，I²Cの送受信関数を呼び出すだけの簡単な処理としています．

送信バッファと受信バッファの具体的な記述は，**図129**の，

```
#define ADDR_S1   (0x48)
                        // ADDR->GND
#define WRITE_S1 (ADDR_S1<<1)
#define READ_S1 (ADDR_S1<<1)|0x01

uint8_t readcom[2] = { WRITE_S1 ,
                              0x00 };
uint8_t snsrdata[3] = { READ_S1,
                              0, 0 };
```

の部分で，この内容は上で説明したとおりになっています．ここで準備した，`readcom[]`と`snsrdata[]`をそれぞれパラメータの構造体に次のように設定しています．

```
I2C_PARAM i_param =
    { 2,3, (uint8_t *)readcom,
              (uint8_t *)snsrdata ,
        (void *)0, 1, {0,0,0} };
```

TMP102とのやりとりには，書き込みで送信したあと，続けて読み取りで受信を行う関数を使っています．

```
pI2C = (I2C_HANDLE_T) ROM_DRIVERS_
                        PTR ->pI2CD;
hI2C = pI2C->i2c_setup(LPC_I2C_
  BASE, (uint32_t *) &iHandle[0]);
```

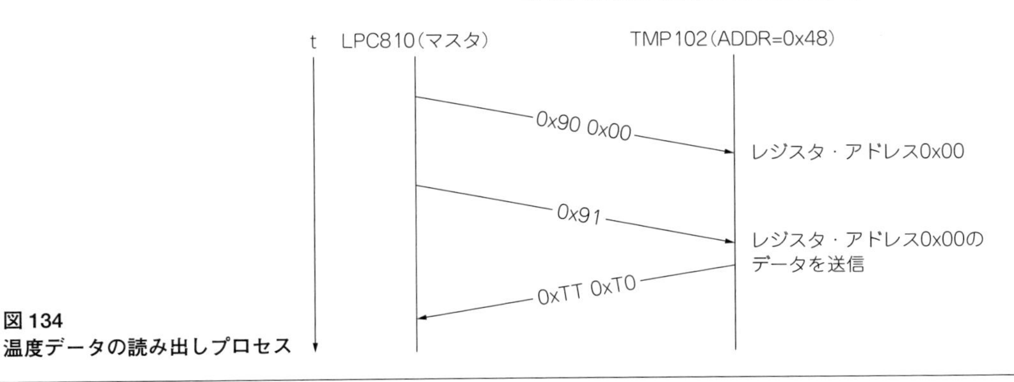

図134
温度データの読み出しプロセス

56 0x48 = 0b 0100 1000，0x48<<1 = 0b 1001 0000 = 0x90．最下位ビットを1とすると0b 1001 0001 = 0x91．

```
pI2C->i2c_set_bitrate(
        (I2C_HANDLE_T*) hI2C,
          SystemCoreClock, I2CCLK);
pI2C->i2c_master_tx_rx_poll(
        (I2C_HANDLE_T*) hI2C,&i_
                 param, &i_result);
```

ここで使っている`i2c_master_tx_rx_poll()`は，`i_param`に設定された送信バッファからI^{2}Cバスに送出した後，受信バッファの先頭のデータ1バイトをI^{2}Cバスに送出し，スレーブからの応答を受信バッファに格納して戻ります．

この関数はpoll動作なので，応答がない場合，timeoutが設定されていなければ返ってこなくなります． I^{2}Cポーリングのタイムアウトは，

```
pI2C->i2c_set_timeout(hI2C,
                          timeout)
```

で設定することができます．ここでtimeoutは，uint32_t型で，0以外の値を指定して呼び出すと，timeout×16×(I^{2}Cクロック)でタイムアウトするようになり，tim eoutに0を指定するとタイムアウトしなくなります．タイムアウト設定を行う場合は，タイムアウトした場合の処理をきちんと記述する必要があります．

ここでは，温度センサの読み出しと表示以外のことをしていないので，タイムアウトの場合分けは，あえて書かずに済ませていますが，ほかに接続している機器やデータの入出力がある場合は，送受信の完了時に割り込みを発生させるタイプの，pollの代わりにintrのついた関数を使うことを検討したほうがすっきりする場合もあります．

●温度データの計算

TMP102から返ってくる温度データは，**図135**のようなフォーマットになっています．特に設定を行わずに，TMP102を使った場合は，標準モード[57]と呼ばれる12ビットのデータが返されます．

図135は，I^{2}Cのパラメータに渡す受信バッファの状態を示していて，受信バッファ用の配列の最初の要素は，スレーブに対する読み出しアドレス，次の2バイトがスレーブ(TMP102)から返ってくるデータになっています．I^{2}Cの関数を呼び出す際に，受信バイト数をnum_bytes_recに指定しますが，これは送信時と同様に，スレーブに送信する読み出しアドレスも含めたバイト数を指定します．

TMP102からは，バイト単位でデータが送られてくるので，**図135**からわかるように，2バイト目の下位4ビットを捨て，1バイト目の8ビットと合わせて温度データを計算する必要があります．これは，`data2mcseq()`という関数の中で，

```
uint16_t data = (((uint16_t)
 snsrdata[1])<<4)|(snsrdata[2]>>4);
```

として行っています[58]．温度表現の単位は，0.0625℃ですが，通常使用する温度範囲での誤差は0.5℃程度となっている[59]ので，小数点以下1桁までを求めます．

ただし，この計算をする前に，返ってきた温度がマイナスであるかどうかの判別が必要で，マイナスの温度の場合は，2の補数表現になっているので，以下のようにdataの最上位ビット(ビット11)が1であるかをみて，マイナスであれば，絶対値に変換し，結果を格納する配列にマイナス(ハイフン)のモールス符号を指すインデックス値12を入れます．

```
if( data & 0x800 ) { // 2's
                        complement
   data = (data -1) ^ 0xFFF;
   tstr[i ++ ] = 12; // - (minus)
}
```

これで，負の温度の場合はマイナスであるという情報を保存したうえで，dataには温度の絶対値が入っています．2の補数は，マイナスの数の絶対値を全ビット反転して1を足して求められているので，逆に，1

snsrdata[0]	snsrdata[1]								snsrdata[2]							
0x91=(0x48<<1)¦(0x01)	T_{11}	T_{10}	T_9	T_8	T_7	T_6	T_5	T_4	T_3	T_2	T_1	T_0	x	x	x	x

↑
マスタから読出しを指示

標準モードでは12ビットの温度データ
×0.0625℃で温度が得られる
負の温度の場合は2の補数表現

2バイト目の
下位4ビットは
標準モードでは
通常0がセットされる

図135 TMP102の温度データフォーマット

57 拡張モードでは13ビットになる．

58 unsignedなので`(uint16_t)snsrdata[1]*16 + snsrdata[2]/16`としても同じ結果になるが，乗算や除算はシフトに比べて遅い．

59 きちんと校正して補正回路なり補正計算を組み込めば意味があるが，ホビー用途ではそこまでの作業はすこし大変であろう．

を引いて全ビット反転することで，絶対値を求めることができます．今の場合，全ビット反転は，12ビットのデータなので，0xFFFとのXORをとる(Cでは^演算子でビットXOR)をとることで求めています．

あとは，dataを0.0625倍して，小数点1桁までをとればいいのですが，LPC810で浮動小数点計算をするのはサイズ面でコストが高い[60]ため，固定小数点演算で求めます．本来の乗数は0.0625 = 625/10000ですが，これを，

```
t_abs = data * 625UL / 1000UL;
```

と，10000ではなく1000で割ることで，小数点以下1桁目が1の位にくるような整数として計算します．TMP102のカタログ上の対応温度範囲は－40℃～＋125℃なので，125×10×16 = 20000で，uint16_tのままでもオーバフロー[61]することはありませんが，一応暗黙にuint32_tに型変換されるように計算しておきます．

これで10進数での温度が，10倍された形でdataに求められていますが，桁ごとにモールス符号で表現するため，各桁の数値を1桁ずつ取り出し，小数点も表現できるようにしておく作業が残っています．

● モールス符号の表現

このdata2mcseq()は，あとでモールス符号表現するために結果の温度の各桁をバラバラに求めるようになっています．

モールス符号の表現は，SysTickを使い，

```
#define STCOUNT(SystemCoreClock/3)

int waiting = 0;
void SysTick_Handler(void) {
     if( waiting > 0 ) waiting--;
}
void waitShort(uint32_t len) {
     waiting = len;
     SysTick_Config(STCOUNT);
     while(waiting>0);
}
```

という時間待ちの関数を作って行っています．

たとえば，waitShort(3);として呼び出すと，waitingの変数に3を設定し，STCOUNTだけ経過するごとにwaitingを1ずつ減らして0になるまで待つことで，STCOUNTを短点一つ分とみなし，短点三つ分の時間経過を実現しています．

それぞれの時間間隔については，morse.hの中で，

```
#define IEG1
// Inter-element gap(between
                        marks)
#define SG 3
    // short gap(between letters)
#define MG 7
    // medium gap(between words)
```

と定義してあり，IEGは符号(短点と長点，mark)の間の間隔で短点一つ分，SGはshort gapで，文字間の短点三つ分，MGはmedium gapで語間の短点七つ分を意味しており，waitShort(MG);のようにmain.cの中で使われています．

次に，**図124**の表にある数字と記号のモールス符号は，morse.hの中で配列として定義してあります．

```
uint8_t MC[13][7] = {
          {3,3,3,3,3,0}, // 0
          {1,3,3,3,3,0}, // 1
          {1,1,3,3,3,0}, // 2
          {1,1,1,3,3,0}, // 3
          {1,1,1,1,3,0}, // 4
          {1,1,1,1,1,0}, // 5
          {3,1,1,1,1,0}, // 6
          {3,3,1,1,1,0}, // 7
          {3,3,3,1,1,0}, // 8
          {3,3,3,3,1,0}, // 9
          {1,3,1,3,1,3,0}, // .
          {3,1,3,1,0},     // C
          {3,1,1,1,1,3} // -
};
```

これは，データの持ち方としては無駄があってスマートではありませんが，各符号の短点を1，長点を3とし，0を終端記号として，**図124**の符号を数値化しています．数字に関しては，たとえば3の符号は，MC[3][]に入っているという並びで，．(ピリオド)がMC[10][]，CがMC[11][]，－(ハイフン，マイナス)がMC[12][]に割り当てられています．

温度の各桁の数字や小数点，マイナス記号，℃の代わりのCは，tsrt[]という配列に1文字ずつ入れておきます．桁ごとの数字の分解は，data2mcseq()

60 速度も整数演算に比べるとかなり遅い．が，モールス送信にかかる時間を考えるとここでは速度面のデメリットは問題にはならない．
61 温度の誤差が0.5℃(最大2℃)であるのは－25℃～＋80℃の範囲で，－40℃～＋125℃では誤差は1℃(最大3℃)となっている．

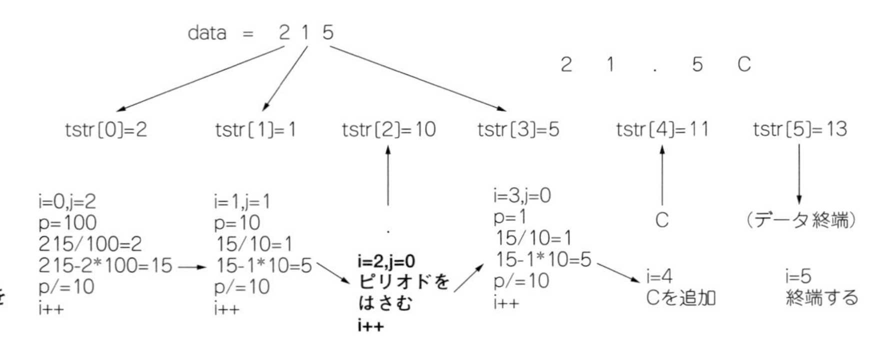

図 136
温度の各桁，小数点と C 表示を配列に格納する

の中で次のように行っています．

```
uint32_t p = 100,dg = 0;
for) j = 2; j >= 0; j-- ) {
      if( j == 0 ) {
          tstr[i ++ ] = 10; // '.'
      }
      dg = t_abs / p;
      tstr[i ++ ] = dg;
      t_abs = t_abs - dg * p;
      p /= 10;
}
```

ここの処理は，温度の整数部分が最大で 10 進数 2 桁として処理しています．TMP102 の対応範囲は −25℃〜＋125℃ですが，100℃を超える環境で使用することは現実には考えにくいため，小数点以下 1 桁までの範囲では XX.X という温度が XXX の形の 3 桁の 10 進数として得られているものとして，100 で割る，10 で割る，1 で割るの結果を，それぞれ各桁の数値として tstr[] に入れていきます．

変数が整数型であるので，100 や 10 で割った際の結果は，自動的に切り捨てられます．割った結果を，tsrt[] に格納した後，切り捨てられた結果に割った数を掛けたものを元の数から引く(t_abs = t_abs − dg * p)ことで，格納済みの桁を除去[62]して，次の処理に進んでいます．

例えば，data = 215 であれば，**図 136** のように処理が進みます．最初に p = 100 で割ると，215/100 = 2 で，215 − 2*100 = 15 となり，このあと p / = 10 で p = 10 となって，15/10 = 1 です．このあと，tstr[] に'.'(ピリオド)の MC[][]のインデックスである 10 をはさんでいます．p / = 10 で p = 1 となって，15 − 1*10 = 5 となっているので，5/1 = 5 が tstr[] に格納されます．ここまでで j の for ループは終わりで，次に終端の処理をします．

```
tstr[i ++ ] = 11; // C
tstr[i ++ ] = 13; // termination
```

この 2 行で，'C' に対応する 11 を入れ，最後に 13 を終端記号として格納して変換を終了しています．

これらの tsrt[] と MC[][] を使い，main() の中で，tstr[] の終端記号である 13 が現れるまで，c を 0 からインクリメントしながら，順に tstr[c] をみていきます．

main() のなかの対応する部分は以下の処理です．

```
while( tstr[c] < 13 ) { //
   volatile int m = 0;
   while( MC[tstr[c]][m] != 0) {
    LPC_GPIO_PORT->SET0 = (1<<1);
    waitShort(MC[tstr[c]][m]);
    LPC_GPIO_PORT->CLR0 = (1<<1);
    waitShort(IEG);
    m ++ ;
   }
  waitShort(SG);
  c ++ ;
}
```

tsrt[c] には，MC のどの文字であるかを表す数字が入っているので，MC[tstr[c]][m] を，m をインクリメントしながら，符号の終端である 0 が MC[tstr[c]][m] に現れるまで，点灯→MC[tstr[c]][m] だけ時間待ち→消灯→符号間待ちを繰り返すことで，短点，長点の符号が表示されて，モールス表示が行われます．

例えば，tstr[c] が，'C' を表す 11 であった場合は，**図 137** のように表示が行われています．

62 これは結局 mod の演算(% 演算子)を使っているのと同じだが，先に切り捨ての計算をしているのでこのほうが若干，処理が軽い．

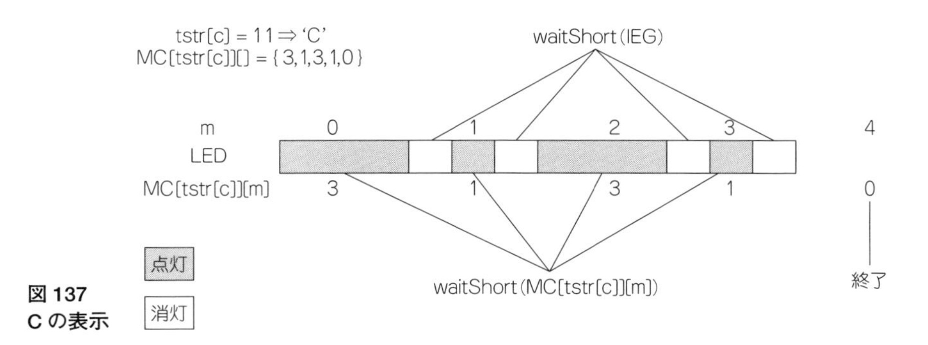

図 137 C の表示

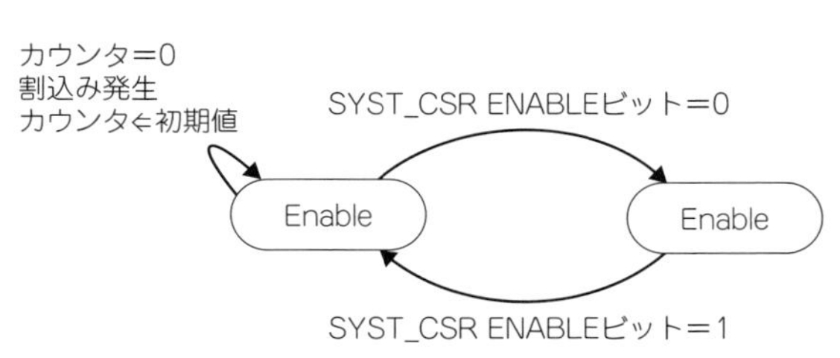

図 138 SysTick タイマの状態遷移風表現

SCT で PWM 出力

State Configurable Timer(SCT)は，ピン入力，およびピン出力が，それぞれ最大4系統[63]，内部のカウンタとして32ビットカウンタ1系統，もしくは16ビットカウンタ2系統を使うことができ，入力やカウンタ値を含めたキャプチャ，もしくはマッチの条件によって状態(state)を変化させることで柔軟な動作が可能になるという，高機能なゆえに，少しややこしい仕組みです．

本書では，このSCTを使って，PWM(Pulse Wave Modulation)の出力を行う仕組みを作ってみます．PWMは，方形波のパルス幅を変化させるもので，ディジタル出力ピンで疑似的にアナログ出力を実現する場合などに使われます．今回は,PWM出力に圧電スピーカをつなぎ，音として聞いてみることにします．

今述べたように，SCTの設定は複雑なため，LPCXpressoにはSCTの設定を自動で生成してくれるRed State Machineという設定ツールがあり，本書でもこのツールを用います．とはいうものの，このRed State Machineを使用するにも，ある程度SCTの基本的なところは見ておかないと，なかなか理解しづらいので，まず，SCTのおおまかな仕組みを説明します．

● SCT

SCT のタイマ

SCTは，基本的にはタイマです．SysTickやMRTといった，これまでみてきたカウンタは，カウントダウン・タイマで，0になれば自動的に設定した初期に戻ってカウントダウンを続けるという動作をしていました．

SCTのタイマも，基本的にはタイマです．まず，

- カウンタを32ビット1系統として使うか，16ビット2系統として使うか

を，SCTのCONFIGレジスタ(UM p.136,Table 122)に対して設定します．CONFIGレジスタのビット0(UNIFYビットと呼ばれる)がカウンタビット長と系統数の切り替えビットで，

- UNIFYビットが0なら16ビット×2系統のカウンタ
- UNIFYビットが1なら32ビット1系統のカウンタ

として機能します．16ビット×2系統使用時は，LとHというサフィックスで系統を区別します．レジスタなどは，_Lと_Hの二つのサフィックスをもつビットがあり，

- 16ビット×2系統時は，xxx_Lとxxx_Hでそれぞれの16ビットカウンタを設定
- 32ビット×1系統時は，xxx_Lのみで唯一の32ビットカウンタを設定

として区別します．

SCTのカウンタは，SysTickやMRTとは異なり，デフォルトではカウント・アップで動作します．これは，SCTのCTRLレジスタのBIDIR_LとBIDIR_H

63 物理的なI/Oピンが6系統のLPC810では使い切ることはできない．

で制御でき，カウント・アップとカウントダウンを繰り返す，bidirectionalの動作をさせることもできます．

SCTのクロックは，SystemCoreClockか，SystemCoreClockを分周したもの，あるいは，SCT用に使用できる4本の入力ピンのいずれかから入力される外部クロックの中から選択して使います．

カウンタが特定の値になった場合や，入力ピンや出力ピンの値が特定の値になった場合，イベントと呼ぶ事象が発生し，カウンタの値の変更や出力ピンの状態変更などを行うことができ，この組み合わせがかなり複雑に設定できることがSCTの特徴になっています．

SCTの入出力ピン

SCTを使う際に，ピン入力によってSCTを制御したり，SCTの状態によってピンの出力を変えたりすることができます．これらは，それぞれCTIN_0～CTIN3の入力4系統と，CTOUT_0～CTOUT3出力4系統が用意されていて，Switch Matrixでパッケージのピンに割り当てるmovableの機能です．

状態(state)について

SysTickやMRTでは，カウントダウンでカウンタが0になれば，自動的に初期値にリロードされ，条件によって割り込みを発生させていました．SCTでは，このような，条件によって何が起きるかをかなり複雑に設定できるタイマとみることもできます．

SCTの状態遷移の説明に入る前に，既にみてきた，SysTickを例にとって，タイマを状態遷移という視点で捉える頭の体操[64]をしてみます．

SysTickタイマは，コントロール・レジスタのSYST_CSRのENABLEビットを1にすると，カウントダウンをスタートし，カウンタが0になると，割り込みを発生させてカウンタ値を初期値にリロードします．このようすを状態遷移図「風」に表すと，**図138**のようになります．ENABLEビットを0から1にすることで，disable状態からenable状態に移り，カウンタが0になると，所定のアクション(割り込み発生とカウンタリロード)を行い，そのままenable状態にとどまります．

この場合，

▶ 入力(Input)
 ENABLEビット＝0
 ENABLEビット＝1
 カウンタ現在値＝0

▶ 出力(Output)
 割り込み関数(`SysTick_Handler()`)
 カウンタリロード(カウンタ初期値へ)
 カウント開始
 カウント停止

▶ 信号(Signal)
 スタート　ENABLEビット＝1
 ストップ　ENABLEビット＝0
 ゼロ・カウント　カウンタ現在値＝0

▶ 動作(Action)
 有効化　カウント開始
 無効化　カウント停止
 再スタート　割り込み関数，カウンタリロード

▶ 状態表(State Table)

現在状態	次の状態	信号	動作
disable	enable	スタート	有効化
enable	disable	ストップ	無効化
enable	enable	ゼロカウント	再スタート

のように，特定の信号を組み合わせた入力[65]を条件として，出力を組み合わせた動作を伴って状態が遷移する，という捉え方をすることができます．

SysTickタイマのように単純なものを，なぜこのように複雑に考えるのかと思いたくなりますが，SCTは，上記の入力，出力，動作，状態表の考え方で，かなり込み入った処理までできるように考えられた仕組みを持っており，一般化，抽象化を行うことで，単純なタイマではできなかったことを可能にしています．

SysTickでは，入力はカウンタやレジスタの値，出力はカウンタ値の設定とカウントのON/OFFだけですが，SCTでは，ピンの入出力も扱うことができるので，上記の考え方を一般化して整理すると，次のようになります．

入力(Input)	カウンタ値，ピン入力の値(0/1)
出力(Output)	カウンタ値，ピン出力の値(0/1)
信号(Signal)	入力を任意に組み合わせた発生条件
動作(Action)	出力から任意に選んだ設定変更
状態表(State Table)	ある状態で特定の信号発生時に行う動作と，次に移行する状態の表

64 状態遷移図の書き方については正式には厳しいルールがあり，ここで表記するのはあくまでも状態遷移図「風」の書き方である．

65 SysTickでは信号(Signal)としては単一の入力(Input)を指定したものしか使用していないが，SCTでは複数の入力をANDやORで組み合わせることもできるため，「組み合わせた」と記述している．

レジスタ	主要な設定ビット	機能概要
CTRL(H/L)	DOWN，STOP，HALT，CLRCTR，BIDIR，PRE	カウンタ動作設定
CONIFG	UNIFY，CLKMODE，CKSEL，NORELOAD，INSYNC(8inputs)，AUTOLIMIT	カウンタ分割，クロック，リロード
EV0～5_STATE	STATEMASK0～1	イベント発生のマスク
EV0～5_CTRL	MATCHSEL，HEVENT，OUTSEL，IOSEL，IOCOND，COMBMODE，STATELD，STATEEV，MATCHMEM，DIRECTION	イベント発生条件の詳細指定
REGMODE(H/L)	REGMODE，register0～4	レジスタの match/catpure 設定
MACTH0～4(H/L)	VALMATCH for H/L	イベントを発生させるレジスタ値
MATCHREL0～4	RELOAD for H/L	MATCH 時にリロードするカウンタ値
CAP0～4(H/L)	VALCAP for H/L	CAPCTRL で指定されたイベント発生時にキャプチャされたカウンタ値
CAPCTRL0～4	CAPCON for H/L	カウンタ値をキャプチャするイベントを指定する
LIMIT(H/L)	LIMMSK，each 6bits for 6 events	イベント発生時の動作
HALT(H/L)	HALTMSK，each 6bits for 6 events	
STOP(H/L)	STOPMSK，each 6bits for 6 events	
START(H/L)	STARTMSK，each 6bits for 6 events	
COUNT(H/L)	CTR	カウンタ値
STATE(H/L)	STATE，each 5bit	状態変数
OUT0～3_SET	SET，6bit for 6events	イベント毎の OUT の SET/CLR 設定
OUT0～3_CLR	CLR，6bit for 6events	
INPUT	AIN0～3，SIN0～3 Async/Sync wCLK	CIN ピン状態．A は Async，S は Sync 外部クロック使用時の同期設定
OUTPUT	OUT0～3	COUT ピン状態
OUTPUTDIRCTRL	SETCLR0～3	カウント方向と OUT の ON/OFF 設定
RES	O0RES～O3RES	同時イベント発生時の OUT 設定
EVEN	IEN0～5，for 6events	イベント時の割込み発生設定
EVFLAG	FLAG0～5，for 6events	イベント毎の割込み発生フラグ
CONEN	NCEN0～3	同時イベント発生時の割込み発生
CONFLAG	NCFLAG0～3，BUSERR の H/L	同時イベント発生時の状況保持

図 139　SCT のレジスタ

この後説明する Red State Machine では，上記の各項目を使って SCT の設定コードを生成するようになっています．なお，LPC810 では，状態(state)として定義できる数は，二つまでです．

基本的には，Red State Machin を使うと，SCT のレジスタ詳細には立ち入らずに済むのですが，Red State Machine を使う上でも，また，生成された SCT 関係のコードを使ってプログラムを書く上でも，最低限の SCT 関係のレジスタに関する知識はあったほうが進めやすいため，次に SCT のレジスタについて説明します．

SCT のレジスタ

SCT のレジスタ [66] は，**図 139** のようにかなりの数があります．レジスタによっては，16 ビット ×2 系統のときに H と L を分けているものもありますが，それらをまとめて一つと数えたとしても，全部で 57 のレジスタがあります．

おおまかには，CONFIG と CTRL のレジスタでカウンタの全般的な動作を設定し，EV0_CTRL ～ EV5_CTRL のレジスタで，最大で六つのイベントの発生条件を指定します．それぞれのイベントが，二つまで設定できる state のうち，どちらの state で発生するかを指定することもでき，その指定には，EV0_STATE ～ EV5_STATE のレジスタが使われます．

SCT の state の変化の仕方は，EV0_CTRL ～ EV5_CTRL の STATELD と STATEV で指定され，特定のイベント(0 ～ 5 のいずれか)が発生したとき，カウンタ毎の state 変数に対して，STATEV(STATE Value) を load するか，add するか(STATELD = STATE LoaD の指定による)のいずれかの処理が行われます．どのカウンタを対象としたイベントである

66 詳細は UM p.134 からの一覧表と，それぞれのレジスタごとの仕様表を参照されたい．

かは，EV0_CTRL ～ EV5_CTRL の HEVENT で指定されます．

イベントの発生条件は，カウンタの値が特定の設定値にマッチ(MATCH)する事象や，入出力ピンの状態変化などで，それらの AND/OR をとることもできるようになっています[67]．

カウンタ値に連動させて使用できるレジスタは，5 系統あり，MATCH か CAPTURE かを切り替えて使用します．この切り替えは，REGMODE のレジスタで設定します．

MATCH は，SysTick や MRT の拡張で，SysTick や MRT ではカウンタが 0 になったときのみ，イベントを発生させていたのに対して，SCT では，MATCH0 ～ MATCH5 までのレジスタに設定した任意の値になったときにイベントを発生させることができます．

CAPTURE として使う場合は，六つのイベントのうち，指定した特定のイベントが発生したときのカウンタの値を保存するレジスタとして使われます．

この他，特定のイベントが発生したときの動作として，出力ピンの状態を 0/1 のどちらに切り替えるか(OUT0_SET ～ OUT3_SET，および CLR)，カウンタの動作をどうするか(START，STOP，HALT，LIMIT)，カウンタ値にリロードする値をどうするか(MATCHREL0 ～ MATCHREL4)をそれぞれのレジスタで設定します．

単純なカウンタの拡張として SCT を使う場合は，図 139 の中で MATCHREL0 ～ MACTHREL4 のレジスタが有用です．SCT を単にアップ・カウンタとして使う場合，カウンタ値が，MATCH0 ～ MATCH4 に設定した値になったときにイベントを発生させることができます．

この MATCH0 ～ MATCH4 のレジスタは，カウンタ動作中には値を変更できませんが，MATCHREL0 ～ MATCHREL4 のレジスタは，動作中でも任意に変更することができます．

以下，この使い方で，SCT を使った PWM(Pulse Wave Modulation)のプログラムを作り，Red State Machine による SCT の設定の簡単な例題をみていく

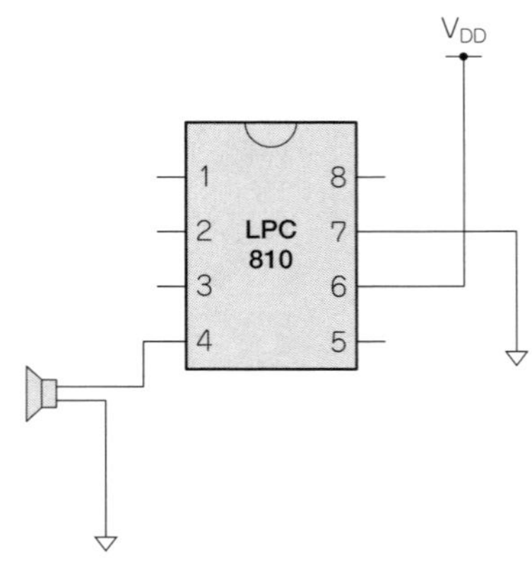

図 140　PWM 版圧電スピーカの回路

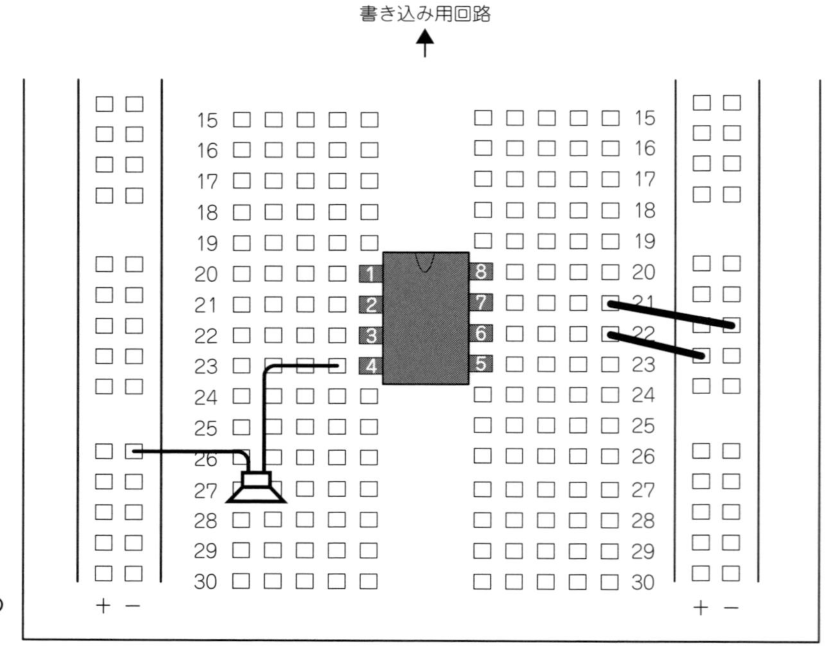

図 141
PWM 版圧電スピーカ回路のブレッドボード上の実装例

67 UM pp.149?150 の Table 144 が EVn_STATE の仕様表である．

ことにします．

● PWMで使用するパーツと回路

PWMで使用するパーツは，「MRTで音を出す(単音)」で使用した圧電スピーカです．MRTで音を出したときと同様に，**図140**，**図141**を参考に，パッケージ・ピンの4番(PIO0_2)のポートに圧電スピーカを接続して動作させてください．

● Switch Matrix Toolの設定

今回は，Switch Matrix Toolを使って，SCT用の出力ポートを設定します．**図142**のように，SCTを選択して，パッケージ・ピン4番に，CTOUT_をアサインします．PWM用のプロジェクトを，これまでと同じように作成し，swm.cとtype.hをエクスポートして，type.hを修正しておきます．

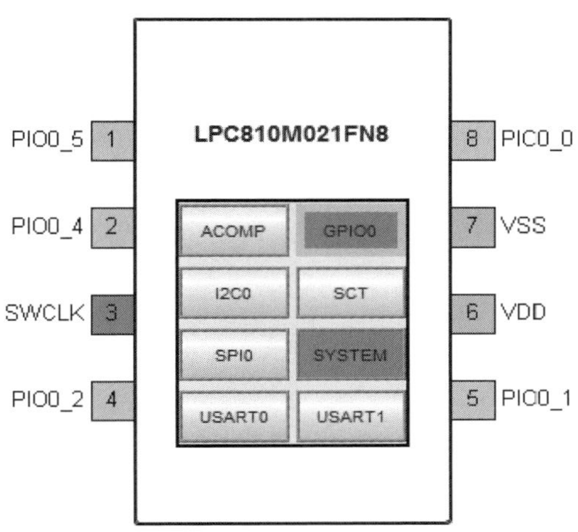

図142　SCTのCTOUT_0をパッケージ・ピン4にアサインする

● Red State Machine

作成する状態遷移

次に，SCTの設定をRed State Machineで作成します．今回は，SCTのカウンタを1系統として使うUnifiedの設定で，MATCHする値を二つ設定して，まずデューティ比50%の単純な方形波を作成します．デューティ比は，方形波のONの時間の1周期に対する比で，デューティ比50%は，ONとOFFの時間が等しい波形です．作成したSCTのパラメータをプログラム中で変更することで，このデューティ比を動的に変更し，PWMを実現する流れとなります．

おおまかなイメージは，**図143**のようなもので，1系統のunifiedカウンタをデフォルトのカウント・アップで使い，自分で設定するonValueにカウンタが到達したときに，CTOUT_0を1に，offValueに到達したときに，CTOUT_0を0にするとともに，カウンタを0に戻すという設定を行います．

図143のoffValue（カウンタが0に戻る位置）と得られる方形波の周波数との関係は，SCTのクロック周波数をf_{SCT} [Hz]，方形波の周波数をf_{PULSE} [Hz]とすれば，

$$f_{PULSE} = \frac{f_{SCT}}{\mathrm{offValue}}$$

となります．逆にf_{PULSE} [Hz]の方形波を得たければ，offValue = f_{SCT}/f_{PULSE}でカウンタの最大値を決めてやります．たとえば，分周なしでシステム・クロックの12MHzをSCTのクロックとして与える場合は，offValue = 12000とすれば，1kHzの方形波となります．**図143**のOffValueを固定したまま，onValueを動的に変えてやることで，周波数を固定したまま，デューティ比を変更するようなコードを最終的に作成

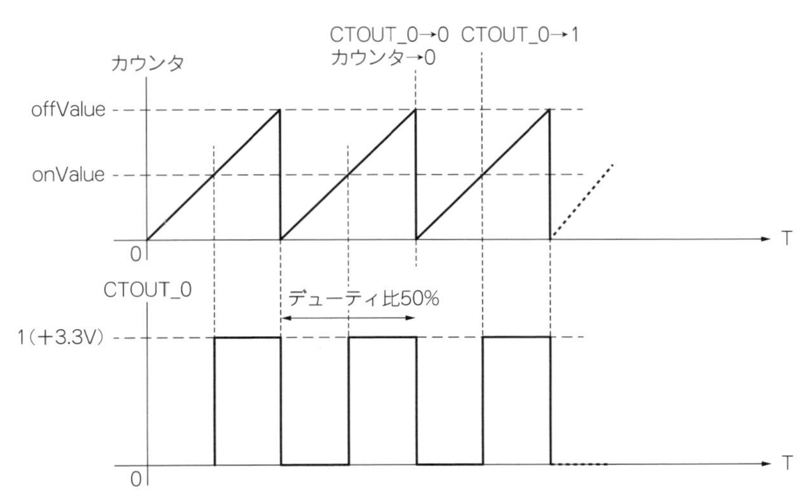

図143
作成するSCT設定のイメージ

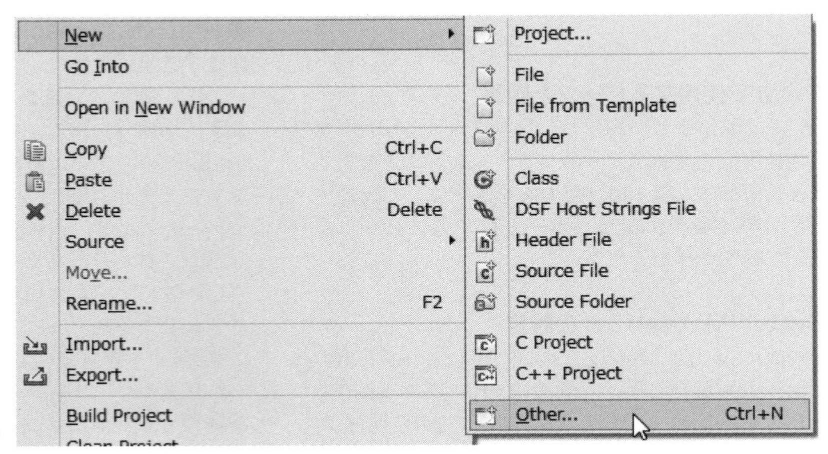

図144
Red State Machine の起動

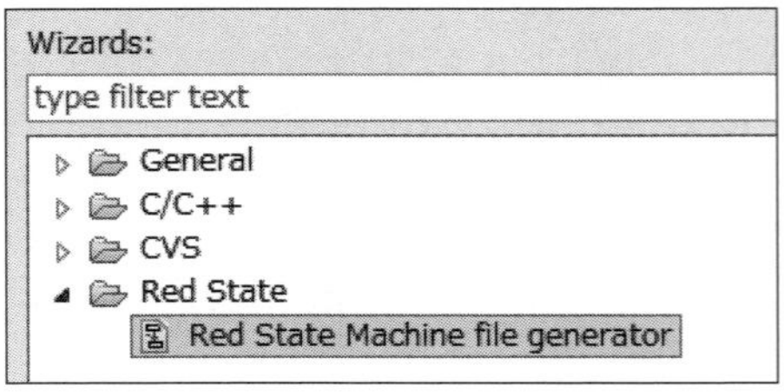

図145　Red State Machine file generator を選択する

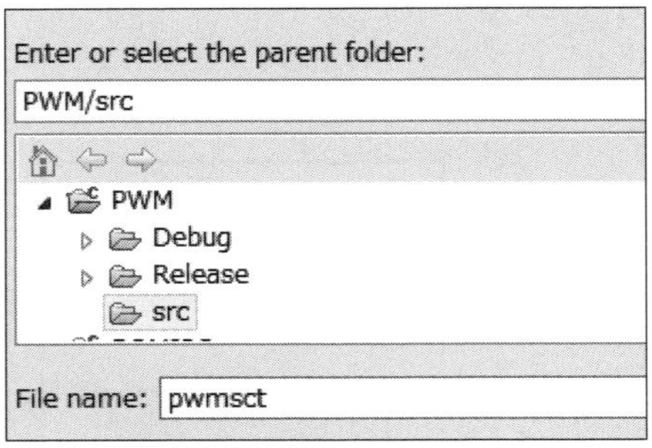

図146
プロジェクトの src フォルダに pwmsct という名前で作成する

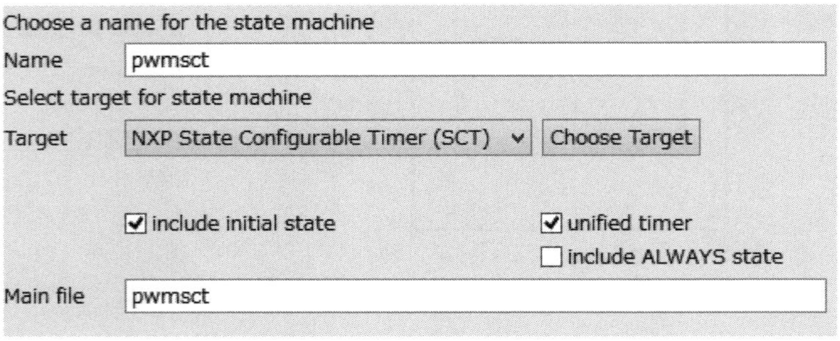

図147
ALWAYS state のチェックを外し，Choose Target をクリックする

します．

Red State Machine の起動

まず，SCT を設定するための Red State Machine を起動します．作成したプロジェクトを選択し，プロジェクト名の上で右クリックして，[New]→[Other] と選択します．あるいは，メニューの[File]→[New]→[Other]でもかまいません．

すると，**図145** のようにウィザードの選択ダイアログが表示されるので，そこから Red State の中の Red State Machine file generator を選択し，[Next] をクリックします．

Red State Machine は，プロジェクト内では拡張子が .rsm のファイルとして作成されるので，この .rsm ファイルを置くフォルダと，作成されるファイルの名前を，**図146** のダイアログで指定します．

Red State Machine が生成する SCT 関連のファイルは，ここで指定したフォルダに生成されるので，PWM のプロジェクトの src フォルダを，Red State Machine の生成先として指定します．ファイル名は任意ですが，ここでは pwmsct とします．拡張子 .rsm は，自動的に付けられて，pwmsct.rsm が生成されます．

ファイル名とフォルダを指定して[Next]をクリックすると，**図147** のように Red State Machine の初期設定のダイアログになります．ここでは，「include ALWAYS state」のチェックを外し，[Choose Target] ボタンをクリックします．ターゲット・マイコンの選

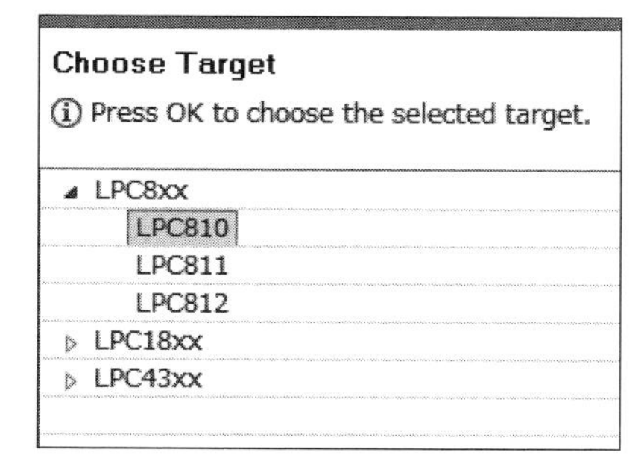

図148　LPC810を選択する

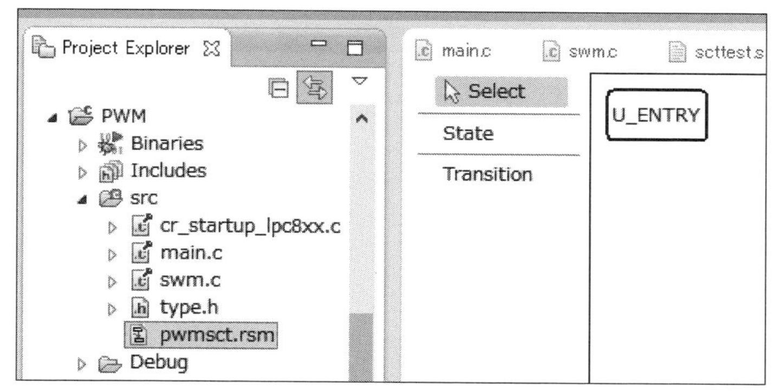

図149　Red State Machineの.rsmファイルが作成される

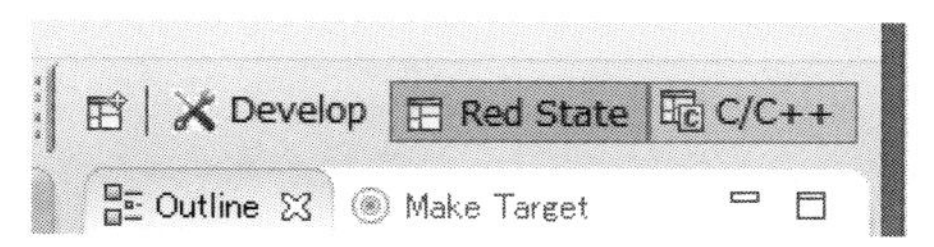

図150　Perspective切り替えのタブ

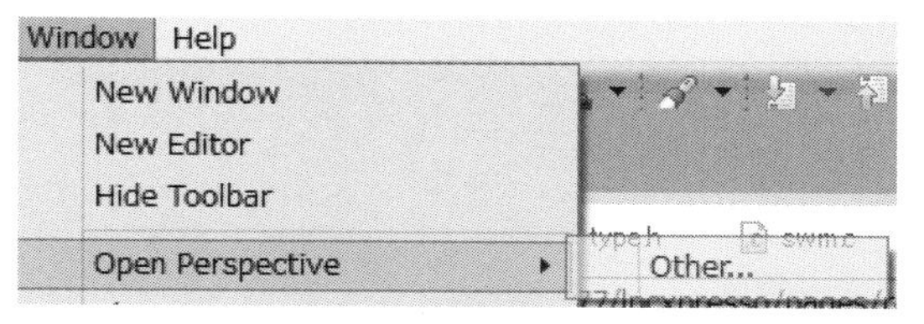

図151　Perspectiveの選択メニューを表示させる

択ダイアログでは，**図148**のようにLPC810を選択します．

これで，Red State Machienの生成ウィザードは完了です．[Finish]をクリックすると，**図149**のようにプロジェクトのsrcフォルダ内に，pwmsct.rsmが生成され，LPCXpressoの画面がRed State MachineのGUI編集画面に変わります．

作成直後の画面では，U_ENTRYというstateが一つだけ存在しています．このU_ENTRYというのは，Red State Machineの予約語になっていて，起動直後のstateは，このU_ENTRYになります．LPC810では，state数は最大で二つまでしか作れないので，このほかにあと一つだけstateを自分で作ることができます．自分で作成するstateには，自由に名前を付けることができますが，このU_ENTRYを別の名前にすることはできません．

また，state数は最大二つまでと書きましたが，U_ALWAYS[68]という特別な状態は，この制限に含まれません．結局，U_ALWAYS，U_ENTRYの二つが予約語[69]で，それにあと一つだけ自分で定義するstateを作成することができるということになります．

図149のRed State Machineの編集画面は，作成したpwmsct.rsmをクリックして選択すると表示され，main.cなどのソース・コードをクリックすると，そのファイルの編集画面に移ります．

ただ，一度Red State Machineが表示されると，ウィンドウの下部には，Red State Machine関係のサブ・ウィンドウが表示されたままになります．これを通常のコンパイラ画面と切り替えるには次のようにします．

Perspective

SCTを使うためにRed State Machineを起動すると，LPCXpressoの画面にSCTに関するサブ・ウィンドウが開きます．通常のコンパイラなどのサブ・ウィンドウは，右側に追いやられた状態になりますが，これを通常のコンパイラ関係のサブ・ウィンドウだけに戻したり，逆にRed State Machineも表示された状態に戻したりするには，**図150**のように，全体のウィンドウの右上にある，Perspective切り替えのボタンで，Develop，もしくはRedStateをそれぞれクリックします．

図150の切り替えタブの表示がどこかにいってしまっているときは，**図151**のようにメニューのWindowから，Open Perspectiveを選択し，Otherから，**図152**のPerspectiveの選択画面を表示させます．

LPCXpressでは，開発画面のレイアウトのことをPerspectiveと呼んでおり，**図152**のDevelopが通常

68 U_ALWAYS，あるいはH_ALWAYSとL_ALWAYSは，擬状態(pseudo state)，もしくはvirtual stateと呼ばれていて，SCTのstateに関係なく(別の言い方をすれば，どのstateにおいても)有効なイベントを表すために設けられている．Red State Machine上ではstateとして表示されるが，SCTにおけるstateではない．

69 16ビットカウンタ×2として使うsplitモードでは，HとLのカウンタそれぞれについて，H_ENTRY,H_ALWAYSと，L_ENTRY，L_ALWAYSが予約語となる．

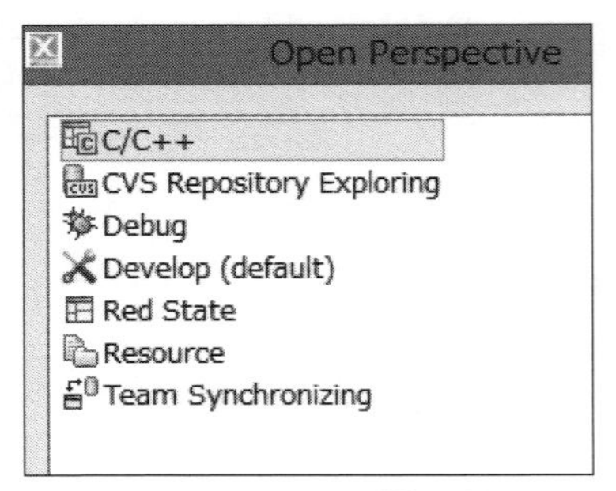

図152　Perspectiveの選択画面

Name	Type	Source
Input pin 0	bool	CTIN_0
Input pin 1	bool	CTIN_1
Input pin 2	bool	CTIN_2
Input pin 3	bool	CTIN_3
onVal	const int	2048
offVal	const int	4096
onMatch	Match Unified	onVal
offMatch	Match Unified	offVal

図154　const intを二つと，Match Unifiedを二つ追加する

のコンパイラ使用時のレイアウトです．SCT関係のRed State Machineのレイアウトを呼び出すには，**図152**のRed Stateを選択すればよいことになります．

Input/Outputの作成

Perspectiveが Red Stateになっている状態で，今回使用するPWM生成のための状態遷移図を編集します．

図153のように，Red State Machine編集画面の右側にある「Input for State Machine」の「＋」(Add Input)をクリックし，Inputを追加していきます．追加するInputは，次の四つです．

onVal	const int	2048
offVal	const int	4096
onMatch	Match Unified	onVal
offMatch	Match Unified	offVal

追加した入力はinput1，などの自動的に付けられる名称になっていますが，Name，Type，Sourceの欄は，クリックして文字を入力するか，リストから選択できるようなっているので，**図153**のようにconst intを二つ，Match Unifiedを二つ，それぞれInput

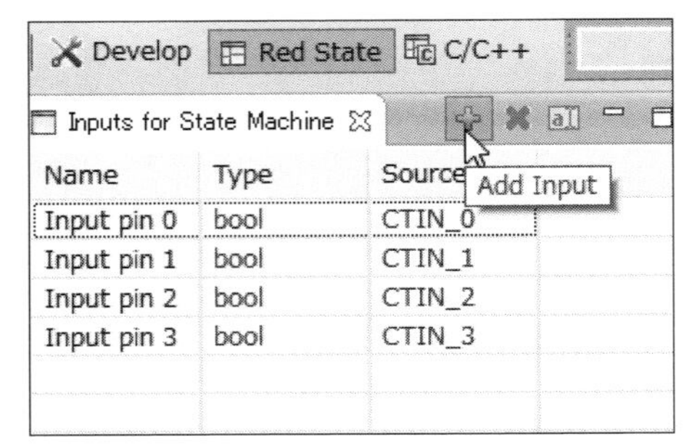

図153　InputにカウンタのMATCHを追加する

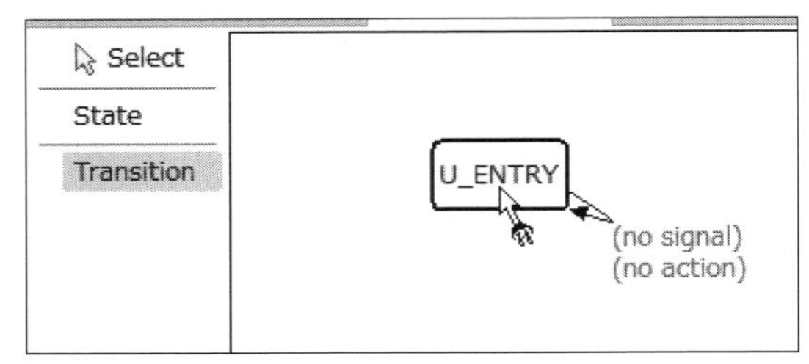

図155　Transitionを選択して，U_ENTRYをダブル・クリックする

として追加します．合計四つのInputを追加するので，「＋」を4回クリックし，Name欄をそれぞれクリックして変更，Typeをクリックしてメニューからそれぞれ選択し，Source欄もクリックして，**図154**のように定義します．

今回は，Red State Machineの生成時にカウンタをUnified，つまり32ビットの1系統のカウンタとして使うようにしたので，カウンタのMatch条件は，Match Unifiedになります．どの値にマッチさせるかは，const intとして自分で値を決めます．ここでは，2048と4096としています．

なお，自分で追加したInputは，「×」で削除することができますが，TypeやSourceが青字になっているInputは，システムのデフォルト値で，削除することはできません．

Outputは，システムのデフォルトのCTOUT_0だけを使うので，特に追加の作業は行いません．

Transitionの作成

次に，状態の遷移を追加します．**図155**のように，Red State MachineのGUI画面で，左側のTransitionを選択し，U_ENTRYをダブル・クリックすると，(no signal)(no action)と赤字で書かれた矢印が作成されます．

一つ目のTransitionを作成したら，いったんSelectを選択し，作成したTransitionを違う位置に移動しておきます(**図156**)．ループした矢印と，赤字の(no

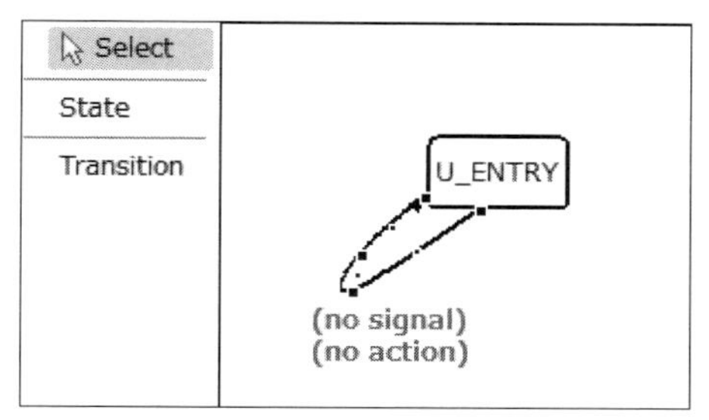

図 156　Select を選択し，作成した Transition を移動する

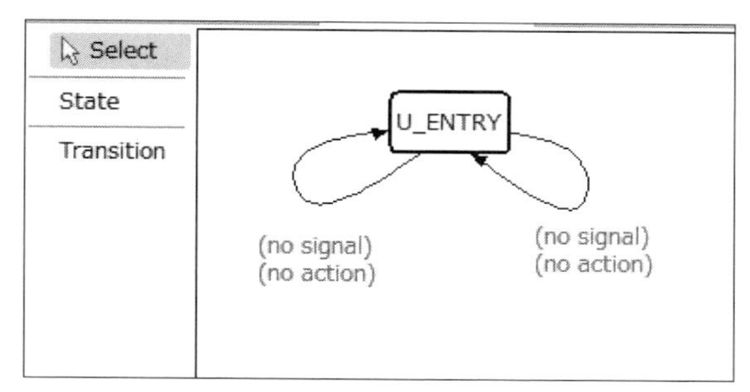

図 157　二つの Transtions を追加する

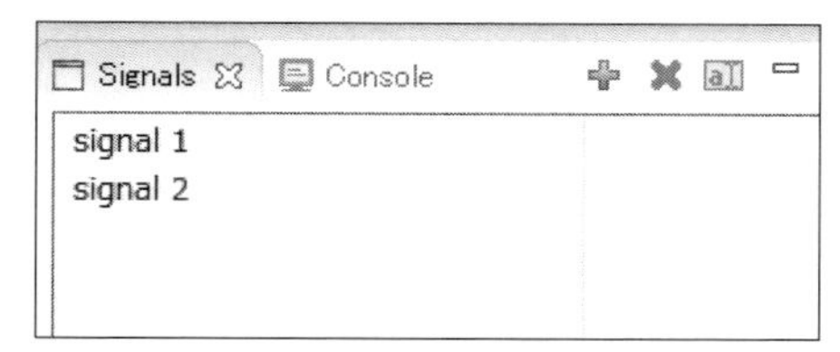

図 158　Transition に対応した Signal

signal) (no action) とは別々に動かす必要があります．

このあと，もう一つ Transition を作成しますが，先に作った Transition を，上記のように移動しておかないと，同じところに重なった状態で複数の Transition が作成されてしまうので，必ず，一つの Transition を作成したら場所を移動してから，次を作成するようにしてください(**図 157**)．

一つ目を移動したら，もう一つの Transition を追加し，適当な場所に配置します．なお，Red State Machine の状態遷移図の UI は，使いやすいとはいい難く，思ったように編集するにはかなり忍耐が必要です．状態遷移の位置はどこでも機能は同じなので，あまりこだわらずに編集を進めましょう．

この状態まで作成すると，**図 158** のように，画面右下にある Signal の欄に，作成した Transition の数だけ signal1 と signal2 が追加されています．この signal の欄の挙動も少し怪しいところがあり，追加，または削除したシグナルが画面の表示に反映されるまで，かなり時間がかかる[70] ことがあります．

Signal の作成

次に，さきほど追加した Input を使って，条件にマッチした時の Signal を二つ設定します．画面右下の Signals のサブ・ウィンドウで，**図 159** のように signal1 を選択し，下部に表示される「？ (none) : (click to change)」を右クリックして，Input から onMatch を選択します．

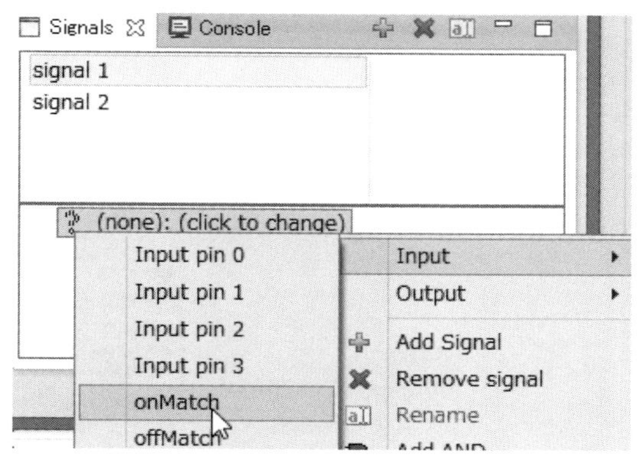

図 159　シグナル下部の (click to change) を右クリックして入力を設定する

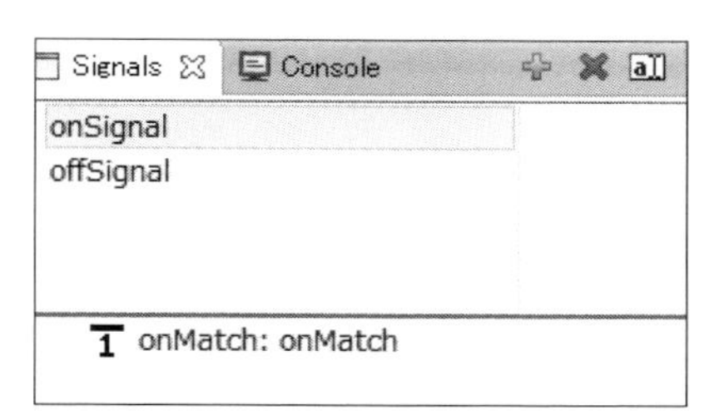

図 160　onSignal と offSignal を設定する

「？ (none) : (click to change)」と書かれていますが，左クリックでは何も起きません．右クリックで，Input から設定したい Input を選択していきます．Signal2 には，offMatch を割りあて，その後，signal1 を onSignal に，signal2 を offSignal に，それぞれ名称を変更します．名称の変更は，シグナル名をダブル・クリックするだけで入力できるようになります．

最終的に，**図 160** のように二つのシグナルを設定します．設定は以下のようになります．

```
onSignal    onMatch: onMatch
offSignal   offMatch: offMatch
```

70 原因をきちんと解明できてはいないが，現象論的には編集作業を行って内部状態が更新されているにもかかわらず，画面の再描画が行われないことが時々ある．このときに，同じ作業を何度も繰り返すと後になって不要な要素が追加されてしまうので注意が必要．

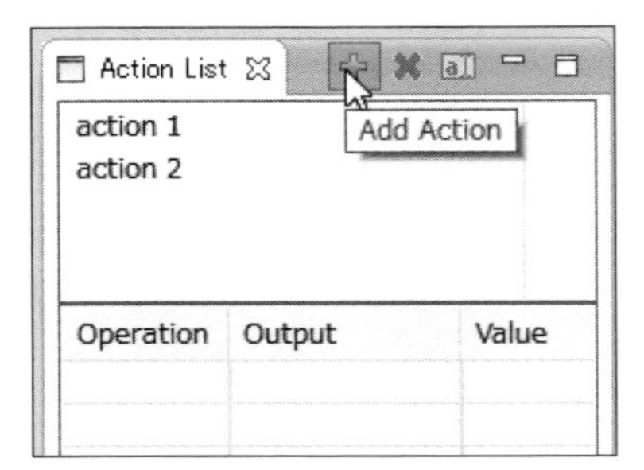

図 161　action を二つ追加する

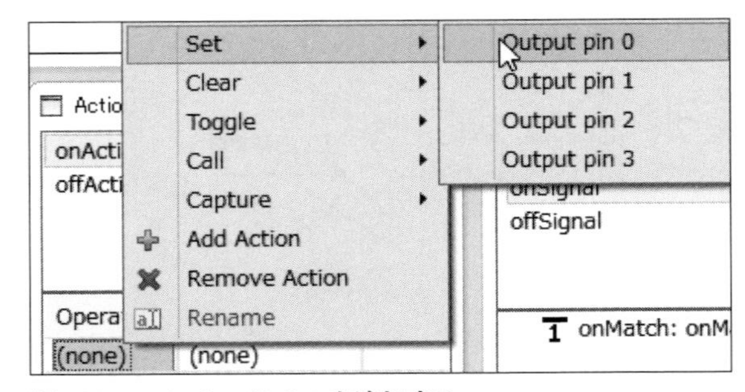

図 162　onAction に Set を追加する

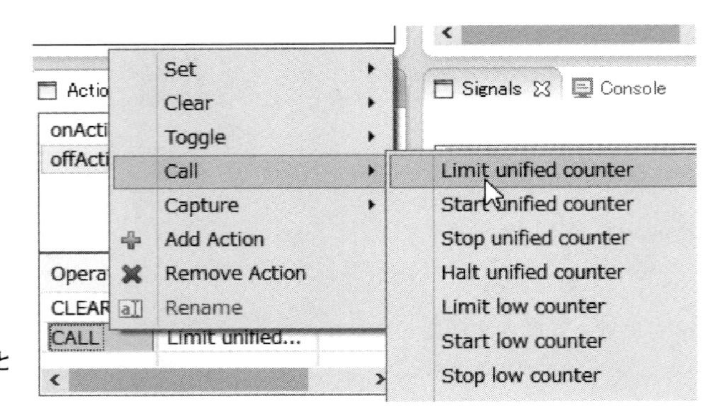

図 163
offAction に CLEAR と CALL を追加する

それぞれのシグナルを選択して，内容が上記のようになっていることを確認しておきましょう．

Action の設定

次に，条件にマッチしたときの Action を設定しておきます．画面下の Action List の欄で,「＋」をクリックして action を二つ追加します(**図 161**)．

名称は，ダブル・クリックで変更できるので，それぞれ，onAction と offAction に変更しておきます．

これらの二つの action に，Operation を追加していきますが，この操作も左クリックではだめで，**図 162** のように，各アクションを選択したときに，下部に表示される(none)を右クリックし，メニューから割り当てたい動作を指定します．

それぞれのアクションには次の動作を指定します(**図 163**)．

onAction	SET Output pin 0
offAction	CLEAR Output pin 0
	Limit unified counter

これは，カウンタが onVal（= 2048）になったら，CTOUT_0 を 1 に SET し，offVal（= 4096）になったら，CTOUT_0 を 0 に CLEAR すると同時に unified counter の LIMIT をコールして，カウンタを 0 に戻す，という設定です．

State Table の設定

最後に，画面下部の State Table の欄に，ここまで設定した signal と action を設定します．

図 164 のように，Signal と Action をクリックすると，既に設定してある Signal と Action のリストから設定を選ぶことができます．今回は状態が U_ENTRY の一つだけで，U_ENTRY → U_ENTRY の遷移だけしかありませんが，片方を on，もう一方を off のシグナルとアクションにそれぞれ設定します．

最終的に，

U_ENTRY	U_ENTRY	onSignal	onAction
U_ENTRY	U_ENTRY	offSignal	offSignal

となるように設定します．

すべての設定が完了すると，**図 165** のように，GUI 画面に signal と action が追加され，0 からカウント・アップするカウンタが onValue に到達すると，Outpit pin0 である CTOUT_0 が 1 になり(SET Output pin 0)，offValue に到達すると 0 になって(CLEAR Output pin 0)，さらに CALL Limit unified counter でカウンタが 0 に戻って再度カウント・アップに入る，という状態遷移が設定されています．

SCT コードの生成

図 165 の状態までできたら，**図 165** の[Generate

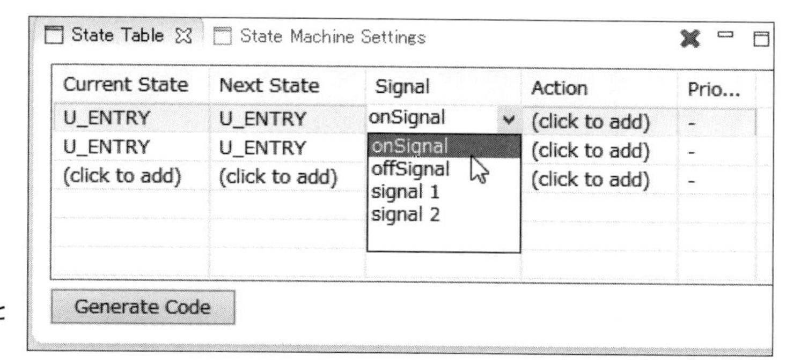

図 164
それぞれの状態遷移に signal と action を関連付ける

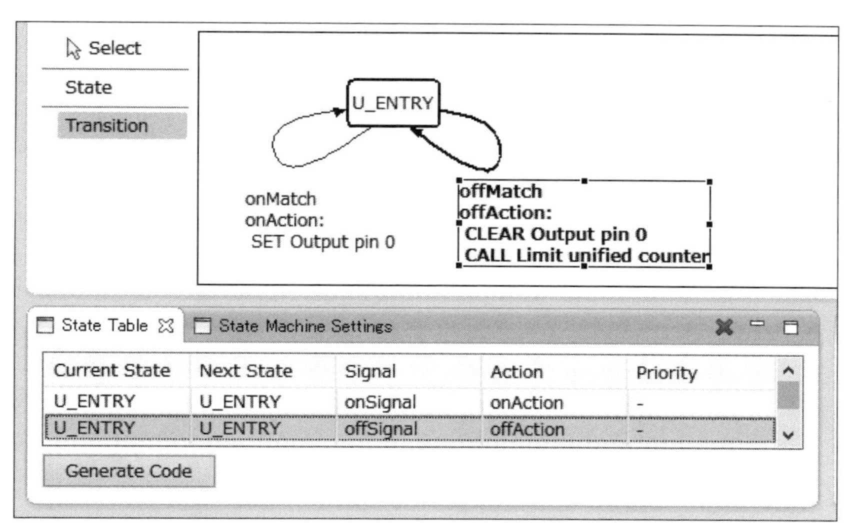

図 165　状態遷移図が完成したようす

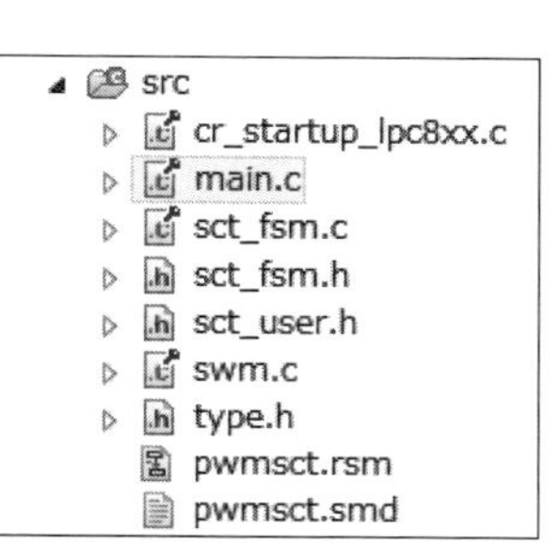

図 166　SCT 関連のファイル

Code]のボタンをクリックします．これで，src フォルダには，**図 166** のように，

```
sct_fsm.c
sct_fsm.h
sct_user.h
```

の三つのファイル[71]が生成されています．

これらは，通常の C のソース・ファイルとヘッダ・ファイルで，sct_fsm.h は関数宣言や sct 用の定義が入っています．sct_user.h の内容は実質的に以下の 2 行です．

```
#define offVal (4096)
#define onVal (2048)
```

これは，Red State Machine で定義した Input に指定した値になっています．

sct_fsm.c は，SCT の本体ともいえるファイルで，少し長いものですが，次のようになっています．

```
/* Generated by fzmparser version
        2.5 --- DO NOT EDIT! */

/* Uses following resources: */
/* 2 events, 1 + 0 states, 0
               inputs, 1 outputs,
2 + 0 match regs, 0 + 0 capture
                          regs */

#include "sct_fsm.h"


void sct_fsm_init (void)
{
LPC_SCT->CONFIG = (LPC_SCT-
```

71 fsm，は，finite state machine（有限状態機械）の略だと思われる．

```
            >CONFIG & ~0x00060001) |
                            0x00000001;
/* UNIFIED */

/* MATCH/CAPTURE registers */

/* Unified counter - register
                side L is used and
accessed as 32 bit value, reg H
                    is not used */
LPC_SCT->REGMODE_L = 0x00000000;
/* U: 2x MATCH, 0x CAPTURE, 3
                         unused */

LPC_SCT->MATCH[0].U = offVal;
                    /* offMatch */
LPC_SCT->MATCHREL[0].U = offVal;
LPC_SCT->MATCH[1].U = onVal;
                     /* onMatch */
LPC_SCT->MATCHREL[1].U = onVal;

/* OUTPUT registers */
LPC_SCT->OUT[0].SET = 0x00000001;
                /* Output_pin_0 */
LPC_SCT->OUT[0].CLR = 0x00000002;
  /* Unused outputs must not be
         affected by any event */
LPC_SCT->OUT[1].SET = 0;
LPC_SCT->OUT[1].CLR = 0;
LPC_SCT->OUT[2].SET = 0;
LPC_SCT->OUT[2].CLR = 0;
LPC_SCT->OUT[3].SET = 0;
LPC_SCT->OUT[3].CLR = 0;

/* Conflict resolution register */

/* EVENT registers */
LPC_SCT->EVENT[0].CTRL =
                     0x00005001;
        /* U: --> state U_ENTRY */
LPC_SCT->EVENT[0].STATE =
                     0x00000001;
LPC_SCT->EVENT[1].CTRL =
                     0x00005000;
        /* U: --> state U_ENTRY */
LPC_SCT->EVENT[1].STATE =
                     0x00000001;
  /* Unused events must not have
                    any effect */
LPC_SCT->EVENT[2].STATE = 0;
LPC_SCT->EVENT[3].STATE = 0;
LPC_SCT->EVENT[4].STATE = 0;
LPC_SCT->EVENT[5].STATE = 0;

/* STATE registers */
LPC_SCT->STATE_L = 0;

/* state names assignment: */
  /* State U 0: U_ENTRY */

/* CORE registers */
LPC_SCT->START_L = 0x00000000;
LPC_SCT->STOP_L =  0x00000000;
LPC_SCT->HALT_L =  0x00000000;
LPC_SCT->LIMIT_L = 0x00000002;
LPC_SCT->EVEN =    0x00000000;

}
```

このように，sct_fsm.cの中で宣言されているsct_fsm_init()関数で，SCT関係のレジスタを設定することで，Red State Machineで作成した状態遷移が実現されていることがわかります．

使い方としては，main.cのmain()の中で，sct_fsm.hをインクルードし，sct_fsm_init()をコールしたあと，

```
LPC_SCT->CTRL_U &= ~(1<<2);
```

として，unifiedカウンタのHALT状態を解除することで，SCTが動き始めます．sct_fsm_init()は，SCTの状態遷移を設定するだけで，カウンタを開始させるわけではないので，上記のHALT解除はmain()のなかで，自分で行う必要があります．

PWMの作り方

上記のsct_init_fsm()のなかで，onValにマッチしたときの設定を見ると，

```
LPC_SCT->MATCH[1].U = onVal;
                     /* onMatch */
LPC_SCT->MATCHREL[1].U = onVal;
```

となっています．offMatchはMATCH[0]が使われているので，五つまで使えるMATCHレジスタのうち，0がoff，1がonに割り当てられたことがわかります．ここで，Red State Machineが生成したコードでは，MATCH[1]とMATCHREL[1]は同じ値が設定され

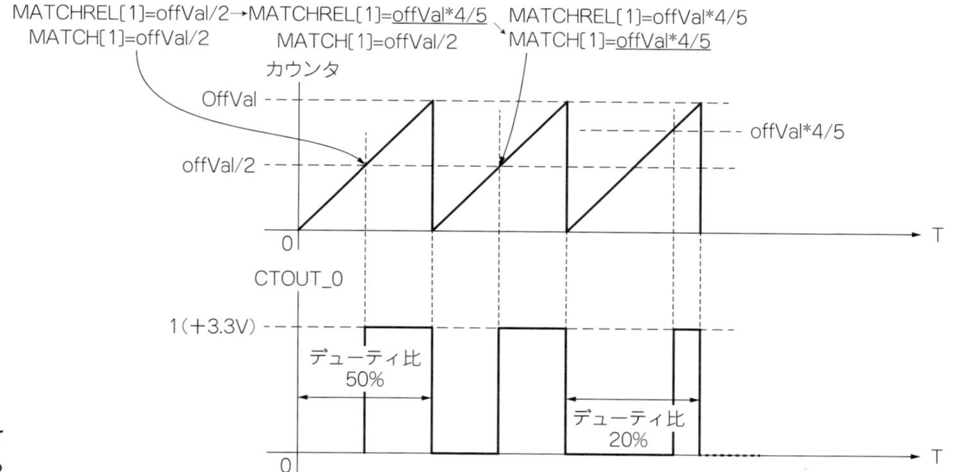

図167
リロード値を変更してディーティ比を変える

ています．MATCH[1] は，カウンタがこの値に到達したときにイベントを発生させる[72]ものですが，MATCH[n](n = 0～4)をカウンタの動作中に直接変更しても，変更はカウンタのマッチ動作に反映されず，バス・エラーが発生します．カウンタの動作中に，MATCH[n] の値を変更したい場合は，MATCHREL[n] を使う必要があります．

MATCHREL[n] は，カウンタ動作中に変更することができるレジスタで，カウンタがMATCH[n] にマッチしたとき，MATCHREL[n] からMATCH[n] に値がリロードされます．これを変更することで，カウンタの動作を停止することなく，マッチによるイベントが発生するカウンタ値を変更することができます．変更されるのは，その時点でのMATCH[n] レジスタの値にカウンタ値がマッチしたときということになります．

図167 のように，MATCHREL[1]=MATCH[1] のときは，初期設定からデューティ比が50%の波形で，リロード値がマッチの値と同じなので，同じ波形を繰り返します．途中で，MATCHREL[1] をMATCH[1] と異なる値，たとえば，**図167** の例では，offVal/2→offVal*4/5と変更すると，次にMATCH[1] がカウンタにマッチするまでは，MATCH[1] ≠ MATCHREL[1] で推移し，次に，offVal/2にマッチしたとき，MATCHREL[1] の値がMATCH[1] にリロードされ，次からは，MATCH[1]=offVal*4/5で，マッチが発生するようになります．

結果として，MATCHREL[1] を変えることで，デューティ比の異なる波形を得ることができ，PWMが実現できることになります．**図167** からわかるように，この方法では矩形波の周波数は変わらず，デューティ比だけが変わります．

なお，上の例では，カウンタがoffValになったときに発生するMATCH[0] のマッチを使ってカウンタを0に戻しているので，MATCHREL[1] をoffValよりも大きくしてしまうと，MATCH[1] のイベントは発生しなくなります．MATCHREL[1] の値が，MATCH[1] に反映されるのは，MATCH[1] のイベントが発生したときなので，このような事態になってしまうと，カウンタを一度止めなければ，MATCH[1] の値を変更することはできなくなります．

● PWMのユーザ・コード

設定がかなり長くなりましたが，PWMで圧電スピーカを鳴らすコードは，**図168** のようになります．

Switch Matrix Toolが生成する，swm.cと，type.h(64ビットの定義部分をコメント・アウト)，Red State Machineの生成するsct_fsm.c，sct_fsm.h，sct_user.hがsrcにあることを確認し，**図168** をmain.cに入力してコンパイルします．

HEXファイルをLPC810に書き込んだ後，**図141** のユーザ・コード動作回路で電源を入れると，少ししてやや金属音がかった，減衰する音が不規則に再生されます．再生間隔は，疑似乱数を使って不規則化しているので，鳴る間隔は均等ではありません．また，鳴りだすまでに5，6秒の間があります．

疑似乱数は，XorShiftというアルゴリズムを使っていますが，乱数の初期化に与えるシードが固定のため，不規則であっても毎回同じパターンとなります．これを変更するには，例えばピン割り込みを使い，スイッチを押した瞬間のSysTickカウンタの値を初期値として使う，などの方法が考えられます．

---

72 どのイベントに対応させるかはLPC_SCT->EVENT[0].CTRLとLPC_SCT->EVENT[0].STATEで設定されている．

図 168　PWM で圧電スピーカを鳴らすコード

```
#ifdef __USE_CMSIS
#include "LPC8xx.h"
#endif

#include <cr_section_macros.h>
#include "sct_fsm.h"

volatile static int waiting = 0;
void SysTick_Handler() {
     if(waiting) waiting--;
}
void wait_ms(uint32_t ms) {
     waiting = ms;
     while(waiting);
}

static uint32_t xs[4];

void initXorshift(uint32_t s) {
     volatile int i;
     for( i=1; i <=4; i++ )
            xs[i-1] = s = 1812433253UL*(s^( s>>30))+i;
}

uint32_t xor128(void) {
  uint32_t t;
  t = xs[0]^(xs[0] << 11);
  xs[0] = xs[1]; xs[1] = xs[2]; xs[2]=xs[3];
  return xs[3] = (xs[3]^(xs[3]>>19))^(t^(t>>8));
}

void SwitchMatrix_Init(void);
int main(void) {
     SystemCoreClockUpdate();
     SwitchMatrix_Init();
     SysTick_Config(SystemCoreClock/1000);

     LPC_SYSCON->SYSAHBCLKCTRL |= (1 << 8);
     sct_fsm_init();
     LPC_SCT->CTRL_U &= ~(1<<2);

     initXorshift(140204UL);
     LPC_SCT->MATCHREL.U[1] = offVal;
    while(1) {
     volatile static int i,j;
     if( xor128() < 2147483647/10 ) {
            j = xor128()%50;
            for(i=0; i < offVal-onVal-50;  i++) {
                   LPC_SCT->MATCHREL[1].U = onVal + i + j;
                   j = xor128()%50;
                   wait_ms((xor128()%6)+1);
            }
            LPC_SCT->MATCHREL[1].U = offVal -1;
     }
     wait_ms(300);
    }
    return 0 ;
}
```

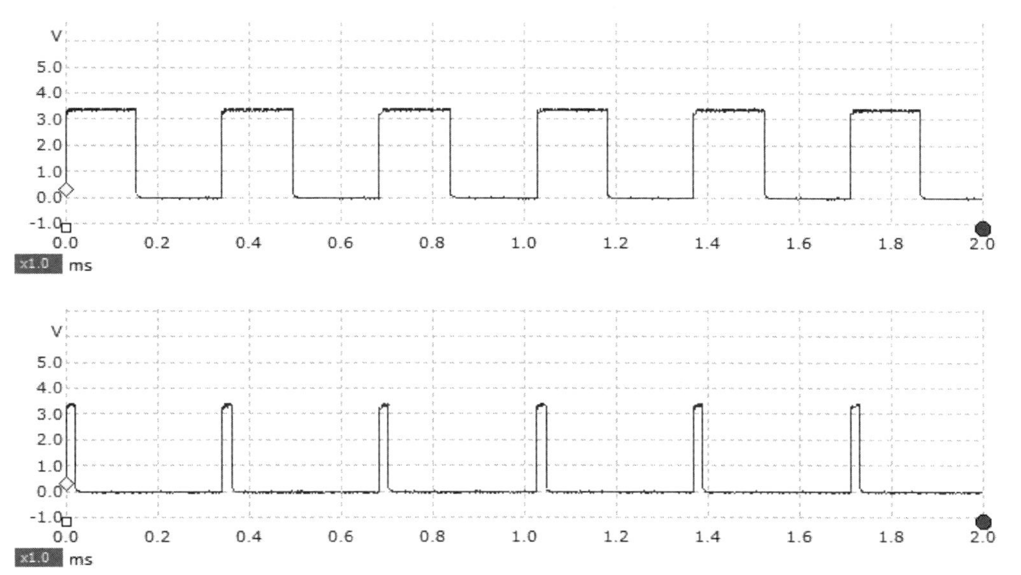

図 169　デューティ比の変化(横軸は 1 目盛 0.2ms)

コードの処理は，SysTick 関係はこれまで使ってきたものと共通で，ミリ秒の時間待ちを作るために使われています．`xor128()` と `initXorshift()` は，疑似乱数の生成用で，`main()` 内では，Switch Matrix，SysTick，SCT の初期化を行った後，`LPC_SCT->CTRL_U &= ~(1<<2);` で，SCT の HALT 状態を解除し，`while()` ループに入っています．

音を鳴らす処理は，`xor128()` の乱数が，32 ビット符号なし整数最大値である，2147483647 の 1/10 より小さいときだけ行うとすることで，見かけ上不規則になるようにしています．音の鳴る頻度を変えたい場合は，2147483647/10 の分母の 10 を変更してみてください．

PWM のデューティ比変更は，for ループ内で `MATCHREL[1]` の値を，onVal から offVal の間で徐々に増加させることで行っています(**図 169**)．このとき，変更の間隔と変更量を疑似乱数で揺らすことで，若干揺らいだ感覚にしています．なお，ここでは関係するレジスタを明示的に書いて，`LPC_SCT->MATCHREL[1].U = onVal + i + j;` としていますが，sct_fsm.h の中に定義されている，

```
#define sct_fsm_reload_onMatch
          (value) do {LPC_SCT->
  MATCHREL[1].U = value;} while(0)
```

を使い，

```
sct_fsm_reload_onMatch(onVal + i +
                                j);
```

のように書くほうが，お行儀のよい書き方です．Red State Machine を使う場合，GUI で作成したイベントが何番のイベントに割り当てられるかは動的に変わるため，作成するイベントの数が多い場合は，上のように Red State Machine が生成するマクロを呼ぶのが安全な方法といえます．

第3章 パソコンとスマート・フォンの連携

外部機器との連携

本章では，パソコンやスマート・フォンと，LPC810との間で，データをやりとりする例をいくつかみていきます．パソコンに関しては，LPC810へのHEXファイルの書き込みにも用いているUSB-シリアル・アダプタを，そのままユーザ・コード動作時にも利用することで，LPC810とのデータのやりとりを行います．

スマート・フォンについては，プッシュ信号に用いられているDTMFでスマート・フォンに数字を送信する実験を行ってみます．

なお，PCとUSBでやりとりするマイコン・アプリケーションを作るという目的であれば，LPCシリーズの上位CPUを，USBインタフェース付きのボードに載せた多種多様なキットが既に数多く販売されています．価格面では，LPC810に1000円程度のUSB-シリアル・アダプタを使用すれば，基板やコネクタなどの価格を乗せても若干，上位CPUボードよりは安くなるものの，上位CPUボードの場合は搭載されているフラッシュやSRAMがLPC810に比べてかなり余裕があり，I/Oピン数も多くなります．サイズや消費電力の面でも，LPC810を使うほうが上位ボードよりは小さくなる可能性がありますが，PCに接続して使うという前提で考えると，決定的な差異になるかどうかは微妙なところでしょう．

LPC810を使うメリットとしては，既製品のボードではなく，自分で工作して作ることや，複数のUSB I/Oを作ってみたいが，同時に使用するのは一つ，というような場合，USB-シリアル・アダプタを差し替えて使うようにすることで，全体のコストをかなりおさえる[73]ことができる可能性がある，といったことが挙げられます．

これらのメリット・デメリットを考え合わせると，特に制約や前提のない状態で，PCのUSB I/OとしてLPC810を選ぶべきかどうかはケース・バイ・ケースで熟考する必要があると思います．

また，スマート・フォンに関しては，スマート・フォンをUSBホストとして使用するOTGケーブルを用い，USB-シリアル・アダプタを使う事例がありますが，スマート・フォン(Androidタブレットも含む)のOTG対応が機種ごとにバラバラであることや，アプリケーション開発には，それなりに手間もかかることから，再現性を確保することが容易でないと判断し，本書では見送ることにしました．

本章では，スタンドアロンでLPC810を使ってきた流れから，パソコンやスマート・フォンとのとのI/Oについても試してみたい，という，まずLPC810ありきの前提で話を進めます．

ROM UART API

● romuart.h

まず，ユーザ・コード実行時に，PCとのシリアル通信を行うために，ROMに存在するUARTのAPIを使えるようにします．I²CのROM APIのときと同様に，ROM内のAPI関数のアドレス構造に合わせた構造体を持つヘッダ・ファイルをインクルードし，その構造体のメンバとして，ROM UART APIの関数を呼び出すという流れが基本となります．必要な定数定義などもあわせて，ヘッダ・ファイル内で行います．

ROM内のUART APIの配置に合わせたヘッダ・ファイルromuart.hを，**図170**の内容で作成します．

図170のromuart.hは，基本的には，UM Chapter 25(pp.316-321)に記載されている構造体などをそのまま定義したもので，定数の定義名は，LPC Open Platformの記法に準じています．

---

73 この段落で言っているコストは，金額面での話で，上位CPUボードを選択した場合はI/O周りの回路の工作になるが，LPC810を使う選択とした場合には製作する分だけ，CPU周りについても工作する手間が追加で生じる．また，場合によっては記憶容量が少ないことからプログラミングに工夫が必要になる可能性もある．

図170 romuart.h(ROM UART APIを使用するためのヘッダ・ファイル)

```
#ifndef ROMUART_H_
#define ROMUART_H_

typedef void *UART_HANDLE_T;
typedef void (*UART_CALLBK_T)(uint32_t err, uint32_t n);

typedef struct UART_CONFIG {
     uint32_t sys_clk_in_hz;
     uint32_t baudrate_in_hz;
     uint8_t  config;
     uint8_t sync_mod;
     uint16_t error_en;
} UART_CONFIG_T;

typedef struct  uart_PARAM_T  {
     uint8_t  *  buffer ;
     uint32_t   size;
     uint16_t    transfer_mode;
     uint16_t   driver_mode;
     UART_CALLBK_T     callback_func_pt;
} UART_PARAM_T;

typedef struct UARTD_API {
     uint32_t (*uart_get_mem_size)(void);
     UART_HANDLE_T (*uart_setup)(uint32_t base_addr, uint8_t *ram);
     uint32_t (*uart_init)(UART_HANDLE_T handle, UART_CONFIG_T *set);
     //--polling functions--//
     uint8_t (*uart_get_char)(UART_HANDLE_T handle);
     void (*uart_put_char)(UART_HANDLE_T handle, uint8_t data);
     uint32_t (*uart_get_line)
            (UART_HANDLE_T handle, UART_PARAM_T * param);
     uint32_t (*uart_put_line)
            (UART_HANDLE_T handle, UART_PARAM_T * param);
     //--interrupt functions--//
     void (*uart_isr)(UART_HANDLE_T handle);
} UARTD_API_T ;

#ifndef __ROMCALL__
#define __ROMCALL__
typedef struct ROM_CALL {
     const uint32_t reserved1[5];
     const uint32_t *pI2C;
     const uint32_t reserved2[3];
     const uint32_t *pUARTD;
} ROM;
#define ROM_CALL_T ROM
#endif
////////////////////////////////////////////////////////////////////////////////
#define ROM_API_BASE       (0x1FFF1FF8UL)

#define ROM_UART ((UARTD_API_T *) ((*(ROM_CALL_T * *)(ROM_API_BASE))->pUARTD))
#define       UART_ROM_MEM (40)
#define       NO_ERR        0UL

#define TX_MODE_BUF_EMPTY                        (0x00)
#define RX_MODE_BUF_FULL                         (0x00)

/*!< 0x01: uart_get_line: stop transfer when CRLF are received */
/*!< 0x01: uart_put_line: stopped after reaching ¥0 and CRLF is sent out after that */
#define TX_MODE_SZERO_SEND_CRLF                  (0x01)
```

```
#define RX_MODE_CRLF_RECVD                          (0x01)

/*!< 0x02: uart_get_line: stop transfer when LF are received */
/*!< 0x02: uart_put_line: stopped after reaching ¥0. And LF is sent out after that */
#define TX_MODE_SZERO_SEND_LF                       (0x02)
#define RX_MODE_LF_RECVD                            (0x02)

/*!< 0x03: uart_get_line: RESERVED */
/*!< 0x03: uart_put_line: transfer stopped after reaching ¥0 */
#define TX_MODE_SZERO                               (0x03)
#define DRIVER_MODE_POLLING                         (0x00)      /*!< Polling mode */
#define DRIVER_MODE_INTERRUPT                       (0x01)      /*!< Interrupt mode */
#define DRIVER_MODE_DMA                             (0x02)      /*!< DMA mode */
////////////////////////////////////////////////////////////////////////////////
void ROM_UART0_Setup(uint32_t,uint16_t,uint16_t,uint16_t,
     UART_CALLBK_T (*txfunc)(uint32_t,uint32_t),
     UART_CALLBK_T (*rxfunc)(uint32_t,uint32_t) );
void UART0_IRQ_Enable(void);
void UART0_IRQHandler(void);
void ROM_UART0_send(uint8_t *, uint32_t);
void ROM_UART0_recv(uint8_t *, uint32_t);

#endif /* ROMUART_H_ */
```

● クロックの設定

以下，UART0 を，非同期モードで RS-232C として使う前提で説明を進めます．

UART0 を使うには，次の処理を行います．

1. バス(AHB)クロックを UART に供給する
2. UART0 をリセットする
3. クロックのディバイダを設定する
4. ROM API のハンドラを取得する
5. 取得したハンドラを使い，UART0 を初期化する

これらに加えて，送信時に割り込みを使う場合には，UART0_IRQn の NIVC 割り込みを停止した上で，割り込みをクリアし，再度割り込みを開始させる処理が必要になります．今回は，UART0 をポーリング・モードで使うので，この処理については省略します．

1～3 の処理は，次のようになります．

バス・クロックの供給
LPC_SYSCON->SYSAHBCLKCTRL のビット 14 を 1 にする
UART0 のリセット
LPC_SYSCON->PRESETCTRL のビット 3 を 0 にした後，1 にする
クロック・ディバイダの設定
LPC_SYSCON->UARTCLKDIV を 0 以外に設定する

具体的には，例えば以下のように記述します．

```
LPC_SYSCON->SYSAHBCLKCTRL |=
                          (1 << 14);
LPC_SYSCON->PRESETCTRL &=
                        ~(0x1 << 3);
LPC_SYSCON->PRESETCTRL |=
                         (0x1 << 3);
LPC_SYSCON->UARTCLKDIV = 1;
```

クロック・ディバイダは，後ほど説明する UART 用のクロック分周に関係したパラメータで，UART のクロック生成のもとになるクロックを，システム周波数からどれだけ分周するかを指定します．ここでは，1 を設定しているので，システム・クロックをそのまま使うようになっています．

4，5 の処理は，**図 170** の romuart.h で定義されている API 関数へのエントリを使って処理していきます．

● ハンドラ取得

ROM の UART API 関数を使うには，まず，UART_HANDLE_T 型のハンドラを定義し，`uart_setup()` 関数に，使用する系統の USART のレジスタにアクセスするためのアドレスベースと，ROM API が使うバッファ領域へのポインタとを渡し，以降の API 関数呼び出しで使用するハンドラを取得します．

LPC810 には，USART0 と USART1 の 2 系統があり，LPC8xx.h 内で定義されている LPC_USART0 と，LPC_

USART1が，それぞれのレジスタ・アドレスのベース・アドレスとなります．

バッファ領域は，ROM APIのuart_get_mem_size()をコールすると，40バイトと返ってくるので，その値を，**図170**のromuart.hの中でUART_ROM_MEMとして定義してあります．

uart_setup()などのAPI関数は，**図170**のROM_UART構造体のメンバとしてアクセスできるようになっているので，たとえば，USART0を使う場合は，

```
static UART_HANDLE_T *rs232c;
static uint8_t
        uartbuf[UART_ROM_MEM];

rs232c = ROM_UART->uart_setup
  ((uint32_t) LPC_USART0,uartbuf);
```

のようにすると，USART0[74]へのハンドラを取得することができます．以降のROM API関数の呼び出し時に，このハンドラをパラメータとして渡すことで，USART0を使ったシリアル通信を行うことができるようになります．

● USART/UART 初期化

本書では，UARTをパソコンとのRS-232C通信に使うため，ハンドラを取得した後は，uart_setup()関数でボー・レート[75]やパリティ，ストップ・ビットの設定を行います．パラメータは，UART_CONFIG_T型の変数のメンバに指定します．

たとえば，

```
uint32_t frgmult;
UART_CONFIG_T uconf =
     { 12000000,9600,1,0,NO_ERR};

rs232c = ROM_UART ->uart_setup
  ((uint32_t)LPC_USART0,uartbuf);
frgmult = ROM_UART
     ->uart_init(rs232c, &uconf);
LPC_SYSCON ->UARTFRGDIV =
                (uint32_t) 0xFF;
LPC_SYSCON ->UARTFRGMULT =
                        frgmult;
```

のようにすると，9600bps，8ビット，パリティなし，非同期，スタート／ストップ1ビット，でUSART0を初期化します．パラメータを格納するUART_CONFIG_Tのメンバは五つで，その概略は以下のとおりです．

1. システム・クロック(Hz)
2. ボー・レート[76](Hz)
3. ストップ・ビット長｜パリティ｜データ・ビット長
4. M/S｜Start/Stopビット有無｜クロック・エッジ選択｜同期／非同期
5. エラーの扱い(ノイズ，パリティ，フレーム，アンダーラン，オーバーラン)

これらのうち，三つ目のメンバは，uint8_t型で，下位5ビットが次のようなパラメータ指定になっています．

4	3	2	1	0
ストップ・ビット	パリティ		データ・ビット長	
0:1bit,1:2bits	00:N, 01:-, 10:E, 11:O		00:7, 01:8, 10:-,11:-	

上の表から，8ビット，パリティなし，ストップ・ビット長1，は，0 00 01，つまり1を指定すればよいことがわかります．

四つ目のパラメータは，同期・非同期の設定で，uint8_t型の下位4ビットが使われます．内容は，以下のとおりです．

3	2	1	0
マスタ／スレーブ	Start/Stop ビット	エッジ選択	同期／非同期
0：S 1：M	0：送る 1：送らない	0：ダウン 1：アップ	0：非同期 1：同期

これらのうち，ビット3とビット1は，RS-232Cを

74 USARTはUniversal Synchronous Asynchronous Receiver Transmitterで，LPC810のハードウェア上はUSARTと記載されているが，ROM APIの関数名はuartが使われている(UM p.316からのROM USARTのChapterも，USART ROM driver，と書かれているが，関数はすべてuartとなっている)．UARTはUSARTからSynchronousを省いたもので，非同期通信を行う限りはUSARTでもUARTでも同じことであるが，しばしば，UARTと表記されていても同期通信の記述が含まれていることがある．

75 Baudrateは1秒間の変調回数で，RS-232Cの場合はクロックの周波数になる．通信速度自体はbps(bit per second)で表したbitrateであるが，クロス接続で変復調装置(モデム)を挟まずにRS-232Cを使う場合はbaudrate = bitrateになる．1回の変調で1ビットと等しくないビットを送るモデムが間にある場合，モデム間でのbaudrateとbitrateは異なる．

76 今の場合，ボー・レートのHzとビット・レートのbpsが等しくなるので，以下，両者を特に区別せずに用いる．

使う場合には関係ありません．ビット2は，RS-232CではStart/Stopビットは必須なので，0を選択します．ビット0は，非同期通信なので，0を選択します．結局，RS-232Cを使用する場合は，このパラメータは，0を指定すればよいことがわかります．

五つめはエラー制御ですが，ここでは特にエラー対策はなしで使うので，NO_ERRを指定します．

残りの二つのパラメータ，システム・クロックとボー・レートは，単純に数値を指定します．ボー・レートは，RS-232Cの場合はクロックの周波数になりますが，UARTのクロック速度の調整は，以下のように一部をユーザ・コード側で行う必要があります．

```
frgmult = ROM_UART ->uart_init
                (rs232c, &uconf);
LPC_SYSCON ->UARTFRGMULT =
                        frgmult;
LPC_SYSCON ->UARTFRGDIV =
                (uint32_t) 0xFF;
```

流れとしては，ボー・レートを指定したUART_CONFIG_T型の変数を，`uart_init()`に渡すと，UARTFRGMULTというレジスタに設定するべき値が返り値として戻ってくるので，その値を，LPC_SYSCON->UARTFRGMULTにそのまま設定します．ボー・レートの決定に使用されるレジスタには，もう一つ，LPC_SYSCON->UARTFRGDIVというレジスタがありますが，これは常に0xFFを設定することになっているので，その値を設定します．

これで，指定したボー・レートでのRS-232C通信ができるようになっています．

●ボー・レートについて

UARTの初期化手続きとしては，上の流れで使えるようになりますが，ボー・レート設定の仕組みについても説明します．

基本的には，**図171**のように，SystemCoreClockをLPC_SYSCON->UARTCLKDIVで分周したクロックを(補正したほうが指定されたボー・レートに近くなる場合は)FRGで補正し，さらにBaudRate Generator(BRG)で分周してUARTのクロックを作ります．ただし，非同期モードの場合は，BRG×16で分周されます．

BRGの分周比は，LPC_USART0->BRGに設定した値に，+1したものが使われます．BRGはUSARTの系統ごとにレジスタがあるので，USART1の場合は，LPC_USART1->BRGが使われます．

USART0の場合に，BRG = LPC_USART0->BRG，UDIV = LPC_SYSCON->UARTCLKDIV，f_{baud}[Hz]をボー・レートとすると，基本的な関係は次のようになります．

$$U_{PCLK} = \frac{SystemCoreClock}{UDIV}$$

$$f_{baud} = \frac{U_{PCLK}}{16\times(BRG+1)} = \frac{SystemCoreClock}{16\times(BRG+1)\times UDIV}$$

上式で，SystemCoreClockとボー・レートとの比が整数でない場合には，さらにFRG(Fractional Rate Generator)の補正が入ります．FRGは，FRGMULTとFRGDIVを使い，それぞれ，LPC_SYSCON->UARTFRGMULTとLPC_SYSCON->FRGDIVのレジスタに設定します．FRGDIVのほうは，LPC_SYSCON->FRGDIVの値に+1したものが使われます．FDIV = LPC_SYSCON->FRGDIV，FMUL = LPC_SYSCON->FRGMULTとすると，補正式は，

$$f_{baud} = \frac{U_{PCLK}}{16\times(BRG+1)}\cdot\frac{(FDIV+1)}{FMUL+(FDIV+1)}$$

となります．ここで，LPC-SYSCON->UARTFRGDIVは，UM p.39から，Fractional Rate Generatorを使う場合は，常に0xFFと指定されているので，この値を設定します．式からわかるように，FMUL = 0であれば，(FDIV + 1)/(FDIV + 1) = 1なので，FRGの補正は入りません．

なお，(FDIV + 1)/(FMUL + (FDIV + 1))の式は，先に分子を掛けてから分母で割る切り捨て計算とします．この分数を整数計算で先に計算してしまうと，変数の値域から常に(分子)≦(分母)なので，1(分子＝分母のとき)，もしくは0となってしまいます．

実際には，`uart_init()`には，システム・クロックとボー・レートを渡して初期化するので，パラメータの計算の過程は次のようになります．今回はROM APIにあわせてUDIV = 1なので，U_{PCLK} = SystemCoreClockです．

$$BRG = \left[\frac{\left[\frac{U_{PCLK}}{16}\right]}{f_{baud}}\right]-1$$

$$FDIV = 255$$

$$FMUL = \left[\frac{\left\{\left[\frac{U_{PCLK}}{16}\right]\times(FDIV+1)\right\}}{\{f_{baud}\times(BRG+1)\}}\right]-(FDIV+1)$$

ここで，[…]はガウスの記号で，[x]はxを超えな

い最大の整数，つまり切り捨ての計算を行うことを意味します．パラメータ計算は，uint32_t で行っているため，このようになります．

システム・クロックがボー・レートの整数倍の場合には，

$$f_{baud} \times (BRG+1) = \frac{U_{PCLK}}{16}$$

なので，FMUL は(FDIV + 1) − (FDIV + 1) = 0 となります．システム・クロックの 1/16 とボー・レートが整数比になっていない場合，先に行う BRG の計算で切り捨てが発生しているので，

$$\left[\frac{U_{PCLK}}{16}\right] > f_{baud} \times (BRG+1)$$

となっていて，FRG の補正を入れたほうが，指定されたボー・レートに近くなる場合には，FMUL ≠ 0 となります．ただし，上の不等式の左辺と右辺の差が小さい場合は，クロック比が整数でない場合でも，FMUL = 0 となります．

例えば，ボー・レートとして，9600bps を指定した場合，$U_{PCLK}/16$ = 750000，BRG = 77，で，$f_{baud} \times (BRG+1)$ = 748800 です．確かに，$U_{PCLK}/16 > f_{baud} \times (BRG+1)$ ですが，FMUL の式では，先に分子，分母の｛ ｝の中の掛け算を実行してから切り捨ての割り算を行うので，分子は，750000×256 = 192000000，分母は，748800 で，192000000/748800 = 256.41 となり，切り捨てを行うと 256 − 256 = 0 となって，FMUL = 0 になります．この場合に得られるボー・レートは，9615bps で，9600 に一致しませんが，FMUL ≠ 0 としても，これ以上は補正しきれないということになります．

FMUL ≠ 0 の例としては，例えばボー・レートを 38400 と指定すると，BRG = 18 で，この場合，$f_{baud} \times (BRG+1)$ = 729600 となり，192000000/729600 = 263.15 なので，切り捨てても 263 となり，FMUL = 263 − 256 = 7 となります．ただし，この場合も得られるボー・レートは，38422bps で，ぴったりは一致しません．これが精いっぱいの補正ということになります．

FRG と FDIV から決まるボー・レート計算の補正係数を C と書くと，

$$C = \frac{FDIV+1}{FRG+(FDIV+1)}$$

で，FDIV = 0 ～ 255，FRG = 0 ～ 255，です．FDIV は常に 255 を指定すると書きましたが，FDIV(FRGDIV)を 0，127，255 としたとき，FRG(FRGMULT)を 0 ～ 255 で動かした場合の補正係数 C をプロットしてみると，**図 172** のようになっています．

図 172 をみると，FDIV = 255 と指定したときが，もっとも細かく補正ができるということがわかります．実際，式の形は，d/(f + d)という形なので，d = 1 (FDIV = 0)のときは，f(FRGMULT)が 0 なら 1/1，f が 1 なら 1/2 と，FRGMULT が 0 から 1 になっただけで補正係数が 1 から 1/2 になるという変わり方をします．一方，d = 256(FDIV = 255)のときは，f = 0 で 1 は FDIV によらず共通ですが，f = 1 で 256/257 ～ 0.9961 で，1 − 0.9961 は 0.0003891 = 0.3891% なので，これが FRG の仕組みで生成できる最小の補正率となります．つまり，補正係数の式の形から，細かく補正したければ，FDIV が大きいほど有利なので，FDIV

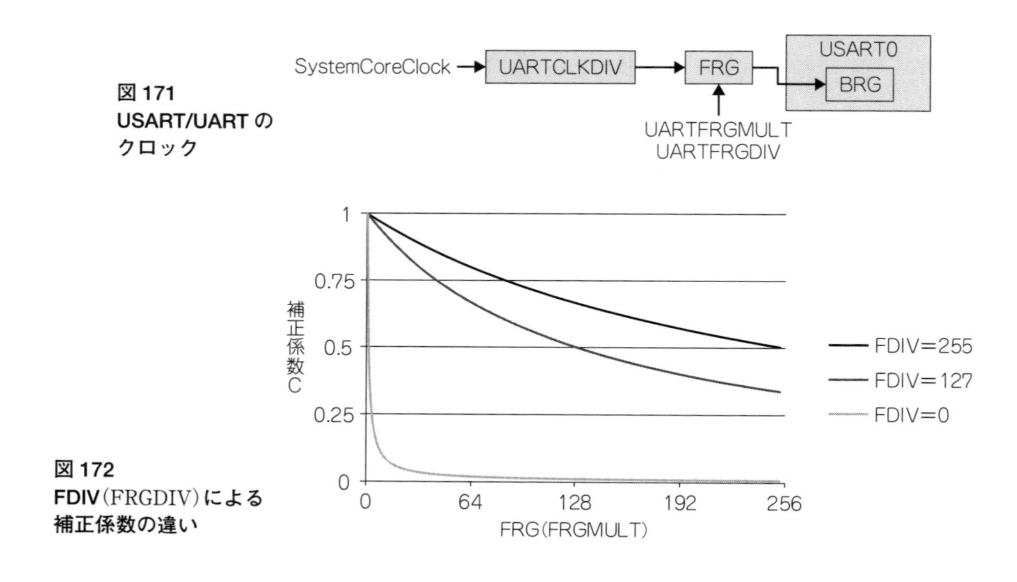

図 171 USART/UART のクロック

図 172 FDIV(FRGDIV)による補正係数の違い

= 255と指定するようにとマニュアルに記載されているわけです．

係数Cは，定義とFRGDVI，FRGMULTの範囲から，常に$C \leq 1$です．BRGによる粗いボー・レート生成を$\hat{b}$，指定されたボー・レートをbとすると，BRGの決定が$\hat{b} > b$となるように行われているので，$\hat{b} \times C > b$であれば$\hat{b} \geq \hat{b} \times C > b$で，補正したほうが指定のボー・レートに近くなりますが，逆に，$\hat{b} \times C < b$となるようであれば，$b - \hat{b} \times C > \hat{b} - b$のときは補正しないほうが指定のボー・レートに近くなります．これは$2/(1 + C) > \hat{b}/b$を導くので，$C = 0.9961$を代入すると，結局，$1.00195 > \hat{b}/b$のときは，FRGMULT = 0としたほうが指定のボー・レートに近くなります．

先ほどの例で，9615/9600 = 1.0016なので，この場合はFRGMULT = 0になるわけです．38400を指定したときは，12000000/(16*(18+1)) = 39474なので，39474/38400 = 1.0278となるため，FMUL = 7として補正した方が38400に近くなります．

仕組みは以上のように若干煩雑な計算ですが，結局，調整に関係するパラメータは，BRGとFMUL(FRGMULT)の二つで，`uart_setup()`をコールすると，BRGが`uart_setup()`内で適切に設定され，FRGMULTとして設定するべき補正値を戻り値として返してくるということです．

つまり，実際に使う分には，前項のサンプル・コードで見たように，システム・クロックとボー・レート，通信パラメータを指定して，`uart_steup()`を呼び出した上で，次のようにすればよいことになります．

ユーザ・コードで設定する
- MULT
  - LPC_SYSCON->UARTFRGMULT
  - `uart_setup()`の戻り値を指定
- DIV
  - (LPC_SYSCON->UARTFRGDIV) + 1
  - 常に(0xFF) + 1 = 256

APIで設定される
- UARTCLKDIV
  - LPC_SYSCON->UARTCLKDIV
  - 通常は1になっている
- BRG
  - (LPC_USART0->BRG) + 1
  - Baud Rate Generatorレジスタ

これで，可能な限り指定のボー・レートに近い値がUSART/UARTに設定されます．

なお，設定可能なクロックの範囲については，UARTCLCKDIVを1として，BRG = 0としたとき，12MHz動作時のSystemCoreClock/16は，750000で，FRGは式の形から明らかなようにクロックを低くする方向への補正であるため，12MHz動作時のUARTボー・レートは，750000bpsまでとなります．下限に関しては，ボー・レートが整数型であるため，1bpsが下限となります．BRGレジスタが16bit，FRGMULTレジスタが8bitのため，UARTCLKDIV = 1かつFRGDIV = 255の条件下では，5bpsまでしか設定できませんが，FRGDIV = 55～25の範囲にする，もしくは，UARTCLKDIVを1より大きくすることで，1bpsまでは設定が可能です．

●送受信関数

データの送受信には，`uart_put_line()`と`uart_get_line()`を使います．これらの関数は，どちらも，UART_HANDLE_T*のハンドラと，UART_PARAM_T*の送受信パラメータの二つを引き数として指定して呼び出します．ハンドラは，ここまでのサンプル・コードで出てきた表記でいえば，UART_HANDLE_T *rs232c;として宣言して，`uart_setup()`で取得しているrs232cです．

送受信パラメータを指定するUART_PARAM_Tは，以下のメンバをもつ構造体です．

```
uint8_t * buffer ;
uint32_t size;
uint16_t  transfer_mode;
uint16_t driver_mode;
UART_CALLBK_T   callback_func_pt;
```

ここで，bufferは自分で用意する送受信用のバッファ，sizeは送受信のサイズをバイト単位で指定するものです．

次のtransfer_modeは，**図170**のromuart.hで定義しているシンボルから選択して指定します．送信，受信，それぞれに，次のモードが指定可能です．

送信
- TX_MODE_BUF_EMPTY
  - 送信バッファが空になるまで送信
- TX_MODE_SZERO_SEND_CRLF
  - '¥0'まで送信してCR + LFを付加
- TX_MODE_SZERO_SEND_LF
  - '¥0'まで送信してLFを付加
- TX_MODE_SZERO
  - '¥0'まで送信

受信
- RX_MODE_BUF_FULL
  - バッファが一杯になるまで受信

RX_MODE_CRLF_RECVD
　CR + LF が送られてくるまで受信
RX_MODE_LF_RECVD
　LF が送られてくるまで受信

続く driver_mode は，ポーリングか，割り込みでコールバックさせるかの選択で，以下のいずれかを指定します．

DRIVER_MODE_POOLING
　ポーリング・モードで送受信
DRIVER_MODE_INTERRUPT
　割り込みモードで送受信

割り込みモードを選択する場合は，コールバックを処理する関数を自分で用意し，五つ目の callback_func_pt に関数ポインタを指定する必要があります．ここでは，割り込みモードを使用しないので，詳細は省略します．なお，LPC シリーズの上位のモデルでは，このほかに，DMA モードが使用できますが，LPC810 は DMA を持たないので，使用することはできません．

ポーリング・モードで送受信する場合は，たとえば，以下のようにして送受信関数を使います．

```
#include <string.h>
#include "romuart.h"

//    UART 初期化コード(ここまでのサンプル・
                              コードの処理)

#define COM_BUF_LEN 128
uint8_t msg[COM_BUF_LEN];
static uint8_t ent[] = "¥n";

UART_PARAM_T u_param =
  { NULL, 0, 0 ,
        DRIVER_MODE_POLLING,NULL};

u_param.transfer_mode =
                   RX_MODE_CRLF_RECVD;
u_param.buffer = msg;
u_param.size = sizeof(msg)/
                     sizeof(uint8_t);
ROM_UART->uart_get_line(rs232c,
                           &u_param);

u_param.transfer_mode =
           TX_MODE_SZERO_SEND_CRLF;
u_param.buffer = msg;
u_param.size =
              strlen((char *)msg);
ROM_UART->uart_put_line
               (rs232c, &u_param);

u_param.buffer = ent;
u_param.size = 1;
ROM_UART->uart_put_line
               (rs232c, &u_param);
```

このコードは，PC から送られてくる文字列をエコー・バックするだけの単純なものです．実際には，送受信の部分は，`while(1)` のループの中に入れて使います．PC 側では，通信時の改行コード設定を送受信とも CR + LF にする必要があります．送受信とも CRLF は，終端記号として扱われ，送受信のデータには含まれないため，上のサンプル・コードではエコー・バックしたあとに，`"¥n"` を 1 文字だけ送るようにしています．また，このコードでは，行単位での処理をしているため，PC 側のシリアル端末ソフトでは，ローカル・エコーを有効にしていない場合，入力した文字は，Enter キーで LPC810 に送信した後でなければ画面に表示されません[77]．

シリアル通信の動作確認

ここまでで，ROM の UART API を使う手順を一通り説明してきました．次に，実際に LPC810 と PC との間でのシリアル通信の動作を確認してみましょう．

● ユーザ・コード動作回路

パソコンとのシリアル通信を使う場合，書き込み時のシリアル接続を，そのまま流用すると楽に設定できます．回路構成は，**図 173** のようになります．これは，ISP でフラッシュに書き込むときの接続と同じです．これまでのスタンドアロンでの実験をブレッドボードで行う場合，**図 174** のようにユーザ・コード動作部にシリアルの接続を延長するやり方でもできます．

書き込み時には，**図 175** のように 5 番ピンを GND に接続し，ユーザ・コード動作時には，**図 176** のよ

77 きちんとした対話型の端末を構成する場合は，LPC810 側でエコーを有効にした上で `uart_get_char()` を使うなどのちゃんとした記述を行う必要がある．本書では動作確認の本例は例外として，PC との通信で対話型の端末を構成するわけではないので，その処理については省略する．

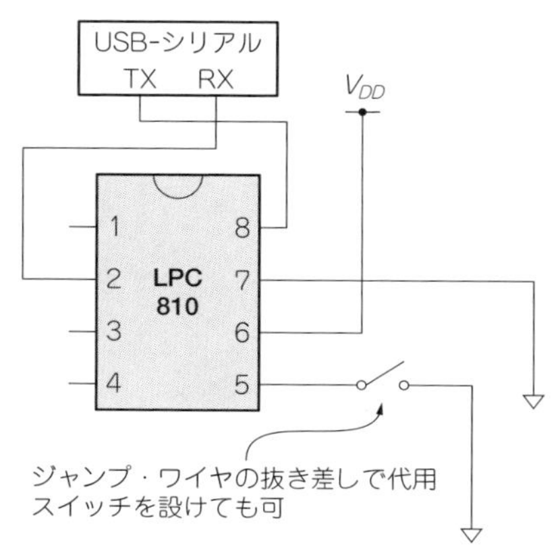

図 173　シリアル動作テストの回路

うに5番ピンとGNDの接続を解除して，それぞれ電源を入れると，LPC810を差し替えることなく，書き込みと動作確認を連続して行うことができます．

もちろん，これまでのスタンドアロンの実験で書き込みに使ってきた，ブレッドボード上部の回路をそのまま使ってもかまいません．**図 174** のように実装する理由は，このあと，シリアル経由で使用するためのLPC810側のパーツを実装する際に，上部の書き込み回路よりは，下部のユーザ・コード動作回路に組んだほうが，スタンドアロン時との兼用が若干楽になるというほどのことなので，上部，下部，どちらで実験するかは，好みで選択してかまいません．

● Switch Matrix Toolの設定

シリアル通信の実験では，ユーザ・コード動作モー

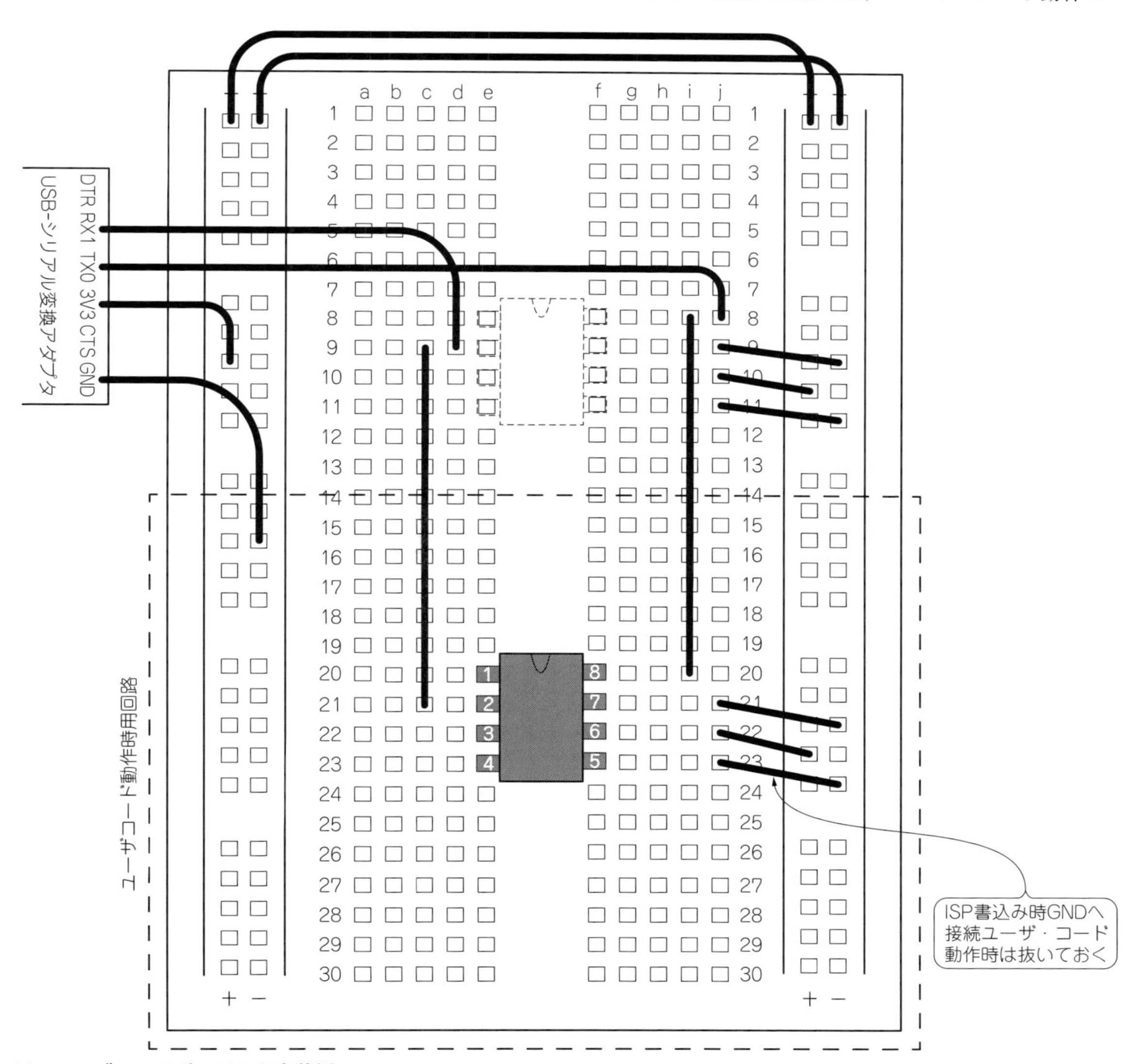

図 174　ブレッドボード上の実装例

図 175　シリアル動作テストの書き込み時

図 176　シリアル動作テストのユーザ・コード動作時

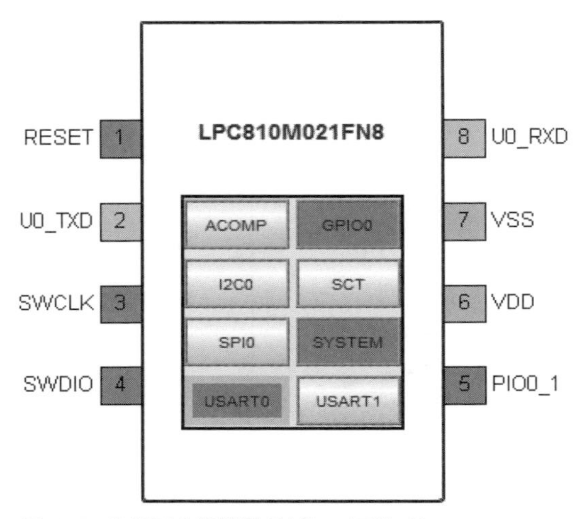

図 177　シリアル実験時のピン・アサイン

ドでの起動時にもUART0のRXとTXをピンにアサインして使います．既に述べてきたように，ISP時のUARTアサインと同じにしておくとよいでしょう．**図177**のように，Switch Matrix ToolでUSART0を選択し，ピン2をU0_TXD，ピン8をU0_RXDに設定しておきます．

シリアル通信の実験用に，たとえばROMUARTのプロジェクト名でプロジェクトを作成し，swm.cとtype.hをエクスポートしておきましょう．

●シリアル動作確認ユーザ・コード

シリアル通信のエコー・バック・テストのユーザ・コードは，**図178**のようになります．

行単位でPCからの送信文字列を読み込み，そのままエコー・バックしたあとに，行を変えるために，`"¥n"`を送信するだけのプログラムです．

図178をコンパイルし，**図175**のように，ピン5をGNDに接続した状態で起動したLPC810に書き込んだ後，一旦電源を落とし，**図176**のように，ピン5をGNDから切り離して起動すると，PCとのシリアル通信を待機する状態になります．

●エコー・バック・テスト

エコー・バックのテストには，Flash Magicのターミナルを使います．**図179**のように，Flash Magicのメニューから，Tools→Terminalとして，ターミナルの設定ダイアログを表示させます．

設定画面は，**図180**のようになっています．通常は，そのままOKをクリックします．ISP書き込みに使っているFlash Magicであれば，書き込み時に使っているパラメータがそのまま入っているはずなので，書き込みができていれば，同じ設定で通信ができます．

もし，COM Portが異なっていたり，そのほかの条件が，**図180**と異なっていたりした場合は，**図180**のパラメータに合わせてください．COM Portは，環境によって異なるので，**図180**のとおりではなく，自分の環境のCOM Port番号にします．

設定を行ってOKをクリックすると，**図181**のようなターミナルが表示されるので，下部の白いInputの領域に，何かASCII文字(半角の文字)を入力し，Enterを押すと，上部の黒いOutputの領域に入力した文字がエコー・バックされます．全角の文字は，Flash Magicが対応していないのでうまく表示されません．

`uart_get_line()`が，文字を受け取って処理が戻ってくると，ポインタで渡しているu_paramのu_param.sizeには，受信した文字数が入っています．**図178**のコードでは，受信文字数が0のときはエコー

図 178　エコー・バック・テストのユーザ・コード

```
#ifdef __USE_CMSIS
#include "LPC8xx.h"
#endif

#include <cr_section_macros.h>
#include <string.h>
#include "romuart.h"

static UART_HANDLE_T *rs232c;
static uint8_t uartbuf[UART_ROM_MEM];

#define COM_BUF_LEN 128
static uint8_t msg[COM_BUF_LEN];
static uint8_t ent[] = "¥r¥n";

extern void SwitchMatrix_Init();
int main(void) {
      SwitchMatrix_Init();
      uint32_t baudrate = 9600;

      LPC_SYSCON ->SYSAHBCLKCTRL |= (1 << 14); // UART Clock
      LPC_SYSCON ->PRESETCTRL &= ~(0x1 << 3);  // UART reset
      LPC_SYSCON ->PRESETCTRL |= (0x1 << 3);   // resume reset
      LPC_SYSCON ->UARTCLKDIV = 1;             // Clock Divider

      uint32_t frgmult;
      UART_CONFIG_T uconf = { SystemCoreClock,baudrate,1,0,NO_ERR};
      rs232c = ROM_UART ->uart_setup((uint32_t)LPC_USART0,uartbuf);
      frgmult = ROM_UART ->uart_init(rs232c, &uconf);
      LPC_SYSCON ->UARTFRGDIV = (uint32_t) 0xFF;
      LPC_SYSCON ->UARTFRGMULT = frgmult;

      volatile int i;
      for(i = 0; i<COM_BUF_LEN; i++) msg[i] = '¥0';
      while (1) {
             UART_PARAM_T u_param =
                    { NULL, 0, 0 , DRIVER_MODE_POLLING,NULL};

             u_param.transfer_mode = RX_MODE_CRLF_RECVD;
             u_param.buffer = msg;
             u_param.size = COM_BUF_LEN - 1;
             ROM_UART->uart_get_line(rs232c, &u_param);

             if( u_param.size > 0 ) {
                    u_param.transfer_mode = TX_MODE_SZERO_SEND_CRLF;
                    u_param.buffer = msg;
                    ROM_UART->uart_put_line(rs232c, &u_param);

                    u_param.buffer = ent;
                    u_param.size = 2;
                    ROM_UART->uart_put_line(rs232c, &u_param);
             }
      }
      return 0;
}
```

を返さないようにしているので，空打ちした場合は，エコー・バックが戻りません．

また，ターミナル側で，`uart_get_line()` に呼び出し時に渡した，u_param.size の文字数を超えても，Enter を叩かない場合は，いったん u_param.size に指定された文字数分だけを受信バッファに格納して，`uart_get_line()` から処理が返ってくる仕様になっています．

図179　Flash Magicのターミナル

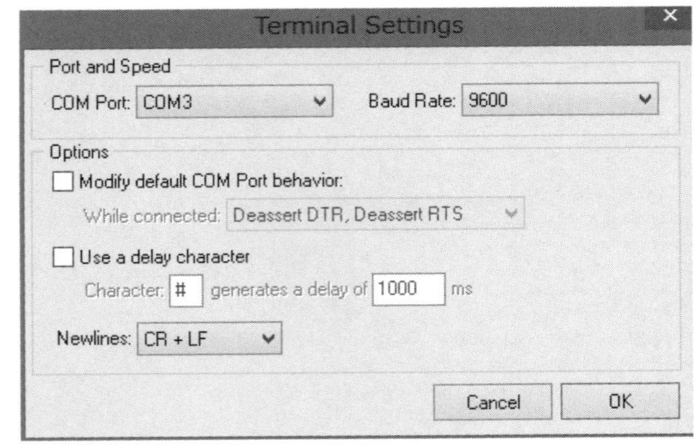

図180
通信条件の設定

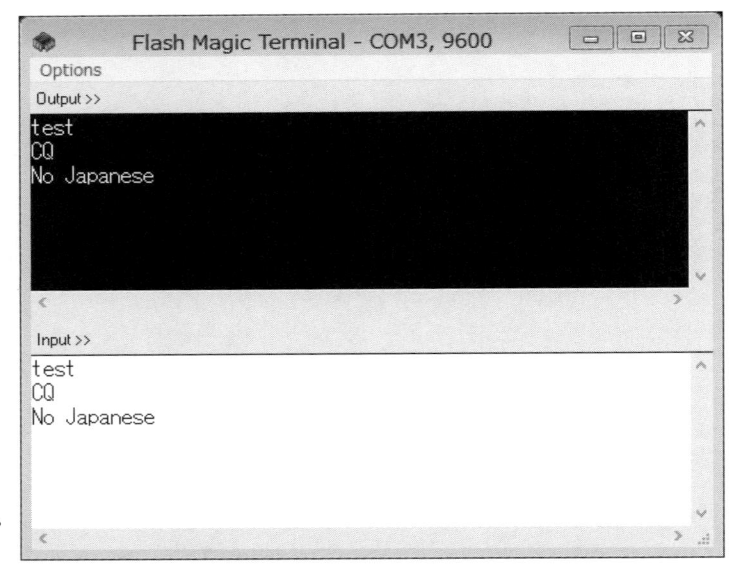

図181
ターミナルでのエコー・バックのようす

簡易パルス・ジェネレータ

本節では，SCTを使った方形波発信の周波数を，パソコンからUSB-シリアル経由で変更する，簡易版のパルス・ジェネレータを作ってみます．

フラッシュ容量の厳しいLPC810であることを考慮し，ユーザ・インターフェースは，複雑なことを考えず，周波数の設定は，Flash Magicのターミナルから直接周波数を打ち込むことで行い，数値として解釈できない文字列がPCから送られた場合は，現在の設定周波数を返すという簡略な仕様で作成してみます．

以下，プロジェクト名をPGとして，CMSIS_COREをインポートし，HEXファイルの生成設定を行ったものとして説明をしていきます．

● ユーザ・コード動作回路

パルス・ジェネレータのユーザ・コード動作回路は，シリアル動作確認の回路と同じです．波形の出力ピンは，**図182**のように，パッケージ・ピンの3番に割り当てます．パルス・ジェネレータの動作確認としては，オシロスコープか周波数カウンタがあればダイレクトに確認できますが，手元にない場合は，MRTの実験で使用した圧電スピーカをつなぎ，可聴域で周波数を変更することで確認してみてください．

● Switch Matrix Toolの設定

Switch Matrix Toolのピン・アサインは**図183**のように設定します．UARTのピンはISP書き込み時と同じ配置にします．方形波の出力はSCTのCTOUT_0をパッケージ・ピンの3番に割り当てて使います．

図183のように，ピン・アサインを設定した状態で，プロジェクトのsrcフォルダにswm.cとtype.hをエクスポートし，type.hの64ビット型の定義をコメント・アウトします．

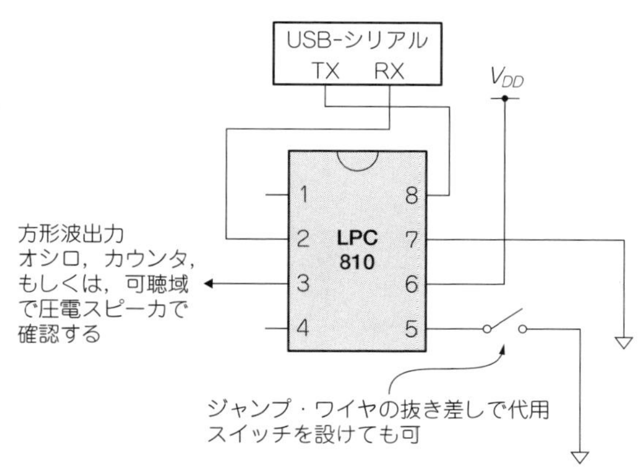

図 182　簡易パルス・ジェネレータの回路

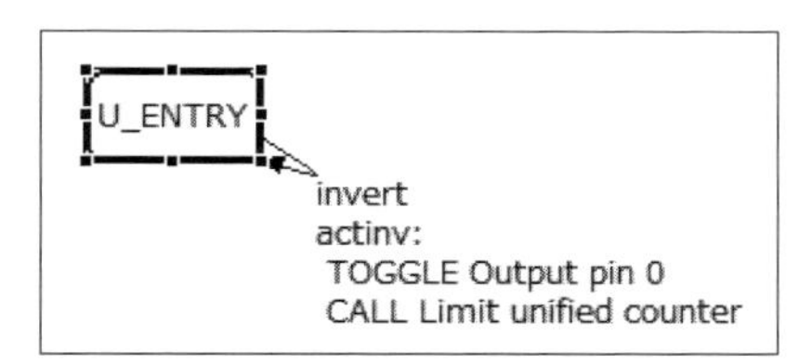

図 184　Red State Machine の状態定義

● Red State Machine の設定

SCT は，単純なカウンタとして使用し，上限にマッチしたら CTOUT_0 の出力を反転させてカウンタを 0 に戻すことでデューティ比 50% 固定の方形波を生成します．

File から，New → Other で，Red State Machine file generator を選択し，プロジェクト PG の src フォルダに，LPC810 を target として Red State Machine のファイルを作成します．

Red State Machine の設定は，U_ALWAYS を使わない(ダイアログでチェックを外す)設定で，U_ENTRY のみを使います．まず，GUI 画面で Transition を選び，U_ENTRY をダブル・クリックして，**図 184** のように U_ENTRY から U_ENTRY に戻る状態遷移を作成します．**図 184** はシグナルなどの定義がすべて終わった状態のスナップショットなので，作成した直後は，状態遷移の矢印には，no action, no signal が赤字で表示されています．

次に，**図 185** のように，Input for State Machine の欄に，

```
fcount     const int        12000
invert     Match Unified    fcount
```

の二つの Inputs を追加します．今回は，fcount にマッチするごとに，CTOUT_0 を反転させるアクションをこの後定義して使います．マッチごとに出力を反転するので，2 回のマッチが 1 周期になることから，マッチするカウンタ値を，N_c，システム・クロックの周波数を，f_s [Hz] とすると，得られる方形波の周波数 f_p [Hz] は，次のように決まります．

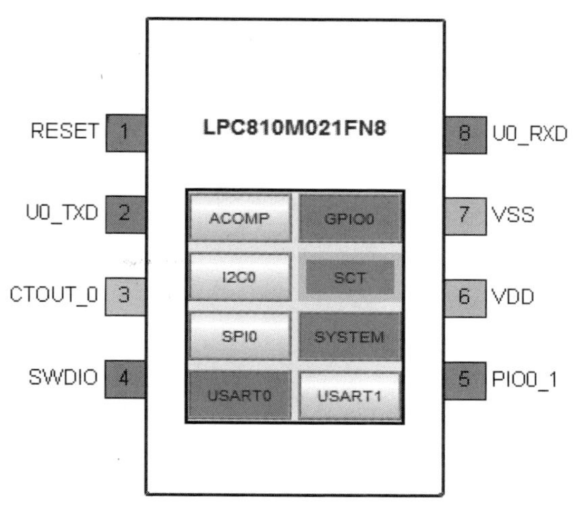

図 183　簡易パルス・ジェネレータのピン・アサイン

Inputs for State Machine

Name	Type	Source
Input pin 0	bool	CTIN_0
Input pin 1	bool	CTIN_1
Input pin 2	bool	CTIN_2
Input pin 3	bool	CTIN_3
fcount	const int	12000
invert	Match Unified	fcount

図 185　入力定義．一定間隔で CTOUT_0 を反転させる

$$f_p = \frac{f_s}{2N_c}$$

カウンタの初期値が，$N_c = 12000$ なので，周波数の初期値は 500[Hz] となります．

続いて，**図 185** で定義した invert の Match Unified を使い，**図 186** のように，

```
siginv     invert:invert
```

というシグナルを定義します．**図 184** の U_ENTRY から U_ENTRY に入る状態遷移をトリガするイベントとして，設定したカウンタ値にマッチするイベントを使うという設定です．

このマッチ・イベントのシグナルでトリガされるイベントのアクションは，**図 187** のように二つのオペ

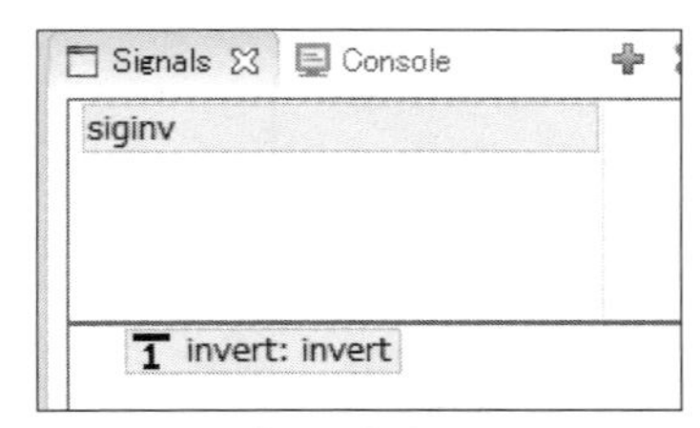

図186　シグナル定義

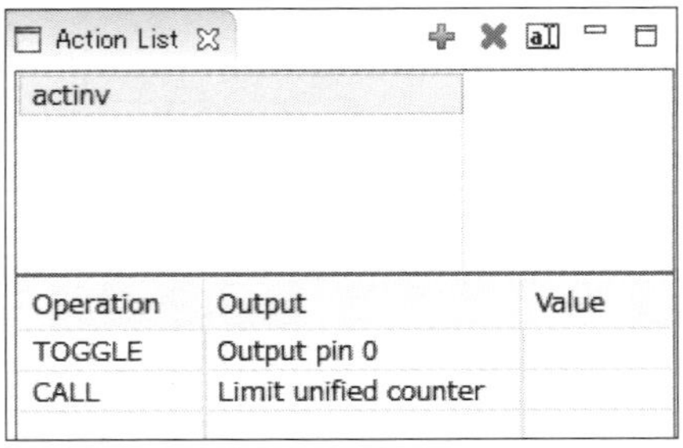

Operation	Output	Value
TOGGLE	Output pin 0	
CALL	Limit unified counter	

Action List

actinv

図187
アクション定義．マッチしたらCTOUT_0を反転し，カウンタ・リセットを行う

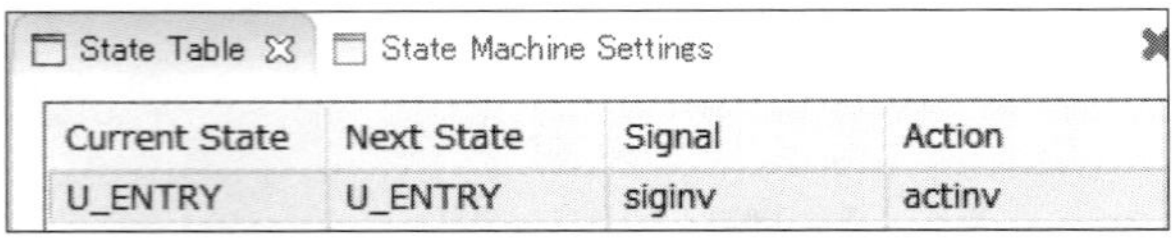

State Table　State Machine Settings

Current State	Next State	Signal	Action
U_ENTRY	U_ENTRY	siginv	actinv

図188
状態遷移表(State Table)

レーションを定義しておきます．

```
TOGLLE    Output pin 0
CALL      Limit unified counter
```

　このアクションを状態遷移のアクションに設定することで，カウンタが設定にマッチするごとに，CTOUT_0が反転し，カウンタが0に戻るという動作を行うようにします．

　ここまでの定義が終わったら，**図188**のように，状態遷移表(State Table)のSignalとActionに，それぞれ，**図186**と**図187**とで定義したシグナルとアクションを関連付けます．

　設定内容は以下のようにします．

```
CurrentState   Next State   Signal   Action
U_ENTRY        U_ENTRY      siginv   actinv
```

　これで，初期状態では，カウンタがfcount = 12000にマッチしたときに，CTOUT_0が反転し，カウンタが0に戻る，というSCTの動作が定義できていて，GUIの表示は，**図184**のようになっています．

　状態定義が完了したら，[Generate Code]をクリックすると，プロジェクトPGのsrcフォルダに，sct_fsm.c，sct_fsm.h，sct_user.hの三つのファイルが生成されます．

　sct_fsm.cの中には，

```
LPC_SCT->MATCHREL[0].U = fcount;
```

という1行が含まれているので，main.cの中で，シリアル経由でPCから送られてきた値に，`LPC_SCT->MATCHREL[0].U`を書き換えることで，SCTが生成する方形波の周波数を変更するようにプログラムを記述します．

●簡易パルス・ジェネレータのユーザ・コード

　簡易パルス・ジェネレータのユーザ・コードは，**図189**のようになります．プロジェクトをビルドし，Flash MagicでLPC810に書き込みます．

　ここで行っている処理は，SCT，UART，SWMの初期化とピン・アサインです．`while()`ループの中では，PCからの入力があれば，それを解析して有効な周波数範囲であれば，SCTの`MATCHREL[0].U`を更新して周波数を変更するという流れになっています．

　LPC810では，フラッシュの容量が厳しいため，Cの標準関数である`atoi()`，`atol()`や，`sprintf()`などをリンクしようとすると，それだけでフラッシュの容量をオーバーしてしまいます．そのため，RS-232Cから送られてくる文字列の数値化や，LPC810側の設定周波数を送る時の数値の文字列化については，最低限の処理を記述した関数を用意して行っています．

●動作確認

　パルス・ジェネレータの波形出力はパッケージ・ピンの3番に割り当てています．起動直後のデフォルトの周波数は500Hzで可聴域なので，オシロなど波形や周波数を測定する機器が手元にない場合は，3番ピンに圧電スピーカを接続すると500Hzの方形波の音が聞こえてきます．

　図190が起動直後の500Hzの波形(横軸1目盛=2ms)で，手元のオシロスコープの周波数カウントでは，499.4Hz±0Hzとなっており，まずまずの精度といえます．

　周波数を変更するには，**図191**のように，Flash MagicのTools→Terminalでターミナルを開き，Input欄に整数を入れると，その周波数に変更されます．Inputの欄に，数字として解釈できない任意の文字列を入力して送ると，現在の周波数を返してきます．**図191**は起動直後に`'aaa'`と送ったようすで，

図189　簡易パルス・ジェネレータのユーザ・コード

```
/*
 ===============================================================================
 Name        : main.c
 Author      : $(author)
 Version     :
 Copyright   : $(copyright)
 Description : main definition
 ===============================================================================
 */

#ifdef __USE_CMSIS
#include "LPC8xx.h"
#endif

#include <cr_section_macros.h>
#include <string.h>
#include "romuart.h"
#include "sct_fsm.h"

static UART_HANDLE_T *rs232c;
static uint8_t uartbuf[UART_ROM_MEM];

static void reply(uint8_t *smsg) {
     static uint8_t ent[] = "¥r¥n";
     UART_PARAM_T rep_param =
            { NULL, 0, TX_MODE_SZERO_SEND_CRLF , DRIVER_MODE_POLLING,NULL};

     rep_param.buffer = smsg;
     rep_param.size = strlen((char *)smsg);
     ROM_UART->uart_put_line(rs232c, &rep_param);

     rep_param.buffer = ent;
     rep_param.size = 2;
     ROM_UART->uart_put_line(rs232c, &rep_param);
}

int32_t com2freq(uint8_t *c) {
     int32_t i = 0,f=0;

     while( c[i] != '¥0' && c[i] >= '0' && c[i] <= '9' ) {
            f = f*10 + (c[i] - '0');
            i++;
     }
     if( c[i] != '¥0' ) f = -1;
     if( f > 6000000  ) f = 6000000;

     return f;
}

uint32_t num2decstr(uint8_t s[], uint32_t n) {
     register uint32_t p=1000000000;
     volatile int i=0;

     while(n/p == 0 && p > 0) {
            p /= 10;
     }
     if( p == 0 ) {
            s[i++] = '0';
     } else {
            while(p>0) {
                   s[i] = n/p + '0';
                   n %= p;
```

図189　簡易パルス・ジェネレータのユーザ・コード(つづき)

```
                p /= 10;
                i++;
            }
    }
    s[i++] = '¥0';

    return i-1;
}

#define COM_BUF_LEN 11
uint32_t baudrate = 9600;

extern void SwitchMatrix_Init();
int main(void) {
    LPC_SYSCON->SYSAHBCLKCTRL |= (1 << 8);
    SystemCoreClockUpdate();

    SwitchMatrix_Init();
    sct_fsm_init();

    LPC_SYSCON ->SYSAHBCLKCTRL |= (1 << 14); // UART Clock
    LPC_SYSCON ->PRESETCTRL &= ~(0x1 << 3);  // UART reset
    LPC_SYSCON ->PRESETCTRL |= (0x1 << 3);   // resume reset
    LPC_SYSCON ->UARTCLKDIV = 1;             // Clock Divider
    LPC_SCT->CTRL_L &= ~(1<<2);

    uint32_t frgmult;
    UART_CONFIG_T uconf = { SystemCoreClock,baudrate,1,0,NO_ERR};
    rs232c = ROM_UART ->uart_setup((uint32_t)LPC_USART0,uartbuf);
    frgmult = ROM_UART ->uart_init(rs232c, &uconf);
    LPC_SYSCON ->UARTFRGDIV = (uint32_t) 0xFF;
    LPC_SYSCON ->UARTFRGMULT = frgmult;

    static uint8_t combuf[COM_BUF_LEN];
    volatile int i;
    for( i=0; i< COM_BUF_LEN; i++ ) combuf[i] = '¥0';

    UART_PARAM_T com_param =
            { combuf, COM_BUF_LEN-1, RX_MODE_CRLF_RECVD ,
                DRIVER_MODE_POLLING,NULL};
    int32_t freq = SystemCoreClock/2/fcount;
    uint32_t curfreq = freq;
    uint8_t fstr[11] = "0000000000";
    while (1) {
            com_param.size = COM_BUF_LEN-1;
            ROM_UART->uart_get_line(rs232c, &com_param);
            if( strlen((char *) combuf ) > 0 ) {
                freq = com2freq(combuf);
                if( freq > 0 ) {
                    curfreq = freq;
                    LPC_SCT->MATCHREL[0].U =
                    SystemCoreClock/(curfreq*2)-1;
                    reply((uint8_t *)"OK");
                } else {
                    num2decstr(fstr,curfreq);
                    reply(fstr);
                }
            }
    }
    return 0;
}
```

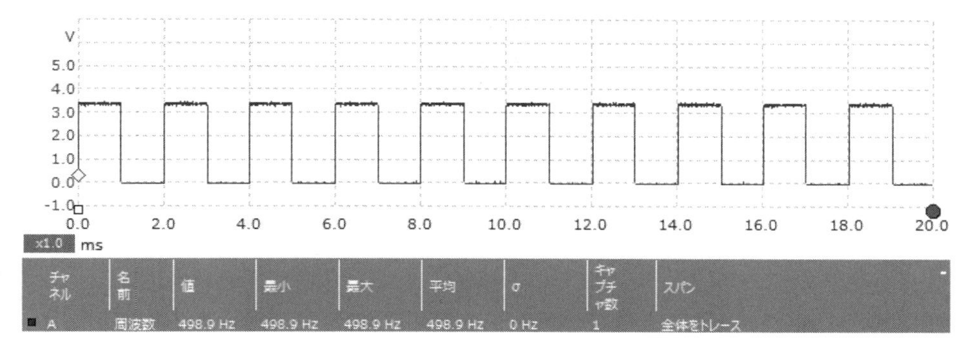

図 190　起動直後の 500Hz の波形（横軸 1 目盛 = 2ms）

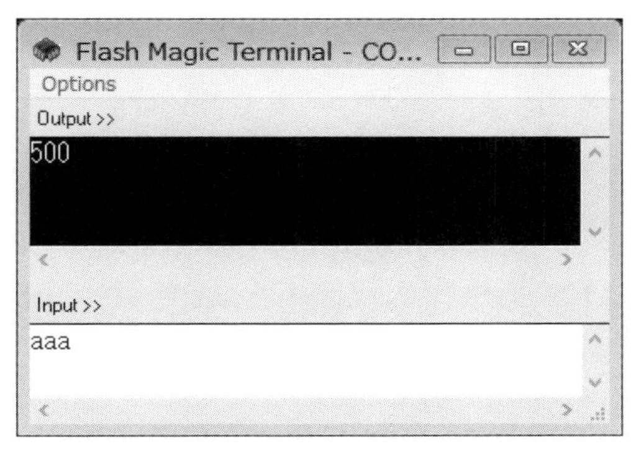

図 191　数値として解釈できない任意の文字列を送ると現在の周波数を返す

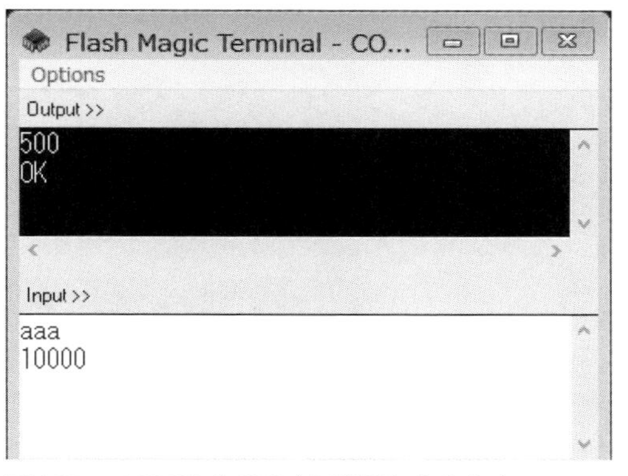

図 192　10000Hz（10kHz）**に変更したようす**

周波数は変更されずに，現在の周波数を 500（Hz）と返してきています．

図 192 は，10000 と入力して 10kHz に周波数を変更したようすです．数値を送り，周波数を設定できた場合は，OK の文字列が返ってきます．

10kHz 設定時の波形は，**図 193**（横軸 1 目盛 = 50μs）のようになっていて，測定した結果は，9972Hz ± 2Hz でした．波形的に若干，波形の角がなまってきていますが，簡易なものとしては使えるでしょう．この辺りまでは，圧電スピーカでも音として普通に聞こえます．

圧電スピーカで確認する場合は，人間の耳の可聴域は 20 ～ 20000Hz [78] と言われているので，その範囲で任意に周波数を変えてみてください．

● 周波数精度

図 194 は，100kHz（100000Hz）指定時の波形（横軸 1 目盛 = 5μs）で，実測 98.3KHz ± 0.04KHz，**図 195** は 500kHz（500000Hz）指定のときの波形（横軸 1 目盛 = 1 μs）で，実測 499.5KHz ± 0.5kHz です．いくつかの周波数について，指定した周波数と実測周波数との相対誤差は，**図 196** のようになります．

相対誤差は，矩形波の周波数として指定した f_p [Hz] に対して，実測で得られた f'_p [Hz] から，$E(f_p) = (f'_p - f_p)/f_p$ として求めています．

全体として，相対誤差の絶対値は，ほぼ 1% 前後に収まっています．システム周波数と矩形波の周波数から計算されるカウンタのマッチ値が，ちょうど割り切れるような値になっている場合は，誤差は − 0.1% 前後で，これは内蔵 RC オシレータの誤差範囲と考えて差し支えないと思われます．

しかし，**図 196** をみると，1MHz の手前，700kHz と 8kHz で 7% 弱，900kHz で 11% 弱の誤差が突然出ています．これは，このあたりになるとカウンタのマッチ値が 10 を切ってくるため，周波数からカウンタの値を計算する際に生じる切り捨てが無視できなくなってくるためです．

カウンタのマッチ値を c として，システム周波数を f_s = 12MHz とすると，矩形波の周波数 f_p を得るための c は，

$$c = \frac{f_s}{2f_p}$$

78 年齢とともに高い周波数が聞こえにくくなるというのは周知の事実である．本書で使った圧電スピーカは 20kHz 近辺でもレスポンスがある．

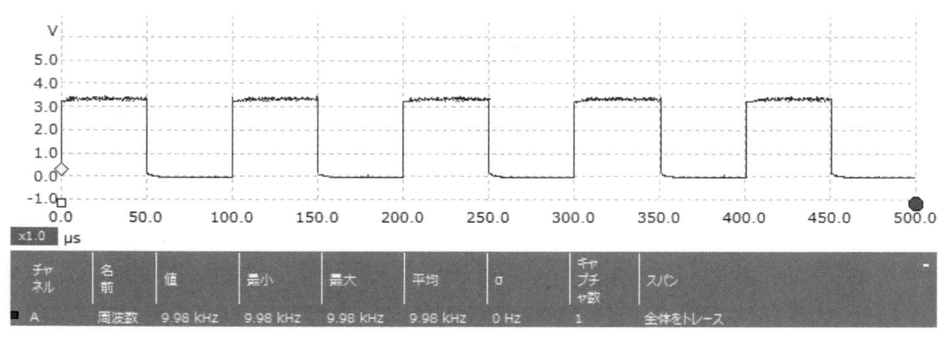

図193
10kHzの波形
（横軸1目盛＝50μs）

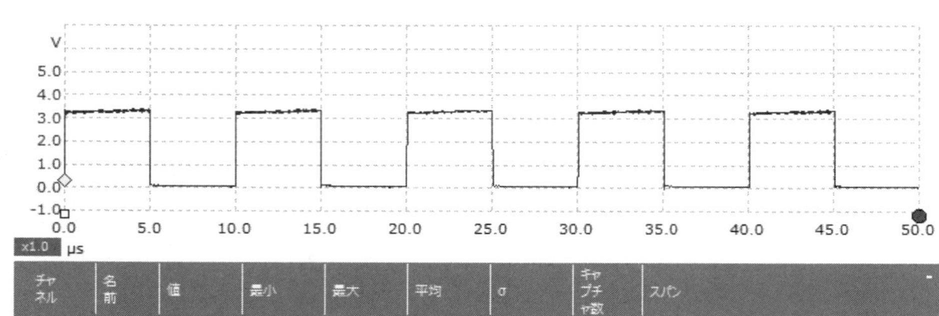

図194
100kHzの波形
（横軸1目盛＝5μs）

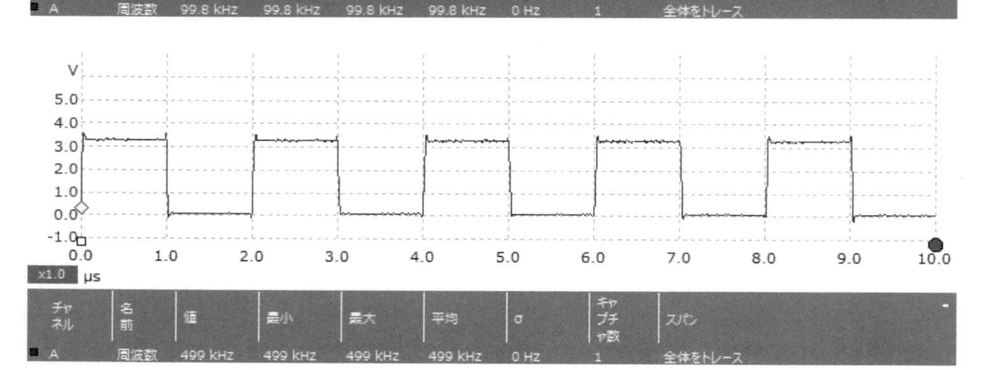

図195
500kHzの波形
（横軸1目盛＝1μs）

で計算されます．たとえば，f_p = 700kHzのときは，c = 8.571429……となりますが，これは，c = 8に切り捨てで計算されることになります．cが小さくなることは，周波数が高いほうに変わるということなので，**図196**のように上に大きくずれた値になってしまっています．

上の式から，$f_p = f_s/(2\times c)$なので，cを連続として微分係数を計算すると，

$$\frac{\partial f_p}{\partial c} = \frac{f_s}{2c^2}$$

で，c = 8.571429…→c = 8のΔc = −0.571429から，f_p = 700000[Hz]の$\Delta f_p/f_p$は，

$$\frac{\Delta f_p}{f_p} = \frac{1}{f_p}\cdot -\frac{\partial f_p}{\partial c}\Delta c = \frac{46666.67}{700000} \sim 6.67\%$$

で，実測が6.99%なので，cの切り捨てに由来した誤差であることがわかります．

また，**図196**では4MHzのところで約50%，5MHzのところで約20%の誤差となっています．これについては次の限界周波数のところで説明します．

●限界周波数

図189のコードでは，SCTのMATCHRELを，

```
LPC_SCT->MATCHREL[0].U =
    SystemCoreClock/(curfreq*2)-1;
```

と設定していて，システム・クロックの周波数と矩形波の周波数から計算したマッチ値から1を引いています．これは，CTOUT_0の反転に1クロックかかるからで，3MHzの周波数を指定したとき，マッチ値は1になり，3MHzを超えると0になります．

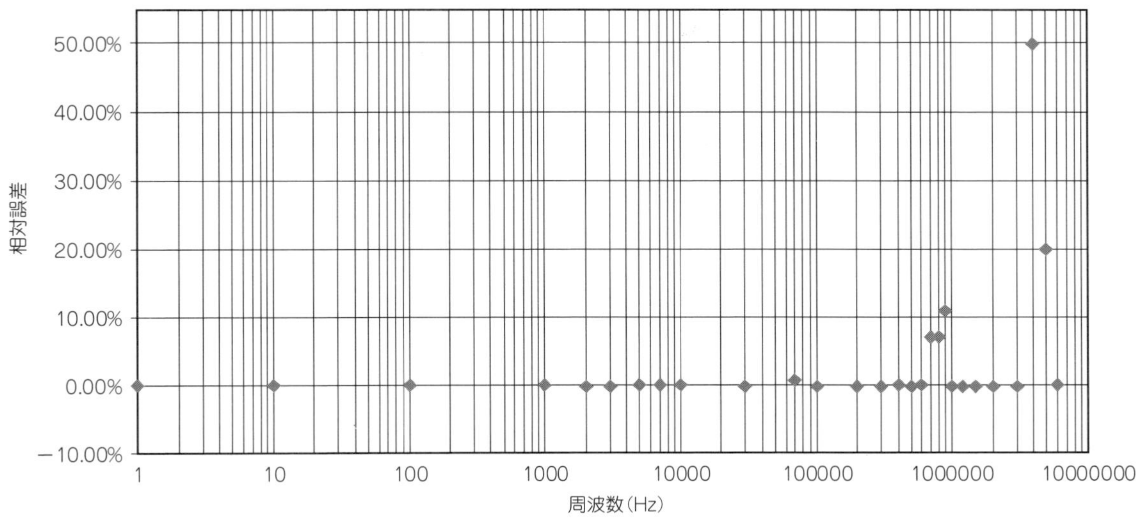

図196　周波数指定と相対誤差

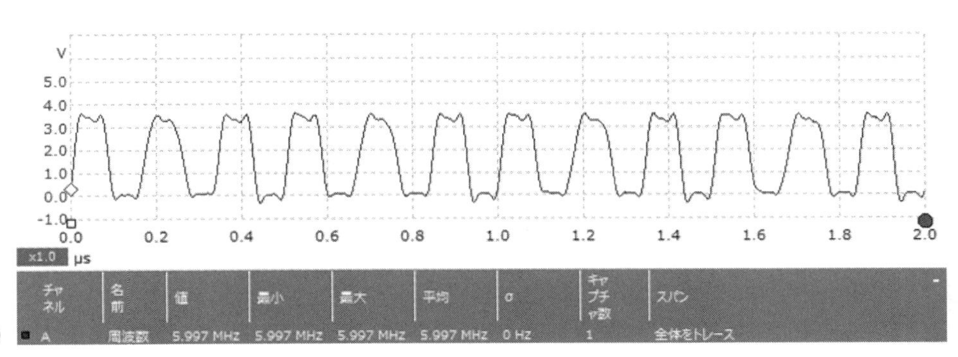

図197
6MHz時の波形
(横軸1目盛＝200ns)

図2のブロック図からわかるように，SCTはCPUとは独立していて，**図189**のコードでは出力ピンの反転は割り込みを使わず，SCTに任せています．このため，1クロックごとにカウンタ・マッチして，出力ピンのCTOUT_0を反転させるということが可能になっていて，12MHzのシステム・クロックの場合は，2クロックで1周期となることから，6MHzまでの周波数を生成することができ，これが簡易パルス・ジェネレータの限界周波数となります．

6MHzを出力しているときの波形は，**図197**のようになっていて(横軸1目盛＝200ns)，波形的には苦しいところですが，一応6MHzの波にはなっています．オシロスコープでの実測値では，6MHz，サイクル時間が，166.7nsで，正しく動作していることがわかります．

ただし，この辺りではマッチの値は，c ＝ 0，1，2……という値なので，6MHzの次に設定できる周波数は3MHzとなります．さきほど，**図196**で4MHzのところで約50%，5MHzのところで約20%の誤差となっていたのは，4MHzでも5MHzでもカウンタのマッチ値は，1 − 1 ＝ 0になって6MHzの矩形波が生成されるからで，4MHzのときは(6 − 4)/4 ＝ 1/2で，50%の誤差という計算になります．

上記の説明から，カウンタのマッチ値として設定できる値を考慮すると，高いほうの周波数は，6MHz，3MHz，1.5MHz，1.2MHz，1MHz，857kHz……のように，かなり離散的な設定値となります．実際には，この辺りはきちんとした作り方をするのであれば，パソコン側でUIを作成して設定可能な周波数しか選べないようにするなどの対処をするべきでしょう．

今回は，LPC810をパソコンからコントロールしてみるという実験の意味合いがおもなため，ターミナルから任意の周波数を入力できるようにしているので，このようなことになっています．

とはいえ，SCTは，LPC8xxシリーズ以外では，LPC18xx，LPC43xxの両シリーズでしか使えない機能です．ここで作ったパルス・ジェネレータをSysTickやMRTで実現しようとすると，割り込みを使わざるを得ませんが，割り込みでは1クロックごとのポート反転を行うことは不可能です．

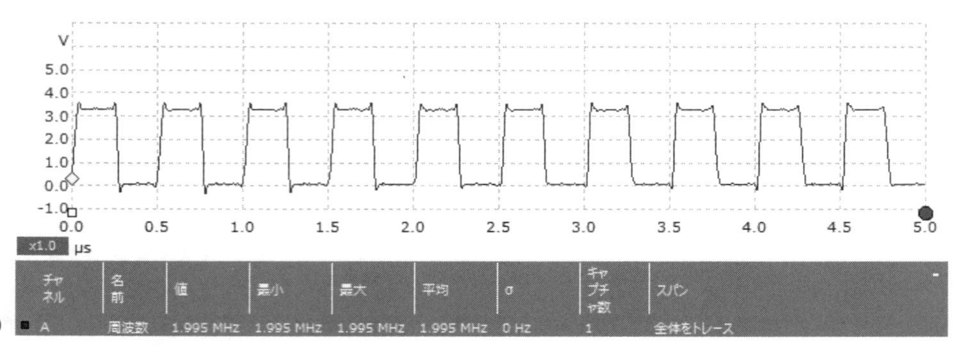

図 198
2MHz 時の波形
（横軸 1 目盛 = 500ns）

図 198 は 2MHz 出力時の波形ですが，この辺りまでならば，8 ピンのマイコンでの生成波形としては十分なものになっていると思います．

TeraTerm で簡易ロガー

本節では，センサの測定値を LPC810 からシリアル経由で PC に送り，ログ機能のあるターミナル・ソフトで記録を行ってみます．

● TeraTerm

Tera Term について

Tera Term は，寺西高氏が 1990 年代に開発したオリジナル版をもとに，現在では TeraTerm Project が開発・配布を行っている高機能なターミナル・ソフトです．現行のバージョンでは，シリアル通信のみならず，ssh によるネットワーク接続もサポートされており，元々備えているシリアル通信系の多様なプロトコルやターミナル・エミュレーションの機能とあわせて，PC での開発の際には，さまざまな場面で活躍してくれる貴重なアプリケーションといえます．

今回は，スタンドアロンでモールス表示していた温度センサの温度を TeraTerm のログ機能を使ってパソコン上に記録してみます．UART との組み合わせになるため，LED によるモールス表示のコードは除いた形で紹介します．興味のある方は，LED でモールスを表示しつつ，ログを取る，という改造にもチャレンジしてみてください．

Tera Term のインストール

Tera Term は，

```
http://sourceforge.jp/projects/
                          ttssh2/
```

からダウンロードすることができます．最新版は 4.80 となっているので，**図 199** の teraterm-4.80.zip をダ

ダウンロード

最新ダウンロードファイル
teraterm-4.80.zip (日付: 2013-11-30, サイズ: 6.6 MB)
teraterm-4.80.exe (日付: 2013-11-30, サイズ: 11.2 MB)
teraterm-4.79.zip (日付: 2013-09-01, サイズ: 6.6 MB)
teraterm-4.79.exe (日付: 2013-09-01, サイズ: 11.2 MB)
teraterm-4.78.zip (日付: 2013-05-31, サイズ: 6.6 MB)

図 199　TeraTerm のダウンロード・ファイル

ウンロードし，解凍してインストールを行います．

インストールは，デフォルトのままで進めてもかまいませんし，ssh など付加機能を利用する予定がないのであれば，それらのチェックを外して本体のみのインストールでもかまいません．

インストール後，**図 200** のシリアル・ポート設定画面を，Tera Term のメニューの［設定］→［シリアル・ポート］から表示させ，パラメータを，**図 200** のように，

ポート	［自分の環境の COM ポート］
ボー・レート	9600
データ	8bit
パリティ	none
ストップ	1bit
フロー制御	none

に合わせます．これらは，COM ポート以外は，Tera Term のデフォルトのままなので，確認しておき，もし違っていたら上記に合わせてください．

また，改行コードの設定を行うために，メニューの［設定］→［端末］から，**図 201** の端末設定画面を表示させ，改行コードを，送信，受信とも，CR + LF に変更しておきます．

なお，「シリアル通信の動作確認」の項で使用した，Flash Magic のターミナルでは，Input と Output が分かれた画面になっていて，入力した文字列がパソコン側でもすぐに表示されていましたが，TeraTerm は，デフォルトでは LPC810 側からエコー・バックされる

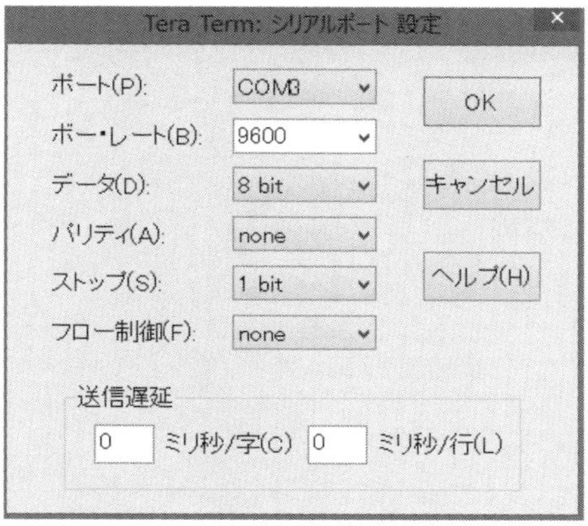

図 200　シリアル・ポートの設定

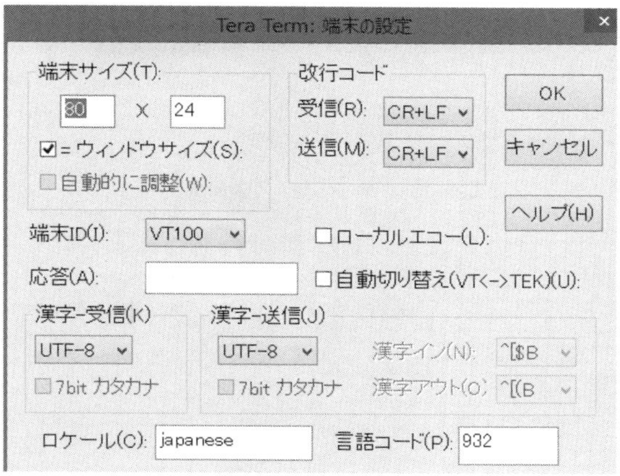

図 201　改行コードの設定

図 202
エコー・バック(折り返し)のテスト

まで，キー入力は表示されない設定になっています．これを変更したい場合は，**図 201** の「ローカル・エコー」にもチェックを入れてください．ただ，今回は，最終的にはパソコンから手入力で送信を行うわけではないので，これは動作チェック時のみに関係した設定です．

設定が終わったら，「シリアル通信の動作確認」の項で使ったエコー・バックのコードを使うと，Tera Term と LPC810 とが通信できるかどうかを確認することができます．

LPC810 に，「シリアル通信の動作確認」のコードを書き込んでおき，USB-シリアル・アダプタとの結線を行った状態で，**図 202** のように，Tera Term の画面になにかキー入力をすると，LPC810 からエコー・バックが返ってきます．**図 202** はローカル・エコーにチェックを入れていないので，パソコン側から打った文字が表示されていません．

テストが完了したら，Tera Term を終了させておきます．なお，Tera Term の設定変更は，自動では保存されません．次回起動時にも同じ設定で起動させたい場合は，メニューの[設定]→[設定の保存]を選び，**図 203** のダイアログで，デフォルトで表示されているファイルのまま[保存]をクリックします．

これで，次回以降，変更した設定と同じ設定で Tera Term が起動するようになります．

また，Tera Term は起動中，ずっと COM ポートを開いたままになるので，LPC810 に HEX ファイルを書き込む際は，必ず Tera Term を終了させた状態で行ってください．Flash Magic で書き込もうとしたときに，Tera Term が同じ COM ポートを開いていると，**図 204** のようにエラーが表示されて書き込むことができません．

これは，Tera Term が LPC810 との通信用の COM ポートをつかんでいるからで，書き込み時には Tera Term を終了してから書き込みを行うようにしてください．なお，Flash Magic は，書き込み時以外 COM ポートを解放しているので，Flash Magic を立ち上げたままで，Tera Term を開いて LPC810 と通信することは問題なくできます．

●ユーザ・コード動作回路

ユーザ・コード動作回路は，**図 205** のようになります．今回は，書き込み時と兼用できるよう，USB-シリアル・アダプタとの通信用のピンを，ISP モード時と同じ配置にしておきます．**図 205** では，USB-シリアルの RX への接続のみを書いていますが，パッケージ・ピン 5 番には何も接続しないので，パッケージ・ピンの 8 番を USB-シリアルの TX につないでおけば，5 番ピンを GND に落としてから電源を入れ直すことで，ユーザ・コード動作回路からの差し替えなしで，フラッシュへの書き込みを行うこともできます．

UART 用にパッケージ・ピンの 2 番を使うように

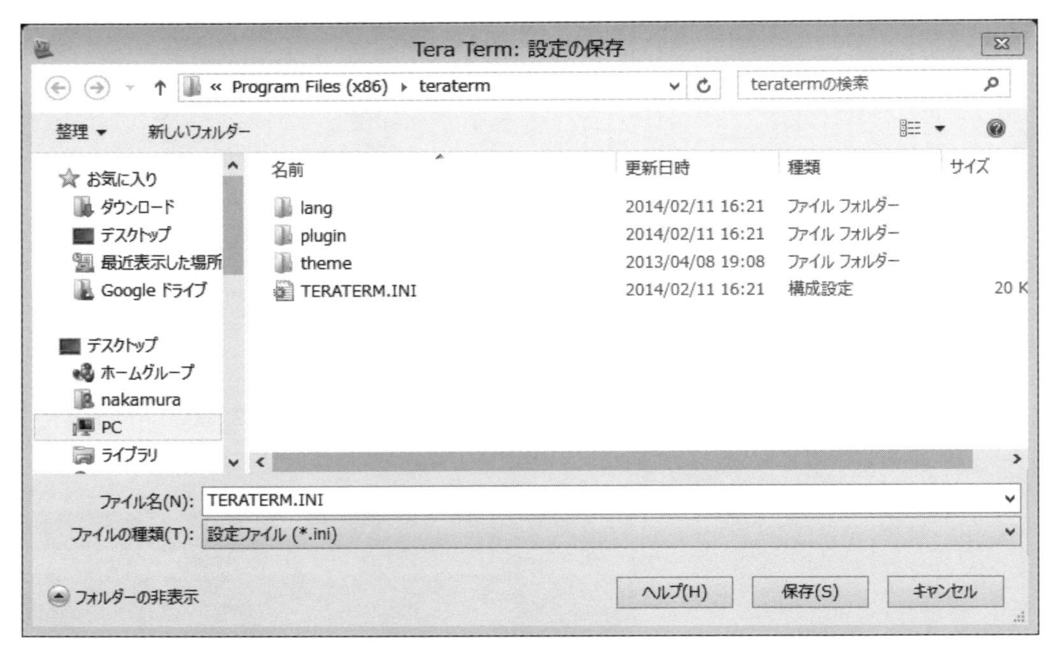

図 203
Tera Term の設定保存

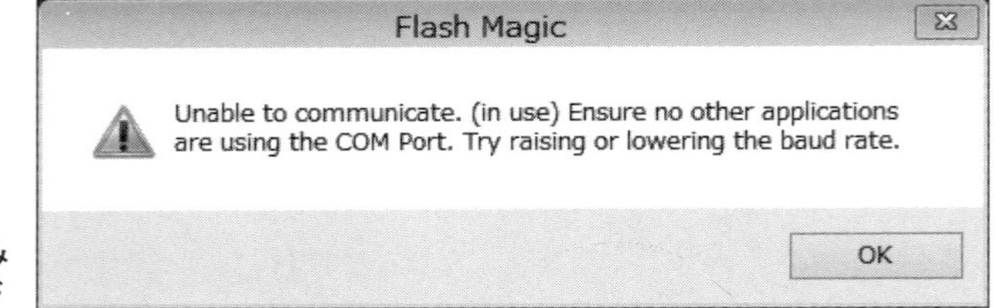

図 204
Tera Term が起動している状態で書き込みを行おうとした場合のエラー・メッセージ

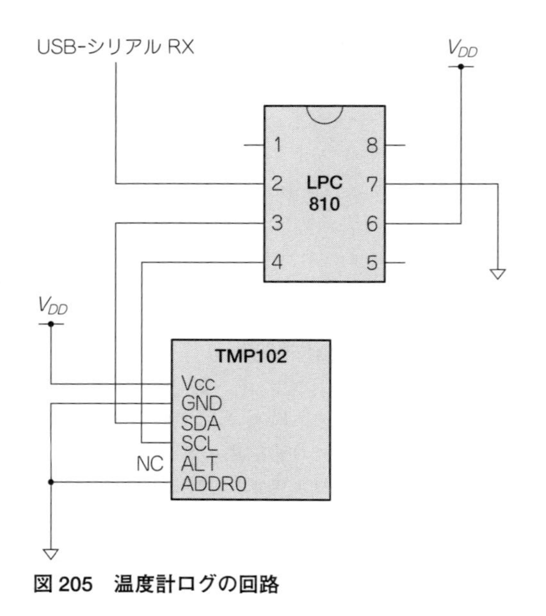

図 205　温度計ログの回路

したので，モールス送信時の回路とは，I²C の SDA/SCL を接続するパッケージ・ピンが一つずつ下にずれています．つまり，

I2C SDA	パッケージ・ピン 3 番
I2C SCL	パッケージ・ピン 4 番

となるので，注意してください．

ブレッドボード上の配線例は，**図 206** のようになります．モールス送信時に 5 番ピンに接続していた LED がなくなり，USB-シリアルとの接続を追加しています．配線例では，薄いグレーのラインで，ISP モードに入れるための追加配線も示しています．これを行っておけば，差し替えなしに書き込みと動作テストを行うこともできます．

● Switch Matrix Tool の設定

ここでは，I²C と UART を同時に使うので，ピン設定は，Switch Matrix Tool に任せることにします．**図 207** のように，

U0_TXD	パッケージ・ピン 2 番
I2C0_SDA	パッケージ・ピン 3 番
I2C0_SCL	パッケージ・ピン 4 番

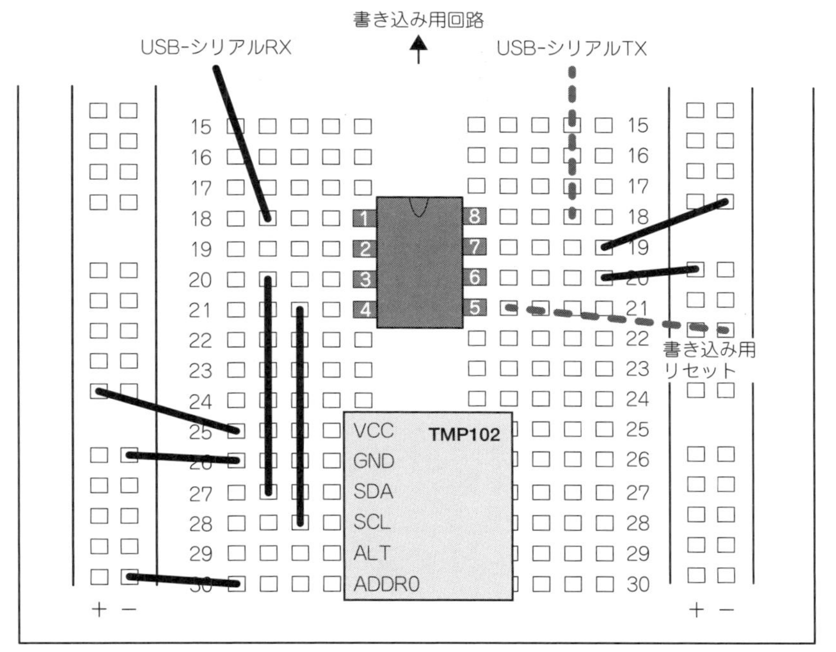

図 206
ブレッドボード上の
配線例

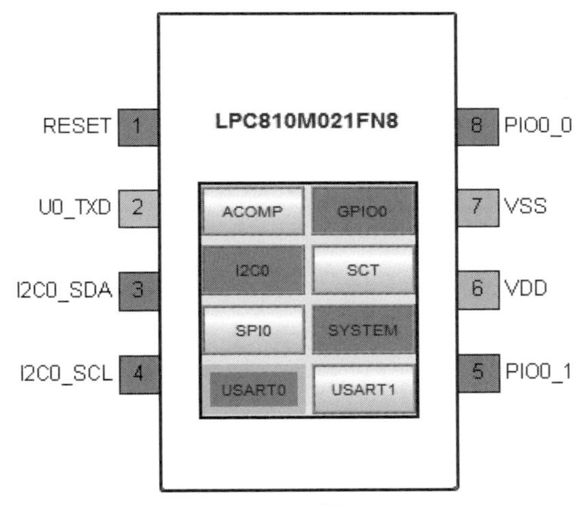

図 207　Switch Matrix Tool の設定

と設定し，プロジェクトの src フォルダに，swm.c と type.h をエクスポートしておきます．type.h の不要な 64 ビット宣言の 2 行は，コメント・アウトしておきます．

● 温度ログのユーザ・コード

温度ログのユーザ・コードは，**図 208** のようになります．この他に，**図 110** の romi2c.h と，**図 170** の romuart.h が必要です．

かなり長いコードですが，基本的には，MRT で時間待ちのタイマを作り，LOGINTERVAL にミリ秒単位で指定した時間だけ待って，I^{2}C から温度センサの測定値を読み取っています．読みとった値は，モールス送信のときと同様に桁を取り出した後，RS-232C で送信できるように ASCII コードに変換した文字列を作って送っています．

改行コードですが，記録したログを，Windows のメモ帳などで開く場合は，**図 208** のように `'¥r'` を指定します(`commsg[i++] = '¥r';`)．Unix 系の LF のみの改行コードのアプリケーションで扱う場合は，`'¥n'` を指定してください(`// commsg[i++] = '¥n';` の行のコメントを外し，`'¥r'` を指定している行をコメントにする)．

ログの間隔は，`#define LOGINTERVAL (60*1000)` のところで，ミリ秒単位で指定するので，この 60 を，ログを取りたい間隔に合わせて変更してください．

● ログの指定

図 208 を main.c に入力し，必要なヘッダ・ファイルと swm.c が src フォルダにある状態で，プロジェクトをビルドして，LPC810 に書き込むと，温度センサの値が一定間隔でパソコンに送られてくるようになります．

Tera Term を立ち上げると，温度が表示されるようになりますが，ログの設定は，メニューの[設定]→[その他の設定]から行います．

「その他の設定」の，「ログ」のタブを開くと，**図 209** のようなログ設定の項目が並んだダイアログが表示されます．

図 208　温度ログのユーザ・コード

```
#ifdef __USE_CMSIS
#include "LPC8xx.h"
#endif

#include <cr_section_macros.h>
#include <stddef.h>
#include "romi2c.h"
#include "romuart.h"

#define LOGINTERVAL (60*1000)

#define MRT_INT_ENA        (0x1<<0)
#define MRT_REPEATED_MODE  (0x00<<1)

#define MRT_STAT_IRQ_FLAG  (0x1<<0)

volatile static uint32_t waitcount = 0;
void MRT_IRQHandler(void)
{
     LPC_MRT->Channel[0].STAT = MRT_STAT_IRQ_FLAG; /* clear interrupt flag */
     if(waitcount) waitcount--;
     return;
}

void init_mrt(uint32_t TimerInterval)
{
     LPC_SYSCON->SYSAHBCLKCTRL |= (0x1<<10);
     LPC_SYSCON->PRESETCTRL &= ~(0x1<<7);
     LPC_SYSCON->PRESETCTRL |= (0x1<<7);

     LPC_MRT->Channel[0].INTVAL = TimerInterval;
     LPC_MRT->Channel[0].INTVAL |= 0x1UL<<31;

     LPC_MRT->Channel[0].CTRL = MRT_REPEATED_MODE|MRT_INT_ENA;

     NVIC_EnableIRQ(MRT_IRQn);

     return;
}


void waitms(uint32_t s) {
     waitcount = s;
     while(waitcount);
}

#define COM_BUF_LEN 128
static UART_HANDLE_T *rs232c;
static uint32_t uartbuf[UART_ROM_MEM];

UART_PARAM_T u_param =
            { NULL, 0, RX_MODE_CRLF_RECVD, DRIVER_MODE_POLLING, NULL };

void UARTSend(uint8_t *tbuf, uint32_t tbufsize) {
     u_param.buffer = tbuf;
     u_param.size = tbufsize;
     u_param.transfer_mode = TX_MODE_SZERO_SEND_CRLF;
     ROM_UART ->uart_put_line(rs232c, &u_param);
```

```
}

void ROMUART_Init() {
      LPC_SYSCON->SYSAHBCLKCTRL |= (1 << 14); // UART Clock
      LPC_SYSCON->PRESETCTRL &= ~(0x1 << 3);  // UART reset
      LPC_SYSCON->PRESETCTRL |= (0x1 << 3);   // resume reset
      LPC_SYSCON->UARTCLKDIV = 1;             // Clock Divider

      uint32_t frgmult;
      UART_CONFIG_T uconf = { 12000000, 9600, 1, 0, NO_ERR };
      rs232c = ROM_UART ->uart_setup((uint32_t) LPC_USART0, (uint8_t *) uartbuf);
      frgmult = ROM_UART ->uart_init(rs232c, &uconf);
      LPC_SYSCON->UARTFRGDIV = (uint32_t) 0xFF;  // Only can be this value
      LPC_SYSCON->UARTFRGMULT = frgmult;
}

I2C_HANDLE_T *hI2C;
I2CD_API_T* pI2CApi;
uint32_t PCLK = 12000000, I2CCLK = 100000;

volatile uint8_t iHandle[96];
volatile uint8_t iTxBuf[40];
volatile uint8_t iRxBuf[40];

I2C_PARAM i_param = { 0,0, (uint8_t *)iTxBuf, (uint8_t *)iRxBuf , NULL, 1, {0,0,0} };
I2C_RESULT i_result = { 0, 0 };

#define ADDR_S1     (0x48)
#define WRITE_S1 (ADDR_S1<<1)
#define READ_S1 (ADDR_S1<<1)|0x01

static uint8_t commsg[COM_BUF_LEN];
static uint32_t comlen = 0;

uint32_t iRxBuf2Temp() {
      uint32_t t_abs;
      volatile uint32_t i = 0;
      volatile int j;

      for(j=0; j< COM_BUF_LEN;j++ ) commsg[j] = '\0';

      uint16_t data = ((uint16_t)iRxBuf[1])*16 + iRxBuf[2]/16;
      if( data & 0x8000 ) { // 2's complement
             data = (data -1) ^ 0xFFF;
             commsg[i++] = '-';
      }
      t_abs = data * 625 / 1000;
      uint32_t p = 100,dg = 0;
      for( j = 2; j >= 0; j-- ) {
             if( j == 0 ) {
                    commsg[i++] = '.';
             }
             dg = t_abs / p;
             commsg[i++] = dg + '0';
             t_abs = t_abs - dg * p;
             p /= 10;
      }
      commsg[i++] = '\r';
```

1
2
3
4
Appendix

図 208　温度ログのユーザ・コード(つづき)

```
//    commsg[i++] = '\n';
      commsg[i++] = '\0';
      return i-1;
}

void SwitchMatrix_Init(void);
int main(void) {
      SystemCoreClockUpdate();
      SwitchMatrix_Init();
      ROMUART_Init();

      LPC_SYSCON ->SYSAHBCLKCTRL |=
             (1 << 18) | (1 << 14) | (1 << 5); // IOCON & I2C & UART Clock
      LPC_IOCON ->PIO0_2 = 0x00000410UL;    // open drain, pull up
      LPC_IOCON ->PIO0_3 = 0x00000410UL;

      pI2CApi = (I2C_HANDLE_T) ROM_DRIVERS_PTR ->pI2CD;
      hI2C= pI2CApi->i2c_setup(LPC_I2C_BASE, (uint32_t *) &iHandle[0]);
      pI2CApi->i2c_set_bitrate((I2C_HANDLE_T*) hI2C,PCLK, I2CCLK);
      iTxBuf[0] = WRITE_S1;
      iTxBuf[1] = 0x00;  // Read out command
      iRxBuf[0] = READ_S1;
      i_param.num_bytes_send = 2;
      i_param.num_bytes_rec = 3;
      pI2CApi->i2c_master_tx_rx_poll((I2C_HANDLE_T*) hI2C,
                  &i_param, &i_result);

      init_mrt(SystemCoreClock/1000);
      waitms(1000);
      while (1) {
             pI2CApi->i2c_master_tx_rx_poll((I2C_HANDLE_T*) hI2C,
                          &i_param, &i_result);
             comlen =  iRxBuf2Temp();
             UARTSend(commsg,comlen);
             waitms(LOGINTERVAL);
      }
      return 0;
}
```

設定内容は次のようにします．

標準ログ・ファイル名
　日付時刻を含んだファイル名指定可(後述)
標準のログ保存先フォルダ
　ログ保存先のフォルダ
自動的にログ採取を開始する
　チェックする
ログのローテート
　ログ・ファイルを切り替えるサイズ(後述)
世代
　ローテートする場合，何世代残すか(後述)

ログ・ファイル名は，**図 209** では，

```
%Y_%m_%d_%H_%M_%S.log
```

と指定しています．これは，

- %Y　4桁の西暦年(%y なら下2桁)
- %m　2桁の月(1月は01，など．%b で Jan，%B で January，とできる)
- %d　2桁の日(1日は01，など．曜日は %a，%A)
- %H　2桁の時(24時間制．%I なら12時間制．午前・午後は %p)
- %M　2桁の分
- %S　2桁の秒(%s では 1970/01/01 0:00:00 からの通算秒になる)

Tera Term: その他の設定

全般 | 制御シーケンス | コピーと貼り付け | 表示 | ログ | Cygwin

ログ表示用エディタ(E)
C:¥windows¥notepad.exe
標準ログファイル名(strftimeフォーマット可)(F)
%Y_%m_%d_%H_%M_%S.log
標準のログ保存先フォルダ(S)
C:¥Users¥nakamura¥Desktop¥LPC810
☑自動的にログ採取を開始する(U)
☑ログのローテート(L)
サイズ(i) 1000 KB 世代(R) 0
OK キャンセル

図 209
TeraTerm のログ設定

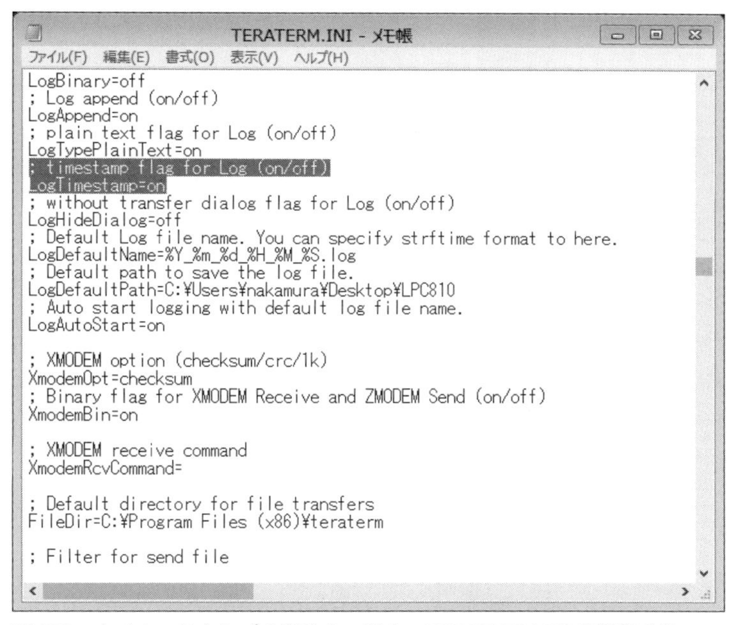

```
LogBinary=off
; Log append (on/off)
LogAppend=on
; plain text flag for Log (on/off)
LogTypePlainText=on
; timestamp flag for Log (on/off)
LogTimestamp=on
; without transfer dialog flag for Log (on/off)
LogHideDialog=off
; Default Log file name. You can specify strftime format to here.
LogDefaultName=%Y_%m_%d_%H_%M_%S.log
; Default path to save the log file.
LogDefaultPath=C:¥Users¥nakamura¥Desktop¥LPC810
; Auto start logging with default log file name.
LogAutoStart=on

; XMODEM option (checksum/crc/1k)
XmodemOpt=checksum
; Binary flag for XMODEM Receive and ZMODEM Send (on/off)
XmodemBin=on

; XMODEM receive command
XmodemRcvCommand=

; Default directory for file transfers
FileDir=C:¥Program Files (x86)¥teraterm

; Filter for send file
```


図 210　タイム・スタンプを付けたい場合，TERATERM.INI を編集する

2014_02_16_19_20_29.log - メモ帳

ファイル(F) 編集(E) 書式(O) 表示(V) ヘルプ(H)

```
[Sun Feb 16 19:20:30.759 2014] 22.8
[Sun Feb 16 19:21:30.765 2014] 22.6
[Sun Feb 16 19:22:30.776 2014] 22.2
[Sun Feb 16 19:23:30.794 2014] 21.8
[Sun Feb 16 19:24:30.537 2014] 21.8
[Sun Feb 16 19:25:30.823 2014] 21.5
[Sun Feb 16 19:26:30.845 2014] 21.3
[Sun Feb 16 19:27:30.852 2014] 20.8
[Sun Feb 16 19:28:30.874 2014] 21.1
[Sun Feb 16 19:29:30.880 2014] 21.6
[Sun Feb 16 19:30:30.902 2014] 22.2
[Sun Feb 16 19:31:30.910 2014] 22.9
[Sun Feb 16 19:32:30.932 2014] 22.8
[Sun Feb 16 19:33:30.954 2014] 22.8
[Sun Feb 16 19:34:30.961 2014] 22.9
```

図 211　採取した温度ログ

という指定で，ログ・ファイルが作成された日付時刻をもとにファイル名を付与します．他にも，%c で日付・時刻，%x で日付，%X で時刻，%z や %Z でタイムゾーンを付けることもできます．指定できる項目の完全なリストについては，Unix や PHP などの strftime という関数を検索してみてください．通常は，上記の指定があれば大体は間に合うかと思います．

ログのローテートは，一定のサイズに達したらログ・ファイルを新しいものに自動的に切り替える機能です．世代は，いくつまでファイルを残すかという設定です．0 であれば延々と記録し続けます．たとえば世代を 10 とすると，10 個めのログが一杯になって 11 個めに移る際に，一番古いログ・ファイルが消されて，常に 10 世代分だけが残るようになります．

以上を設定したら，[OK]ボタンを押して設定を終了させ，さらに，[設定]→[設定の保存]で，行った設定を TERATERM.INI に保存しておきます．これを行わないと，自動でログ記録の設定が消えてしまうため，TeraTerm 起動時にログが自動的に採取されるようになりません．

また，標準ではログ・ファイルにはタイム・スタンプが入りませんが，TERATERM.INI を直接編集する

ことで，タイム・スタンプを付与できるようになります．TERATERM.INIは，通常のインストールであれば，

```
C:¥Program Files (x86)¥teraterm
```

または，

```
C:¥Program Files¥teraterm
```

に存在します．このファイルを，**図210**のようにメモ帳などで開き，LogTimestampを検索して，Log Timestamp = offをLogTimestamp = onと変更して保存すると，次回起動時から，ログ・ファイルにタイム・スタンプが付くようになります．

図211が，実際にログ機能を使って採取した温度ログです．暖房のON/OFFfで人為的に温度を変更していますが，日付時刻の記録とともに温度が記録されていることがわかります．

温度センサ以外にも，湿度センサや気圧センサをI^2Cで接続するなど，ちょっとした記録をとってみたいときには手軽にログ機能が実現できるので面白いかもしれません[79]．

DTMF送信

● DTMF

DTMFは，Dual-Tone Multi-Frequencyの頭文字をとったもので，電話機のプッシュ信号（トーン信号）として使われている通信符号です．信号の構成は，2種類の正弦波を重ね合わせた音声信号で，ITU-T Q.24では，信号の継続時間T_fは，40ms以上，最低休止時間T_pが30ms以上で，かつ，$T_f + T_p \geq 120$msとなるように送る[80]ことになっています．

たとえば，T_fを40msにとれば，T_pは80ms以上必要といった具合です．この制約から，DTMFは，120ms/文字以上の送信時間が必要で，通信速度とし

		高　群			
		1209Hz	1336Hz	1477Hz	1633Hz
低群	697Hz	1	2	3	A
	770Hz	4	5	6	B
	852Hz	7	8	9	C
	941Hz	*	0	#	D

図212　DTMF(MFPB信号)**の周波数マトリクス**

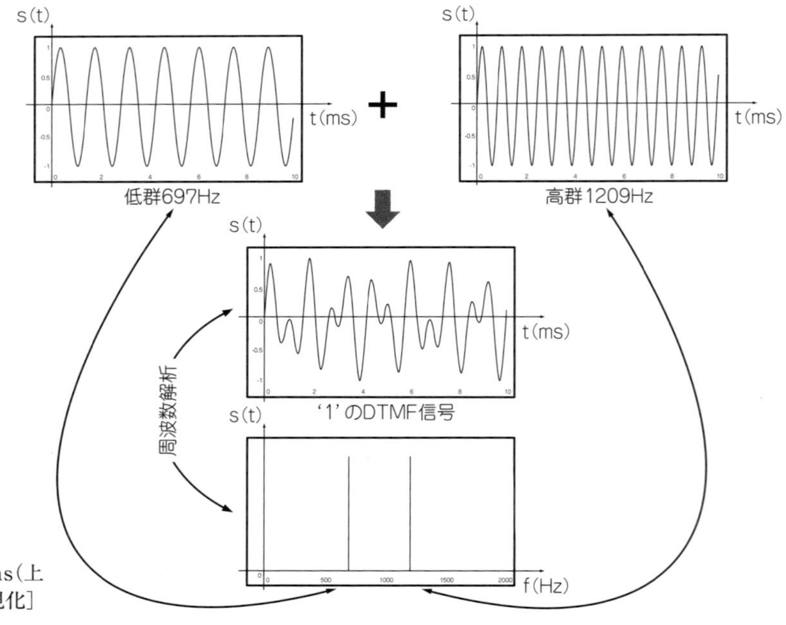

図213
'1'のDTMF信号のイメージ[横軸はms(上段・中断)，Hz(下段)，縦軸は1に正規化]

---

79 温度のロギングに，パソコンをつけっぱなしはもったいないので，ボード・マイコンやラズベリー・パイなどで……と考えてしまうと，それらにもI^2Cがあるので，LPC810は……となってしまう．

80 総務省令第三二号 別表第二号では，信号送出時間は50ms以上，という規定になっている．本文に紹介したものは，ITU-T Q.24のNTT仕様の規格で，Q.24内でも国ごとに若干の差異のある規格が併記されている．また，ITU-Tの方では信号送出中に10ms以下の中断(無信号の区間)があっても認識することとされている．
なお，総務省令第三二号での呼称は「押しボタンダイヤル信号」，ITU-T Q.24での呼称はMFPB(MultiFrequency Push-Button)である．

では8.33文字/秒が上限です．

重ね合わせる正弦波の周波数は，低群と高群の二つの周波数グループから，送出する文字に応じた周波数を，**図212**の表のように選びます．よく使われるものは，1～9，0，*，#の12文字で，A～Dの4文字は，機器やソフトによっては省略されているものも見受けられます．

例えば，'1'を表すDTMF信号は，**図213**の上段の697Hzの正弦波と，1209Hzの正弦波とを重ね合わせ，**図213**の中段のような波形になります．信号を受け取る側では，周波数解析を行い，**図213**下段のように低群と高群の周波数成分の位置から受信した文字を決定することができます．

DTMFは，可聴域内の信号を用いるため，人間の音声を伝送できる多くの媒体で利用できること，そのような媒体では，比較的周波数領域の情報の保存が良い[81]ことから，雑音などの通信路の条件に対して頑健(robust)であること，などのメリットから，現在でも広く使用されています．

本節では，SCTで生成するPWM波形を，ローパス・フィルタに通すことで，LPC810でDTMF信号を発音させ，スマート・フォンのDMTFデコーダ用アプリで受け取る実験をしてみます．

●パーツ

DMTF実験に使用するパーツは，**図214**のようになります．正弦波を重畳した波形を再生するため，圧電スピーカではなく，100円ショップなどで売られている，イヤホン・ジャックに差し込む形のパッシブ・スピーカを利用しました．

図215は，配線用のケーブルがあるタイプの例です．**図215**のスピーカは，根元から順にチップ(T)，リング(R)，スリーブ(S)のいわゆるTRSのステレオ・ミニ・フォーン・ジャック(ϕ3.5)ですが，接続は，T-Sのみで，左チャネルのみを利用している接続でした．

ダイナミック・スピーカの駆動は，LPC810の出力では負荷が重いため，出力には入出力フルスイングのOPアンプ，NJM2732Dを挟み，トランジスタ2SC1815GRで電流増幅を行います(**図216**)．トランジスタは，2SC1815Yという型番のもでもかまいません．

OPアンプとトランジスタのピン配置は，それぞれ，**図222**の左側と右側のようになっています．OPアンプのピンは，4番ピンがGND，8番がV+(電源)で，NJM2732Dは中に，二つのOPアンプが入っており，一つ目のものは1番ピンが出力，2番ピンが—入力，3番ピンが+入力です．もう1系統のアンプは今回使用しません．

トランジスタは，C1815の刻印が見える状態で図217のようにピンを下に，文字が左に90度傾いて見える状態で，左からE(エミッタ)，C(コレクタ)，B(ベース)[82]，となっています．回路図上の記号との対

品　名	型番/規格	数量	備　考
OPアンプ	NJM2732D	1	秋月通販コード I-04723
トランジスタ	2SC1815GR	1	秋月通販コード I-00881
パッシブスピーカ 8Ω，0.25W	–	1	100円ショップで売られている簡易スピーカ
カーボン抵抗	1kΩ	1	–
	62Ω	1	1/4W以上のもの
積層セラミックコンデンサ	0.1μF	1	–
ミノムシ・クリップ	–	2	–

図214　DTMF送信実験用パーツ

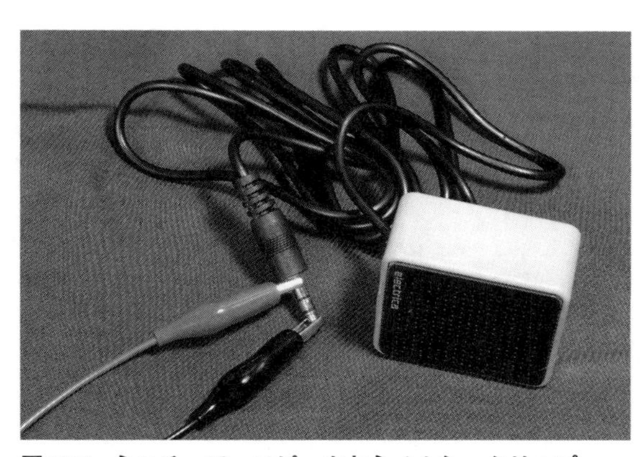

図215　ミニチュア・スピーカとミノムシ・クリップ

図216　OPアンプとトランジスタ

81 周波数領域の情報が大きく損なわれると音声としての認識が困難になる．

82 これをECB(えくぼ)と覚えるという受験生的な語呂合わせが昔は使われていた．ただし，えくぼではない配置のトランジスタもそれなりにあるので万能ではない．

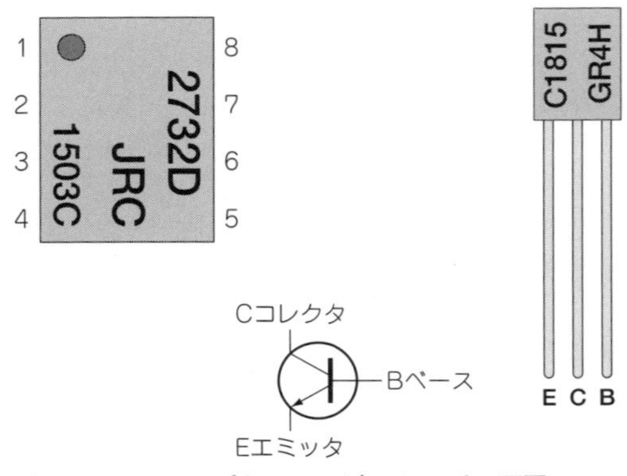

図 217　OP アンプとトランジスタのピン配置

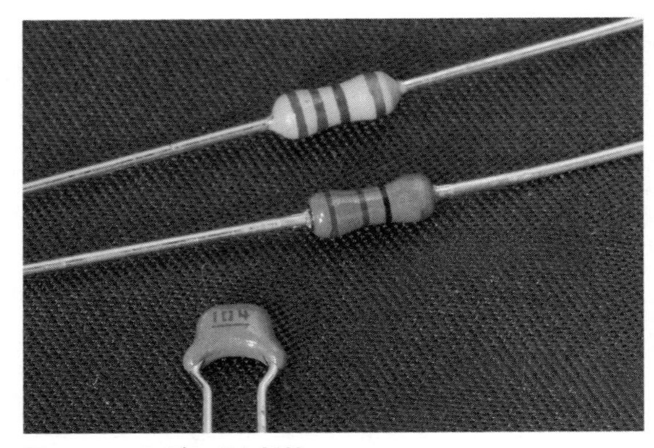

図 218　コンデンサと抵抗

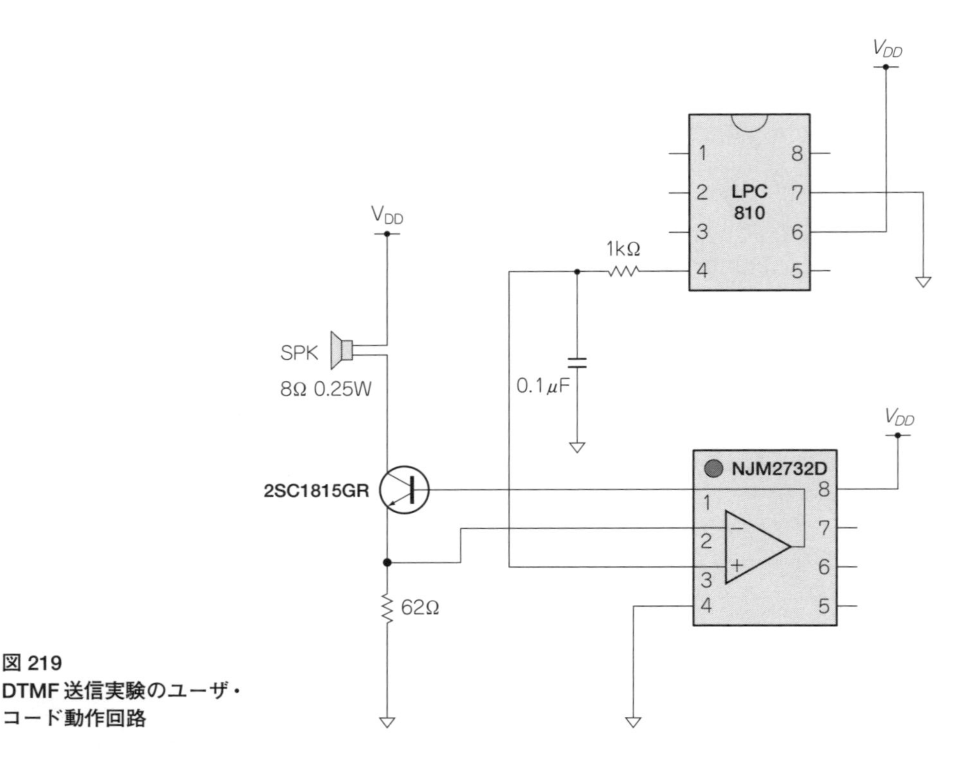

図 219
DTMF 送信実験のユーザ・コード動作回路

応は，**図 217** の下にある記号のようになります．

コンデンサと抵抗は，PWM のローパス・フィルタに，0.1μF のコンデンサ一つと，1kΩ の抵抗一つをそれぞれ使い，トランジスタの電流決定に 62Ω の抵抗を一つ使います(**図 218**)．

ローパス・フィルタは，1592kHz($=(2\pi RC)^{-1}$)のカットオフ周波数に設定しています．トランジスタのエミッタに接続する 62Ω の抵抗は，スピーカに流す電流を決定しているので，ピーカの音量調節を行う場合は，この抵抗を高めの抵抗値に変更してみてください．62Ω の場合，DC で評価した値で 53.2mA ほどの電流となり，0.176W ほどになります．実際は AC 成分が主になるので，スピーカの定格上はまだ余裕がありますが，抵抗の定格が 1/4W 指定なので，あまり低い抵抗にすることはお勧めしません．

● ユーザ・コード動作回路

ユーザ・コードの動作回路は，**図 219** のように組みます．SCT の出力は，CTOUT_0 をパッケージ・ピンの 4 番(PIO0_2)に割り当てて使います．OP アンプは，非反転入力で基本的にはボルテージ・フォロワとして使い，トランジスタを電流増幅としてスピーカからの電流を吸い込む形です．OP アンプの入力には，CTOUT_0 からの信号を単純な CR のローパス・フィルタで平滑し，PWM の出力から疑似的に正弦波を重ねた波形を取り出します．

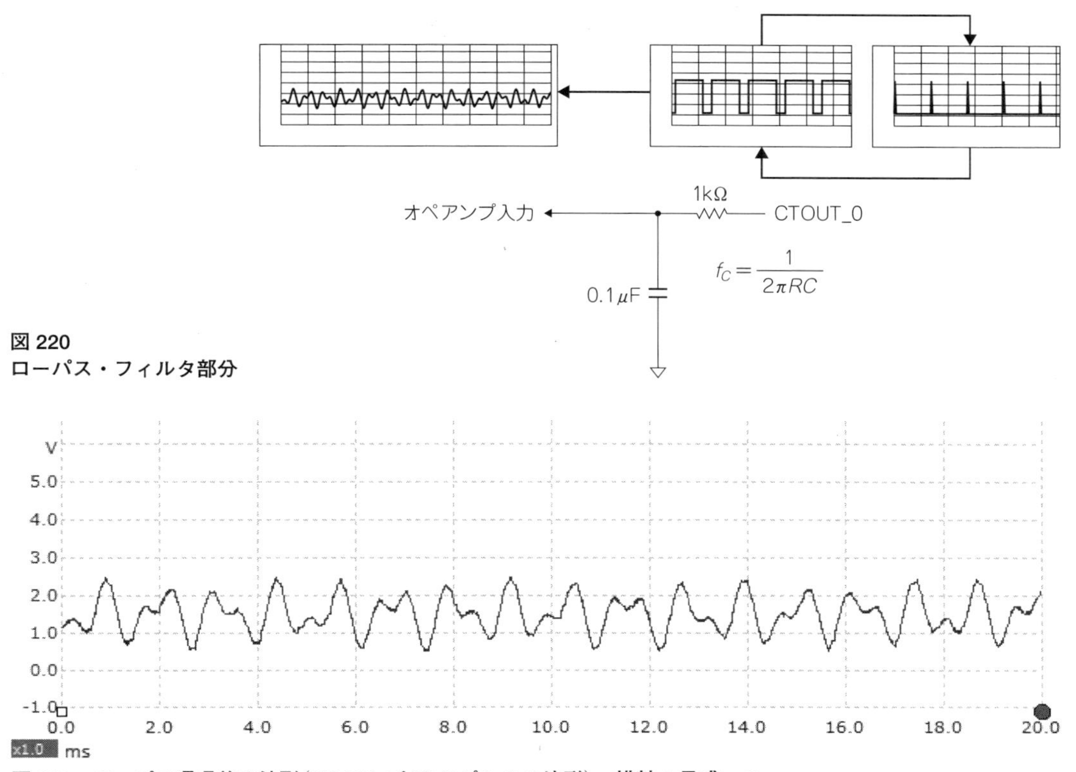

図 220
ローパス・フィルタ部分

図 221　ローパス通過後の波形(OP アンプ IC のピン 3 の波形)．**横軸 1 目盛＝ 2ms**

ローパス・フィルタ部分は，**図 220** で，カットオフ周波数は，R = 1kΩ，C = 0.1μF から 1592kHz の設定です．得られている波形は，**図 221** のようになります．正弦波重畳の仕組みについてはコードを提示する項で説明します．

OP アンプとトランジスタでスピーカを鳴らす部分は，**図 222** のようになっています．OP アンプは入力インピーダンスが高く，出力インピーダンスが低いアンプで，これを LPC810 の出力ピンの先にはさむことで，スピーカとのインピーダンス整合をとります．増幅率 A(裸利得とも言われる)は，NJM2732D で，A = 84 とかなりの増幅率がありますが，今回は回路全体としての増幅率が 1 となる(ただし，以下で説明するようにトランジスタによって決まるオフセットが入る)使い方をしています．

OP アンプの二つの入力端子，+端子と－端子のうち，+端子にはローパス・フィルタからの信号が入ります．これを V_i とします．－端子には，OP アンプの出力 V_o が，トランジスタのベース-エミッタ間を通って戻ってきています．ベース-エミッタ間の電圧は順方向降下電圧 V_f で一定になる性質があるので，**図 222** から，

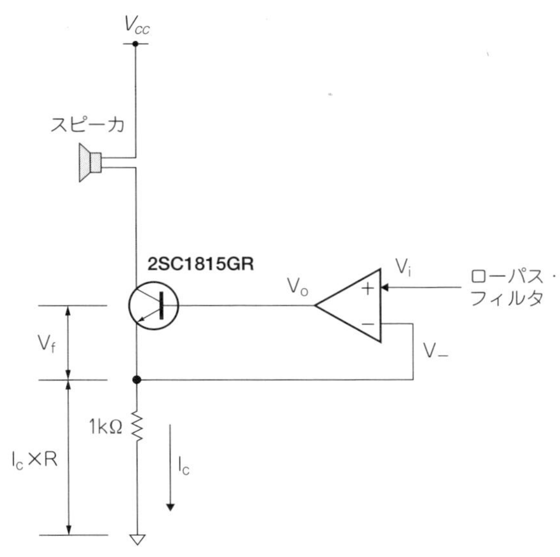

図 222　OP アンプとトランジスタの電流バッファ部分

$$V_o = V_- + V_f$$

で，V_o は＋端子の電位と－端子の電位差を A 倍したものになるので，

$$V_o = A(V_i - V_-)$$

で，この2本の式から，V_-は，

$$V_- = \frac{AV_i - V_f}{1+A} = \frac{A}{1+A}\cdot\left(V_i - \frac{V_f}{A}\right)$$
$$\approx V_i - \frac{1}{A}(V_i + V_f) + o\left(\frac{1}{A}\right)$$

となります．最後の近似式は，$x \ll 1$のとき，$(1+x)^{-1} = 1 - x + o(x)$を使って展開した結果[83]です．$V_i$は，0V～3.3V，$V_f$は，0.6～0.7Vで，オーダーとしては$10^0$の同程度の大きさであり，NJM2732Dの$A = 84$から第2項の$(V_i + V_f)/A$は，1%程度より小さい差を無視する近似では，ないものと考えることもできて，その近似の範囲では，

$$V_- \cong V_i$$

となります．エミッタの先につないだRにI_cの電流が流れるとすれば，**図222**から，$I_c \cdot R = V_-$，なので，

$$I_c = \frac{V_-}{R} \sim \frac{V_i}{R}$$

で，エミッタの先に接続する抵抗Rの値で，スピーカに流す電流を決めることができます．今回は，$R = 62\Omega$で使うので，最大[84]でも3.3V/1kΩ = 53mAで，この場合で約0.176Wとなります．

なお，単純にAが大きいので，$1 + A \rightarrow A$，$AV_i - V_f \rightarrow AV_i$と考えても，$V_- = V_i$は出てきますが，その場合，$V_o = A(V_i - V_-) = 0$，となって，ちょっと不思議な感じになります．OPアンプをはさむと，裸利得Aがかかるので，さきほど無視した$(V_i + V_f)/A$の項は無視できなくて，

$$V_o = A(V_i - V_-) = A \times \frac{1}{A}(V_i + V_f) = V_i + V_f$$

となり，$V_i \cong V_-$の近似のもとで，最初のV_oの式が再現しています．一方，抵抗に流れる電流を考えるときには，OPアンプをはさむ部分が含まれていないので，Aで割られている項については無視してよい，というのが，上の近似の内容です．

また，最終的な電圧の増幅率は，今の近似のもとで，

$$V_o = V_- + V_f \cong V_i + V_f$$

なので，

$$G = 1 + \frac{V_f}{V_i}$$

となります．トランジスタをはさまず，**図222**でベース-エミッタ間に相当する部分を任意の抵抗とし，GNDに接続している1kΩの抵抗をつながずに使うのが，本来のボルテージ・フォロワの使い方で，その場合は，非反転増幅のフィードバック抵抗，R_fのみで，－入力をGNDに落とす抵抗を，$R_g = 0$として使うので，非反転増幅の公式で，$G = 1 + R_f/R_g$において，$R_g = \infty$としたことになり，$G = 1$となります．今回の使い方は，間にトランジスタをはさんでいるため，入力電圧V_iが低いほど最終的な利得Gが高くなる回路になっています．

最終的な出力を，今求めた増幅率Gを使って計算してみると，

$$V_o = V_i\left(1 + \frac{V_f}{V_i}\right) = V_i + V_f$$

となるので，先ほど計算した，V_oの結果と一致しています．結局，入力波形に対してトランジスタの順方向降下電圧分だけかさ上げされた波形が得られることになるので，それを考慮して波形を生成しないと，スピーカに流れる電流の波形がクリッピング(頭打ち)することになり，高調波歪みとなって，信号のスペクトル成分に影響してくることに注意が必要です．

ブレッドボードへの配線例は，**図223**のようになります．**図223**の例では，NJM2732Dの1番ピンとトランジスタのベースとを直結していますが，配線が混んできて作業しづらい場合は，適宜トランジスタを別の場所に配置して組み上げてみてください．

スピーカは，片側はV_+(電源)から直結し，反対側をトランジスタのC(コレクタ)につなぎます．スピーカとの接続は，根元部分(S：スリーブ)と先端部分(T：チップ)をミノムシ・クリップではさみます．極性はないので向きは任意です．

● Swicth Matrix Toolの設定

Switch Matrix Toolの設定は，**図224**のようにします．今回は，SCTのCTOUT_0をパッケージ・ピ

83 $o(x)$は，$x \rightarrow 0$のとき，$\lim(R(x)/x) \rightarrow 0$，となるような$R(x)$のみを含む項，の意味で，今の場合，$o(1/A)$と書いた部分には$1/A^2$，$1/A^3$，…を係数にもつ項が残るが，$A$が大きくなっていくと$1/A$よりも早く0に近づく項のみであるということを表している．NJM2732Dの$A = 84$なので，$1/A = 1/84$，$1/A^2 = 1/7056$，…で，$1/A^1$よりもAのべき乗が大きい項については無視できる．

84 これはDCで評価していて，しかも実効値ではなく最大値で評価しているので，安全側の見積もりになる．

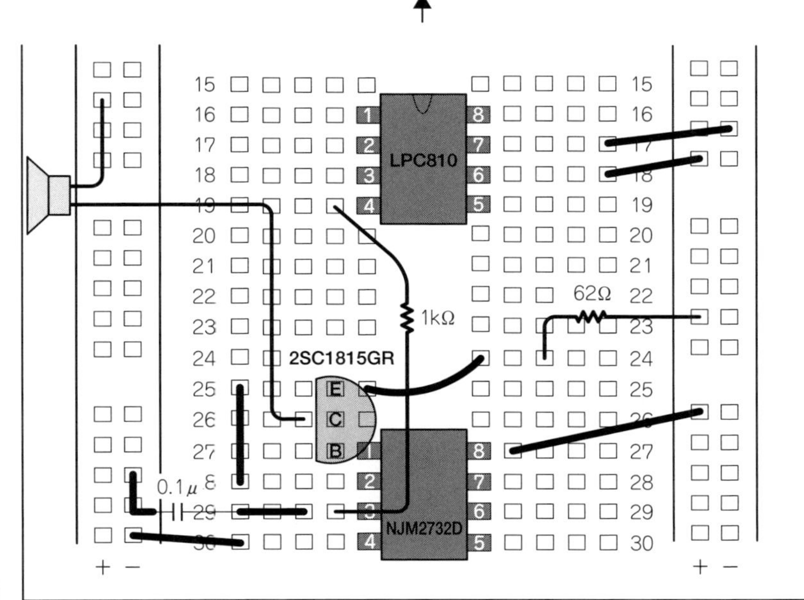

図 223
ブレッドボード上の配線例

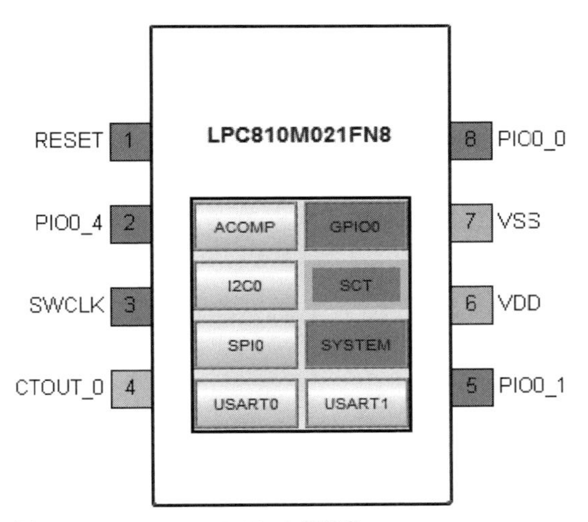

図 224　Switch Matrix Tool の設定

ンの4番に設定するだけです．

swm.cとtype.hをプロジェクトのsrcフォルダにエクスポートし，type.hの64ビット関連の宣言をコメント・アウトしておきましょう．

● Red State Machine の設定

Red State Machineの状態定義は，**図 225**のようにします．今回は，カウンタを16ビットのカウンタ二つに分けて使うsplitモードで使います．Splitで作成するには，**図 226**のように，Red State Machineの作成ウィザードで，「unified timer」のチェックを外してから，[Finish]をクリックします．

Splitモードで作成した場合は，GUI画面の中に，**図 225**の中にある「L_ENTRY」と「H_ENTRY」の二つの状態が作成されています．Splitモードでは，カウンタは，HとLの2系統で，それぞれ16ビットなので，0から65535までのカウントとなります．

図 225の状態定義に必要な設定項目は，**図 227**，**図 228**，**図 229**のようになっています．今回は設定内容が増えているので，図とは別に，テキストで各項目の設定内容を書き出しておきます．

Input for State Machine

onVal	const int	16
offVal	const int	32
onMatch	Match Low	onVal
offMatch	Match Low	offVal
changeWidth	Match Hight	changeVal
changeVal	const int	128

Signals

onSignal	onMatch: onMatch
offSignal	offMatch: offMatch
changeSignal	changeWidth: changewidth

Action List

onAction
　SET　Output pin0
offAction
　CLEAR　Output pin0
　CALL　Limit low counter
changeAction

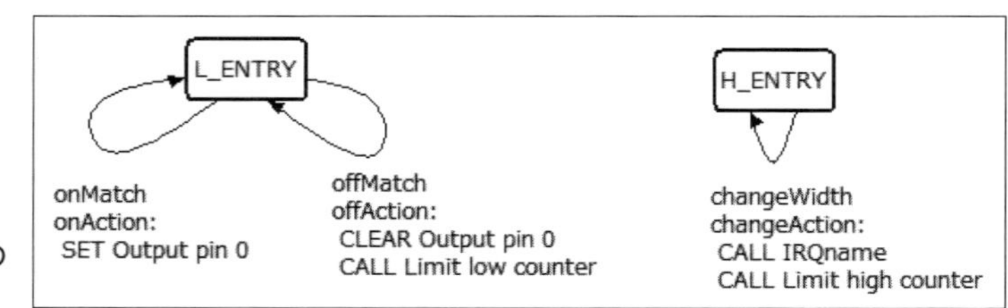

図 225 Red State Machine の状態定義

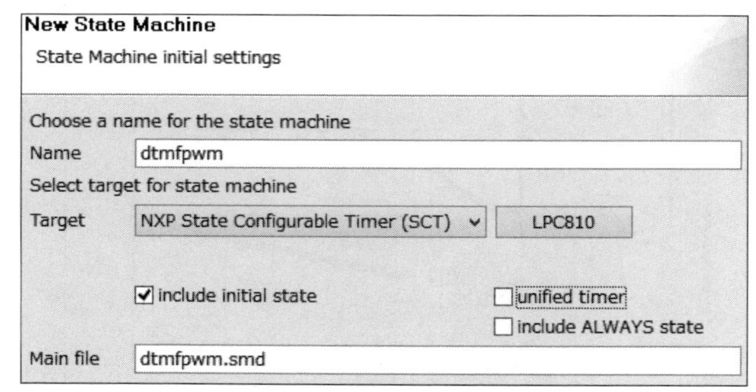

図 226 unified timer のチェックを外して作成する

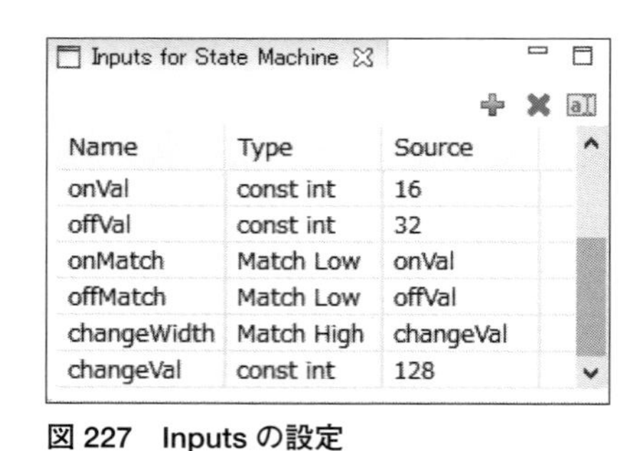

図 227 Inputs の設定

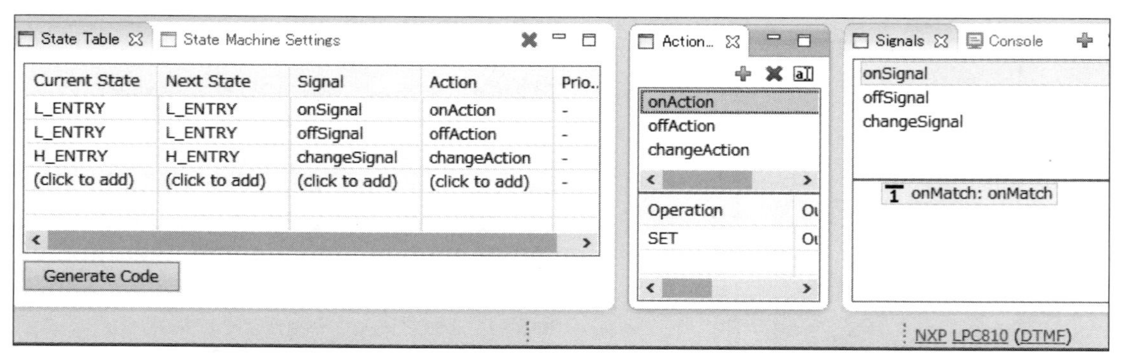

図 228 Signals，Actions，State Tabel の設定

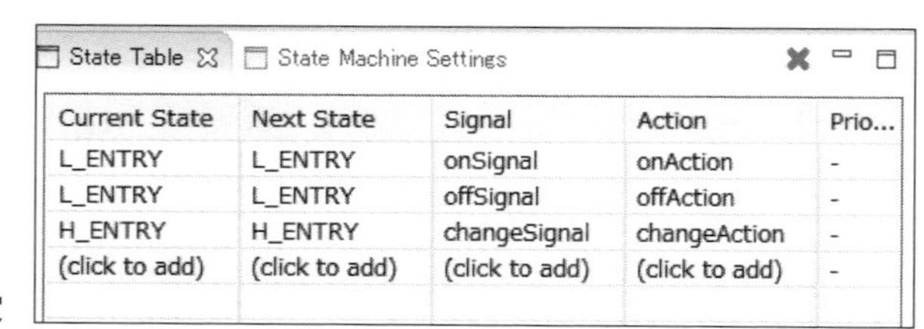

図 229 State Table の設定

CALL IRQname
CALL Limit high counter

State Table

L_ENTRY	L_ENTRY	onSignal	onAction
L_ENTRY	L_ENTRY	offSignal	offAction
H_ENTRY	H_ENTRY	changeSignal	changeAction

Output for State Machine

特に追加内容はありません

各項目とも，デフォルトで入っている青字の行は削除できないので，リストにある内容を追加で設定してください．また，順序は，必ずしもリストのとおりでなくてかまいません．Red State Machine の設定項目の順序を入れ替えるには，一旦削除して作り直すしかないので，設定内容の順序については気にせず進めてください．

上記のリストを参照して，各項目を設定すると，GUI 画面が，**図 225** のようになります．この状態で，

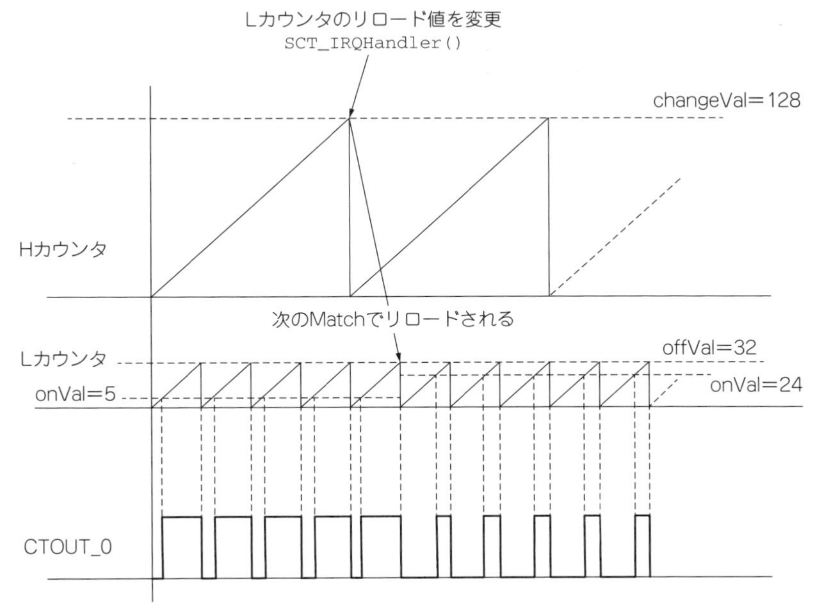

図 230　SCT の状態変化

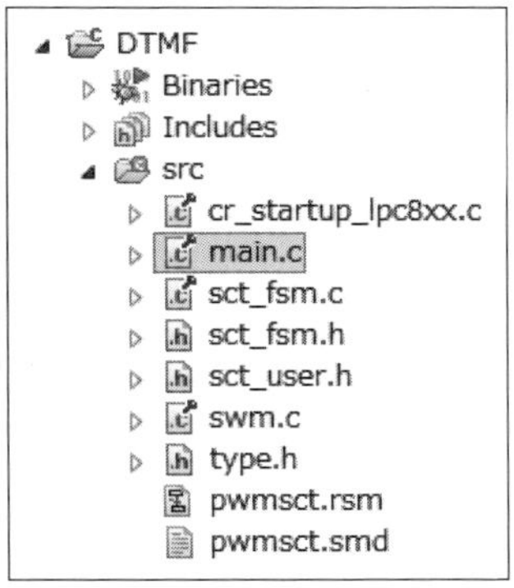

DTMF
- Binaries
- Includes
- src
  - cr_startup_lpc8xx.c
  - main.c
  - sct_fsm.c
  - sct_fsm.h
  - sct_user.h
  - swm.c
  - type.h
  - pwmsct.rsm
  - pwmsct.smd

図 231　DTMFのsrcフォルダ内容

[Generate Code]をクリックすると，src フォルダに sct 関係のファイルが生成されます．

さて，ここで定義した state machine は，**図 230** のような動作になっています．Low カウンタは 32 でリロード，H カウンタは，その 4 倍の 128 でリロードする 1 方向のアップ・カウンタとして動作させ，H カウンタのリロード時(changeMatch)に，L カウンタのリロード値(MATCHREL)を変更します．リロード値は，カウンタ・マッチのタイミングでマッチ・カウンタに設定されるので，H カウンタがマッチした次の回の L カウンタ・マッチで，L カウンタの onMatch の値，onValue が変更されます．

結果的に，L カウンタは 4 周期ごとに，H カウンタ・マッチ時に設定される onMatch の値に従って PWM のデューティ比が変わっていきます．リロード値の変更自体は，SCT 内では記述できないため，H カウンタ・マッチ時には割り込みを発生させて，ユーザ・コード内で L カウンタのリロード値を変更させます．

この，H カウンタで変更していく PWM デューティ比を，sin 関数の離散値に従って設定していくことで，デューティ比が sin 関数に従って変化する PWM を生成していき，その出力をローパス・フィルタで平滑することで sin 波の出力を行うようにします．

● DTMF 送信実験のユーザ・コード

ここまでの作業で，プロジェクトの src フォルダは，**図 231** のようになっているはずです．Switch Matrix Tool から swm.c と type.h，Red State Machine から sct_fsm.c，sct_fsm.h，sct_user.h が，それぞれ生成されています．

これらを使って，DTMF 信号を生成するコードは，**図 232** のようになります．

このコードを，main.c に入力し，プロジェクトをビルドして，生成される HEX ファイルを LPC810 に書き込みます．

動作調整は，DTMF 信号音の長さとポーズ間隔がそれぞれ，TONE_LENGTH と TONE_GAP で，いずれもミリ秒(ms)単位で指定します．**図 232** のコード自体は，ITU-T の規格ギリギリのパラメータを指定しても動作しますが，認識するプログラム側の反応も考えて，**図 232** では，信号音の長さ，ポーズとも，360ms に設定してあります．使う場面に応じて，規格の範囲内でこれらのパラメータは調整してみてください．

再生される符号は，tc[ ]という配列に定義してあり，'0' ～ '9' が tc[0] ～ tc[9] に，'*' が tc[10] に，'#' が tc[11] に，それぞれ対応します．この対応は，**図 233** のように低群・高群の周波数を DTMF_L[ ] と DTMF_H[ ] の配列にそれぞれ格納しておき，tc[ ] を通してマッピングしたインデックスで対応する周波数を取得するようにしています．

数字の 0 ～ 9 が配列のインデックス[0]～[9]に対応するようにしているので，A ～ D を使う場合は，右下の表のように対応と，インデックスの計算とを変更する必要があります．

図 232　DTMF 送信実験のユーザ・コード

```
#ifdef __USE_CMSIS
#include "LPC8xx.h"
#endif

#include <cr_section_macros.h>
#include "sct_fsm.h"

#define PWMCYCLE (32)
#define PWMREP (4)
#define FIX  (4)

static uint32_t sin32[] = {
            17,15,12,10, 8, 6, 5, 4,
             3, 4, 5, 6, 8,10,12,15,
            17,20,23,25,27,29,30,31,
            31,31,30,29,27,25,23,20
};

static uint32_t DTMF_L[] = { 697<<FIX, 770<<FIX, 852<<FIX, 941<<FIX };
static uint32_t DTMF_H[] = {1209<<FIX,1336<<FIX,1477<<FIX,1633<<FIX };

volatile uint32_t fs = 2929<<FIX;
volatile uint32_t wall = 31,t = 0;

void SCT_IRQHandler(void) {
     // We have only one IRQ request.
     LPC_SCT->EVFLAG = (1<<sct_fsm_IRQ_EVENT_IRQname);
     t++;
     sct_fsm_reload_onMatch(wall);
}

volatile uint32_t duration = 0;
void SysTick_Handler(void) {
     if(duration) duration--;
}

void wait_ms(uint32_t ms) {
     duration = ms;
     while(duration);
}

void DTMFtone(uint32_t tone, uint32_t dur) {
     uint32_t h,l;

     h = tone % 3;
     l = tone / 3;
     t = 0;
     duration = dur;
     while(duration) {
            uint32_t dl,dh;
            dl = (t*DTMF_H[h]/fs) % PWMCYCLE;
            dh = (t*DTMF_L[l]/fs) % PWMCYCLE;
            wall = (sin32[dl]+sin32[dh])/2;
     }
     wall = 31;
}

#define TONE_LENGTH(360)  // ms
#define TONE_GAP    (360)
```

```
volatile static uint32_t tc[] = {10,0,1,2,3,4,5,6,7,8,9,11};

void SwitchMatrix_Init(void);
int main(void) {
      SwitchMatrix_Init();

      LPC_SYSCON->SYSAHBCLKCTRL |= (1 << 8);
      NVIC_EnableIRQ(SCT_IRQn);
      sct_fsm_init();
      LPC_SCT->CTRL_L &= ~(1<<2); // unHALT L
      LPC_SCT->CTRL_H &= ~(1<<2); // unHALT H
      SysTick_Config(SystemCoreClock/1000);

      volatile int tone = 0;
    while(1) {
      for( tone = 0; tone < 12; tone++ ) {
            DTMFtone(tc[tone],TONE_LENGTH);
            wait_ms(TONE_GAP);
      }
    }
    return 0 ;
}
```

		uint32_t DTMF_H[4]			
		[0]	[1]	[2]	[3]
		1209Hz	1336Hz	1477Hz	1633Hz
[0]	697Hz	1	2	3	A
[1]	770Hz	4	5	6	B
[2]	852Hz	7	8	9	C
[3]	941Hz	*	0	#	D

A～Dを使わない場合

uint32_t tc[12]			
配列値	%3＝0	%3＝1	%3＝2
/3＝0	0	1	2
/3＝1	3	4	5
/3＝2	6	7	8
/3＝3	9	10	11

A～Dを使う場合

uint32_t tc[16]				
配列値	%4＝0	%4＝1	%4＝2	%4＝3
/4＝0	0	1	2	3
/4＝1	4	5	6	7
/4＝2	8	9	10	11
/4＝3	12	13	14	15

A～Dを使わない場合

```
tc[]={10,0,1,2,3,4,5,6,7,8,9,11};
```

A～Dを使う場合

```
tc[]={13,0,1,2,4,5,6,8,9,10,12,14,3,7,11,15};
```

図233　DTMF符号と高群・低群周波数のそれぞれの配列

● DTMF信号

実際に，ブレッドボードでDTMF信号を発生させているようすが，**図234**です．ミノムシ・クリップで接続されたパッシブ・スピーカから，DTMF信号が，0，1……9，*，#，と生成されています．**図215**では，ケーブル付のスピーカを使っていましたが，**図234**のものはケーブルなしのタイプで，こちらも100円ショップで売られていたものです．

なお，A～Dの信号についても生成することができますが，次で紹介するスマート・フォン用のDTMFデコーダがA～Dに対応していないため，このプログラムではA～Dを生成させていません．

ブレッドボード上の回路のクローズアップは，**図235**のようになっています．生成されている波形を観測してみると，LPC810のパッケージ・ピン4(CTOUT_0)では，**図236**のようなPWM波ですが，ローパス・フィルタ通過後(NJM2732Dのピン3)では，**図237**のようにDTMF信号の波形が得られていることがわかります．

電流増幅後のトランジスタのエミッタでの波形は，**図238**で，波形的には，ほぼそのまま増幅できていることがわかります．

ローパス・フィルタを通った後の波形のスペクトルを調べてみると，**図239**のように，846Hzと1325Hzの付近に突出したピークがあることがわかります．これはDTMFの‘8’のときの信号のスペクトルですが，

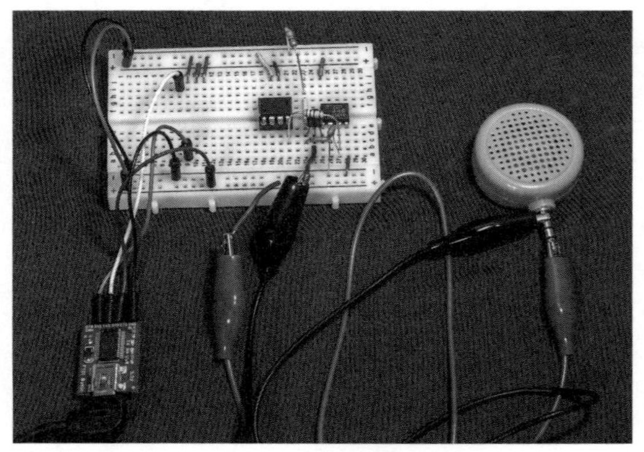

図 234　ブレッドボードで DTMF 信号を発生させているようす

図 235　ブレッドボードのクローズアップ

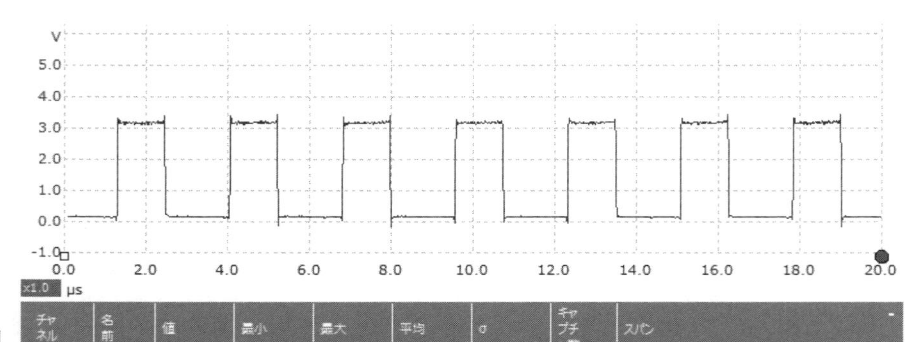

図 236
PWM の波形
(CTOUT_0，横軸 1 目盛＝ 2μs)

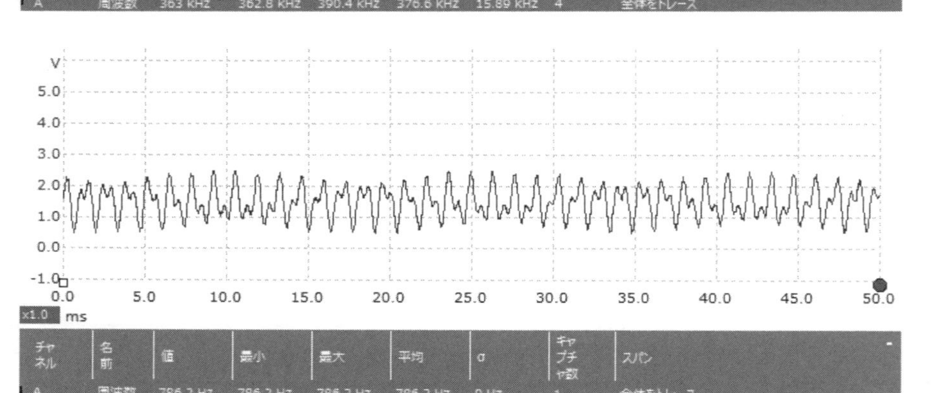

図 237
ローパス・フィルタ通過後の波形
(NJM2732D のピン 3，＋入力．横軸 1 目盛＝ 5ms)

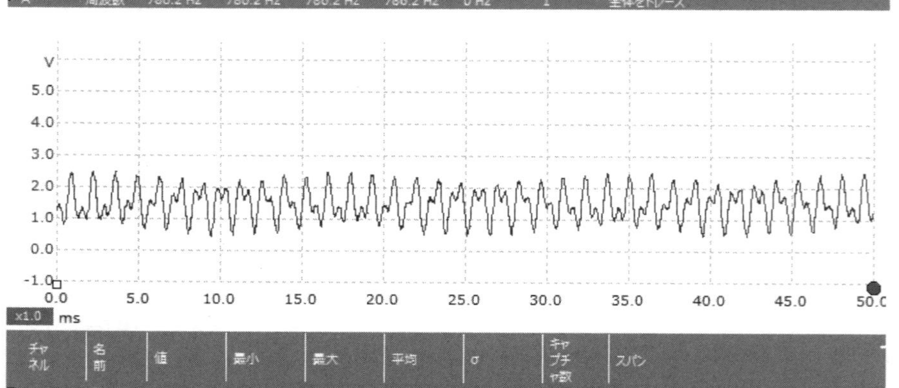

図 238
電流増幅後の波形
(2SC1815 エミッタ．横軸 1 目盛＝ 5ms)

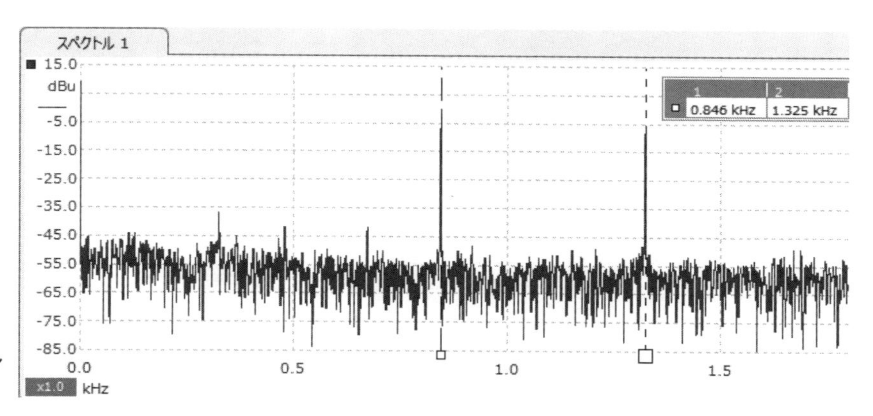

図 239
ローパス通過後のスペクトル
（横軸 1 目盛＝ 0.5kHz）

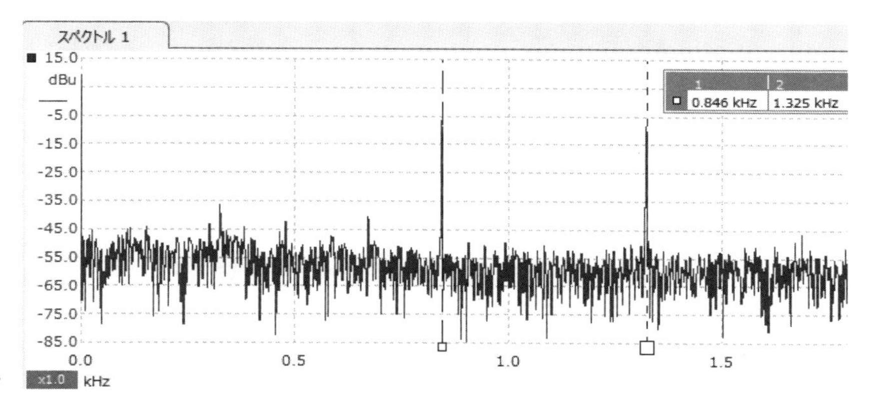

図 240
電流増幅後のスペクトル

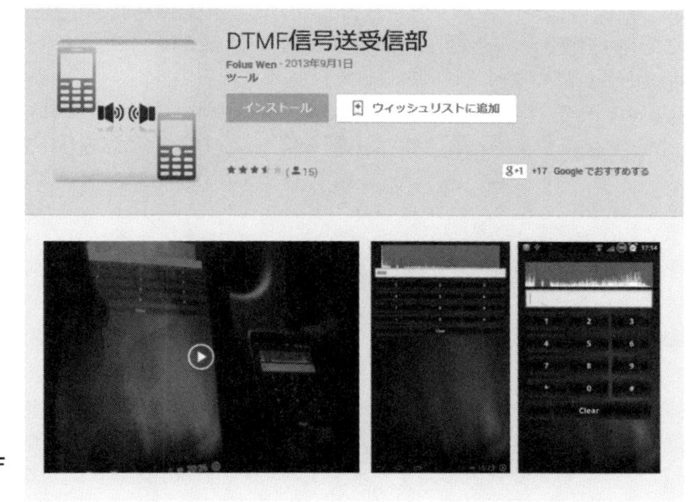

図 241
Play ストアの DTMF 信号送受信部

図 212 の DTMF 信号周波数マトリクスから，‘8’ は低群 852Hz，高群 1336Hz です．規格上の信号周波数偏差は，信号周波数の ±1.5% 以内なので，846Hz と 1325Hz であれば問題なく収まっていることがわかります．

電流増幅後の信号スペクトルは，**図 240** のようになっていて，周波数ピークのシフトもなく，問題なく増幅できていることがわかります．

次にスマート・フォンの DTMF デコーダで，この信号を聞き取ることができるかどうかを試してみます．

●スマート・フォンの DMTF デコーダ

スマート・フォンの DTMF デコーダ用アプリは，いくつかありますが，ここでは **図 241** の「DTMF 信

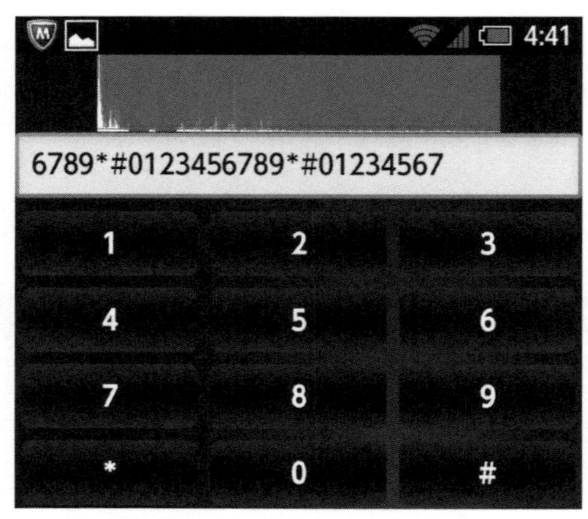

図 242　認識のようす

図 243　マイクを通して DTMF コードを認識させる

号送受信部」というアプリを使ってみます．これは無料のアプリで，その代わり，最下部に広告が入ります．Play ストアでこのアプリを検索し，Android OS のスマート・フォンやタブレットにインストールしておきます．

インストール後の起動は，特に設定などをする必要はなく，**図 242** のような画面が表示されます．マイクから拾った音を逐次解析し，DTMF 信号と認識できるものがあればデコードした文字が順次表示されていきます．今回は，LPC810 側での認識は行いませんが，このアプリでは画面のキーを押すと，DTMF の送信機になることも可能です．ただし，A ～ D の四つの符号はサポートされていません．

実際に，LPC810 からの DTMF 信号音を上記のアプリに認識させているようすが，**図 243** で，**図 242** のスクリーンショットのように，0 ～ 9，*，# の 12 文字が送信できています．スピーカからの音の音量は，それほど大きくはないので，スマート・フォンのマイク部分とスピーカをある程度近づけて認識させてみてください．**図 243** で使用したスマート・フォンのマイク部は**図 244** のように，戻るボタン(⏎)の右にあります．

今回は，SCT でアナログ信号を生成させるという実験の位置付けですが，DTMF 信号を用いて，LPC810 で読み取ったセンサの数値を，リアルタイムにスマート・フォンに表示させるといった使い方は，十分に可能性がありますし，工夫次第で，非接触でのスマート・フォンと，LPC810 の手軽な通信にも使うことができると思います．

● サイン波の合成

今回行ったサイン波の合成についても，一通り説明しておきます．

LPC810 は，浮動小数点演算ユニットを持たず，浮

図 244　使用したスマート・フォンのマイク部

動小数点演算を行いたい場合は，ソフトウェアで処理する必要があります．LPC810 用の driver_lib にも，浮動小数点演算と三角関数を含んだものがありますが，コード・サイズ的に不利になることと，演算速度も決して高速なわけではないため，今回のコードでは，sin()の値を離散的なテーブルで持っておき，再生したい周波数に応じて拡大縮小する方法としています．

図 230 から，アナログ電圧の生成は，カウンタの 32 サイクルの中でデューティ比を変更することで実現しているので，デューティ比の分解能は，32 段階＝5 ビットです．また，デューティ比の変更は，カウンタの 128 サイクルごとに行っていて，時間方向の分解能は，$\Delta t = N_{count} / f_{sysclock}$ で決まることから，$\Delta t = 128 / 12\text{MHz} \sim 10.67\mu\text{s}$ となり，これはサンプリング周波数でいえば，93.75kHz にあたります．

時間方向のサンプル点の数を 32 点とし，sin()の 1 周期を 32 点でサンプルすることにすると，これは，2.929kHz の正弦波のサンプルということで，振幅をデューティ比に置き換えてサンプリングした値を表すと，**図 245** のようになります．

プログラム中では，以下の配列に値を定義してあり

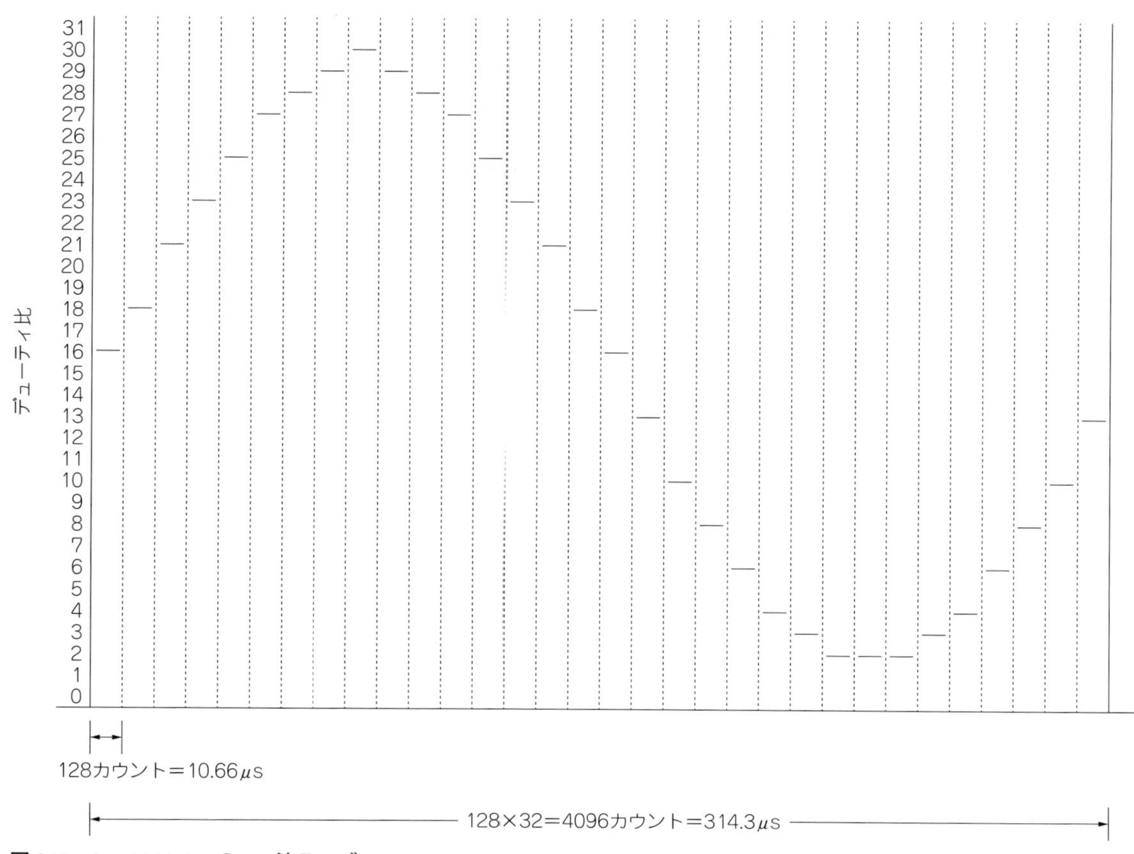

図 245　*f* ＝ 2929kHz の sin 波テーブル

ます．今回のコードでは，配列に onMatch の値を持つようにしているので，配列の各要素の値が小さいほど早くパルスが on になる＝デューティ比が大きい，ということになるので，下に示す，sin32[]の定義では，数字の大小が各瞬間の振幅の値と逆になっています．また，データとして，3 より小さな値が現れていませんが，これはクリッピング防止のため，振幅を抑えたデータを用意しているからで，**図 245** のテーブルを，下に 3 段階平行移動したデータをプログラムでは使っています．

```
static uint32_t sin32[] = {
          17,15,12,10, 8, 6, 5, 4,
           3, 4, 5, 6, 8,10,12,15,
          17,20,23,25,27,29,30,31,
          31,31,30,29,27,25,23,20
};
```

SCT のカウンタ設定から，これが f = 2.929kHz の正弦波のデータになるので，他の周波数については，このデータをスケーリングさせて使います．

なお，時間方向のサンプル数 32 点が，PWM のデューティ比分解能 5 ビット = 32 と同じであるのはたまたまで，波形のサンプリング精度を高めたい場合は，サンプル点を増やすことも可能です．メモリの少ない LPC810 であることと，プログラム中にあまりたくさんのデータを打ち込みたくないという理由もあり，実際にサンプル点を変えながら，いくつか試行してみた上で，32 点で DTMF 信号が認識されていることから，この値にしています．

波形の拡大縮小は，データ・テーブルとして持っている sin 波の周波数を，f_s = 2.929kHz とし，この sin 波の k 個めのサンプルの時刻を，τ_k とすると，任意の周波数 f の sin 波の k 個めのサンプルの時刻を t_k として，

$$\tau_k = t_k \frac{f}{f_s}$$

という計算で，データ・テーブル上の sin 波の値を読みだせば良いことになります．

たとえば，**図 246** のように $f < f_s$ の sin 波の場合，

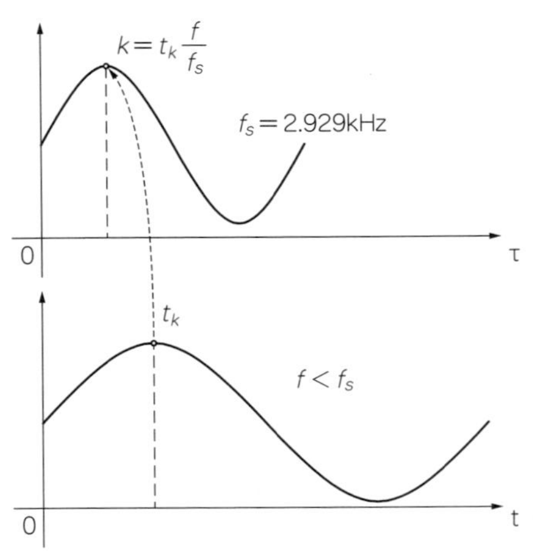

図 246　時刻マッピング

時刻 t_k の値は，t_k よりも前の時刻，τ_k におけるデータ・テーブル上のサンプル値を使えばよいので，上の計算で任意の周波数 f の波形を生成できることになります．

ただし，今の説明から，$f<f_s$ の波に対しては，サンプリング周波数が下がっていることになることはすぐにわかります．DTMF の信号は，697Hz ～ 1633Hz なので，もっとも低い 697Hz の sin 波に関しては，22.3kHz ほどのサンプリング周波数に相当します．元々のサンプリング周波数を，93.75kHz と高めにしておいたのはこのためで，とりあえず，22kHz もあれば最高で 1.6kHz ほどまでの DTMF 信号には十分であろうということと，振幅の量子化ビット数が 5 ビットしかないことから，これで妥協して使うことにしています．

実際のスケーリング計算は，浮動小数点を使わないことにしているので，周波数データを 4 ビット・シフト = 16 倍した固定小数点演算で行っています．

```
#define FIX (4)

static uint32_t DTMF_L[] =
            { 697<<FIX, 770<<FIX,
            852<<FIX, 941<<FIX };
static uint32_t DTMF_H[] =
            {1209<<FIX,1336<<FIX,
           1477<<FIX,1633<<FIX };

volatile uint32_t fs = 2929<<FIX;
```

のように，周波数データを 16 倍した値で配列に持っておき，

```
dl = (t*DTMF_H[h]/fs) % PWMCYCLE;
dh = (t*DTMF_L[l]/fs) % PWMCYCLE;
wall = (sin32[dl]+sin32[dh])/2;
```

として，固定小数点の範囲内での切り捨て計算を行い，得られた低群・高群のデューティ比を足して 2 で割ることで正規化し，sin 波を重畳した DTMF の信号を得ています．Mod 演算を付けているのは，sin() が周期関数であるからです．

この伸縮計算も，テーブル内の値から適宜補間計算をすれば，もう少し精度はあがりますが，なにごとも簡易に済ませようという LPC810 的な精神から，単純に切り捨てた位置の値を使うようにしています．

I/O 拡張例 ― 7 セグ LED

● I/O 拡張

最後に，ピン数の少ない LPC810 の I/O を拡張する例として，7 セグメント LED を点灯するサンプルを提示してみます．LPC810 は，8PIN の DIP パッケージで，電源と GND を除くと 6 本しか I/O に使えるピンがありません．マイコンのピン数が少ない場合，ロジック IC を使って I/O の系統数を拡張するのが定番ですが，本書の冒頭でも述べたように，LPC シリーズにはピン数の多いパッケージも存在するので，I/O の系統数が多くなる場合は，本来は上位パッケージを使うのが常識的な選択です．

実際，外付けの拡張回路を付けてしまうと，拡張回路に使用するロジック IC などのパーツのほうが，LPC810 よりも物理的なフット・プリントも大きく，価格も高くなります．

LPC810 の魅力は，小サイズ，低消費電力で高速な I/O があり，上位機種でしか使えない SCT を持っているマイコンが DIP8 ピンの手軽に工作できるパッケージングに収められている点にあります．

そこで，ここでは，LPC810 の良さを活かすというよりは，一般的なマイコンの I/O 拡張の事例としてのみ，シフト・レジスタを使った，7 セグメント LED の点灯例を紹介します．

一般には，ピン数が少ない場合に，7 セグメント LED をドライブするには，桁数を稼ぐために，点灯対象の 7 セグメント・ユニットを動的に切り替えながら，点灯していくダイナミック点灯という方法が使われます．この方法では，7 セグメント・ユニットを切り替える信号線，現在選択中のユニットの LED の点灯情報を送る信号線，送った信号を取り込ませるタイミングを作るクロックの信号線の計 3 本を使います．

これに対して，スタティック点灯の方法では，すべ

てのユニットの点灯情報を送る1本の信号線と，ラッチの信号線の2本のみを使います．ダイナミック点灯の場合，マイコンからの信号線は1本増えますが，7セグメントLEDの桁数が増えても，7セグメントLED側の配線数の増加がユニット切り替えの信号線の増加のみに抑えられるというメリットがあります．

しかし，LPC810はピン数が少ないという出発点からすると，たとえ7セグメント側の信号線が増えても，マイコン側の信号線が1本でも少ないというメリットのほうを，今回は追及することにします．よって，定石に反して，本節では2桁のスタティック点灯LEDを，LPC810で点灯させてみます．

ただ，この事例は，外付けの回路の製作がかなり大変になります．本書の他の製作例と異なり，これを自分で実際に製作してみることは，決して積極的にはお勧めしません．あくまでも，こういうこともやれます，という事例としての提示になります．

●使用するパーツ

7セグメントLED

7セグメントLEDは，**図247**のように，すべてを点灯すると「8」の文字になるように7本の細長いLEDを配置したもので，数字を表すためのこれらの7本のLEDの他に，小数点表示ができるように付け加えられた，DP（= Decimal Point，小数点）のLEDの合計8本が1桁分になっているものです．7セグメントという呼び方が定着していますが，実際には8本のLEDがあるということになります．

今回使用する2桁スタティック7セグメントLEDは，C-552SRDです．これは，カソード・コモンの7セグLEDで，**図248**のようなピン・アサインになっています．秋月電子で購入する場合は，I-00885の通販コードのものになります．

シフト・レジスタ

信号線2本で，8×2 = 16のLEDを点灯させるには，定番のシフト・レジスタというロジックICを使います．今回は，TC74HC164APというシフト・レジスタのICを2個使い，それぞれ1桁の7セグメントLEDを点灯させます．ピン配置は，**図249**のようになっています．TC74HC164APというのは，具体的なICの型番で，ICの機能としては74164という8ビットのシフト・レジスタです．

74164は，QA，QB……，QHという8個の出力があり，入力は，データを送るA，Bの端子と，取り込みのタイミングを指示するCLK，データをクリアする$\overline{\text{CLR}}$の四つです．これらのうち，A，Bの2本は，AND回路になっているので，今回はB端子をV_{+}に接続して，常に1(true)としておき，A端子からLEDの点灯データを送ります．$\overline{\text{CLR}}$端子は，上にバーがあることから，負論理の端子で，GNDに落ちたときにデータをクリアします．今回は，データ・クリアも使用しないので，$\overline{\text{CLR}}$もV_{+}に接続しておきます．

結局，データ入力のAと，取り込みタイミングを送るCLKの2本の信号線を使い，これらを，LPC810のPIO0_4→A，PIO0_0→CLKとして，LEDの点灯データを1ビットずつシリアルに送信します．

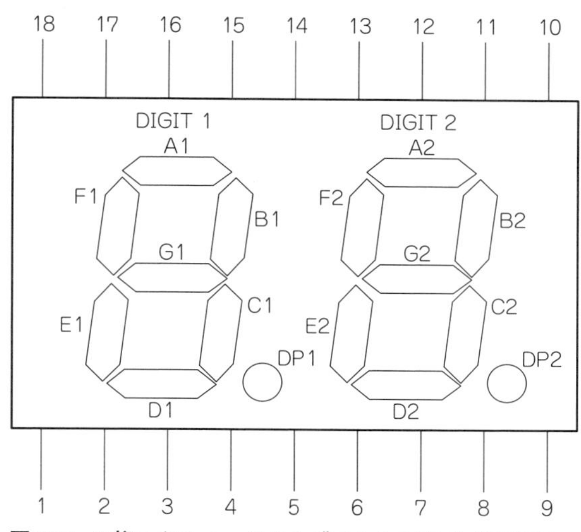

図247　2桁スタティック7セグメントLED C-552SRD

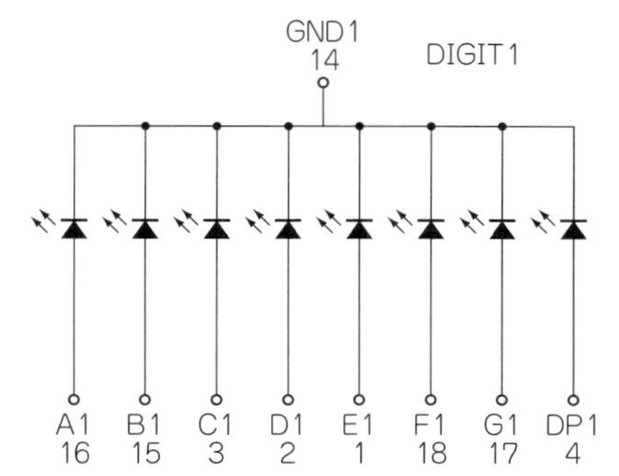

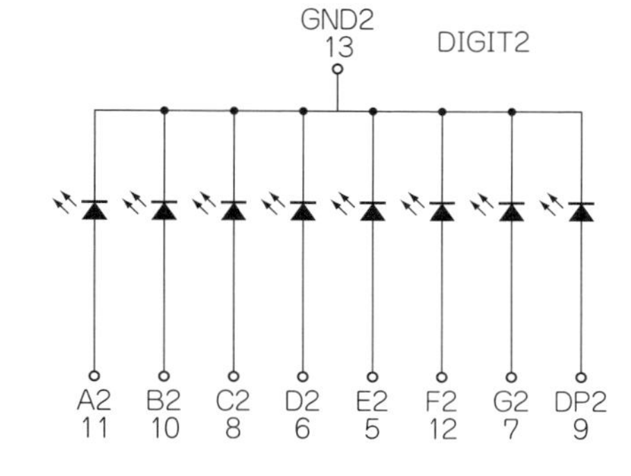

図248
C-552SRDピン・アサイン

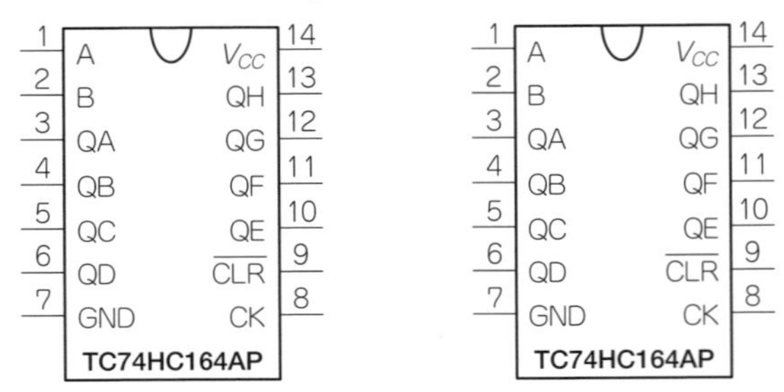

図 249　シフト・レジスタ TC74HC164AP

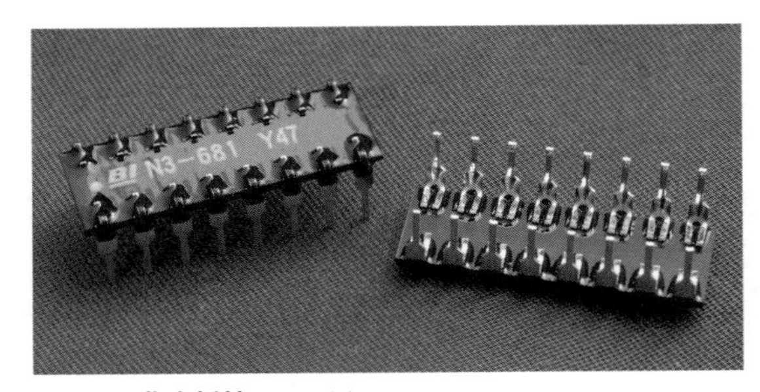

図 250　集合抵抗 680Ω×8

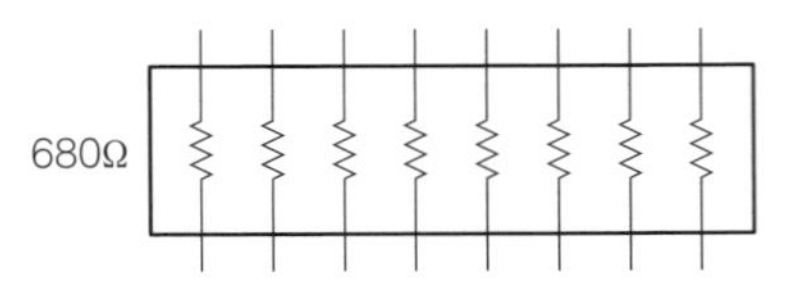

図 251　集合抵抗 680Ω×8 の内部接続

図 252　シフト・レジスタ 74HC164AP

図 253　2 桁スタティック 7 セグメント LED C-552SRD

集合抵抗

点灯させる LED が全部 8×2 = 16 本あることになりますから，LED につなぐ電流制限抵抗も 16 本必要になります．抵抗は足がむき出しであるため，この数をブレッドボード上に実装するとなると，抵抗の足同士が接触してしまう恐れがあります．

これを避けるため，**図 250** のような集合抵抗と呼ばれるパーツを使用します．これは一見すると IC に似ていますが，単純に 8 本の抵抗が IC と同じピッチの足で並んでいるもので，**図 251** のような内部接続になっています．今回は 680Ω ×8 の集合抵抗を二つ使います．

ここまでに出てきた，74HC164AP と，C-552SRD の外見は，それぞれ，**図 252** と**図 253** のようになります．

この 3 種類のパーツを使って，LED の点灯回路を作りますが，ジャンプ・ワイヤもかなりの数が必要になります．配線の回し方にもよりますが，できれば 50 本は用意しておいた方が安心です．

●ユーザ・コード動作回路

2 桁スタティック 7 セグメント LED のユーザ・コード動作回路は，**図 254** のようになります．配線数がかなり多いので，慎重に行ってください．この回路は小さなブレッドボードでは一つでは無理で，筆者の実験時には，**図 255** のように 2 枚のブレッドボードを電源，GND を連結して組み，書き込み回路側から電源と GND を回して動作させています．下側の 2 枚の一番右端にある石が LPC810 です．その左側に 74HC164AP×2，左側のボードには集合抵抗 ×2 と 7 セグ LED が乗っています．

配線は，一見するとかなり複雑に見えますが，原則は，74HC164AP の QA ～ QG が，LED の各桁の A ～ G に，QH が DP1(小数点のドットポイント)に接続されるようにすることです．もちろん，QA - 集合抵抗 - A1 などのように，間に抵抗が入ります．

抵抗や，＋3.3V，GND に接続する部分を省略し，論理的な接続関係だけを書けば，**図 256** のようになります．LPC810 の 8 番ピンからは，二つの 74HC164AP の CK 端子にクロックを供給し，LPC810 の 2 番ピンは，DIGIT2 に接続する 74HC164AP の A 端子につないでシリアルの LED 点灯データを供給します．

LPC810 の 2 番ピンから A 端子に信号を受けている，74HC164AP の QH 端子は，DIGIT2 の DP2 端子に接続すると同時に，DIGIT1 に接続する 74HC164AP の A 端子にも接続して，LPC810 からの信号をカスケードしておきます．この接続で，(図とは端子記号の並

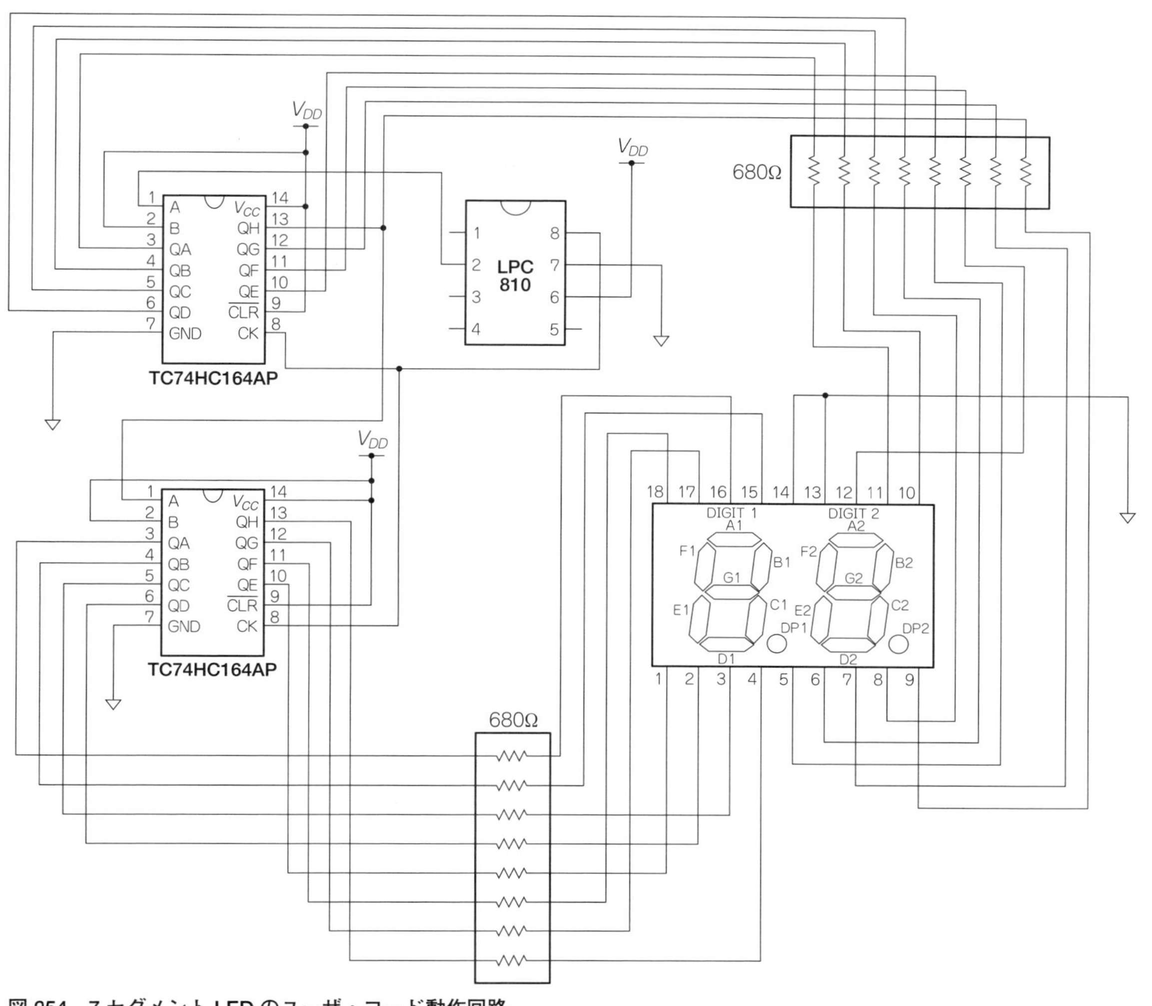

図 254　7 セグメント LED のユーザ・コード動作回路

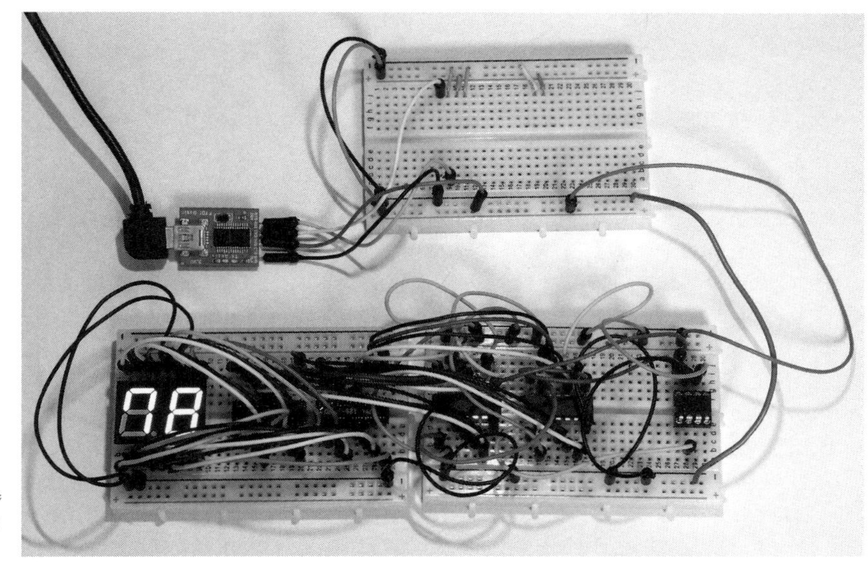

図 255
ブレッドボード 2 枚(＋書き込みボードからの電源)で「78」を表示しているようす

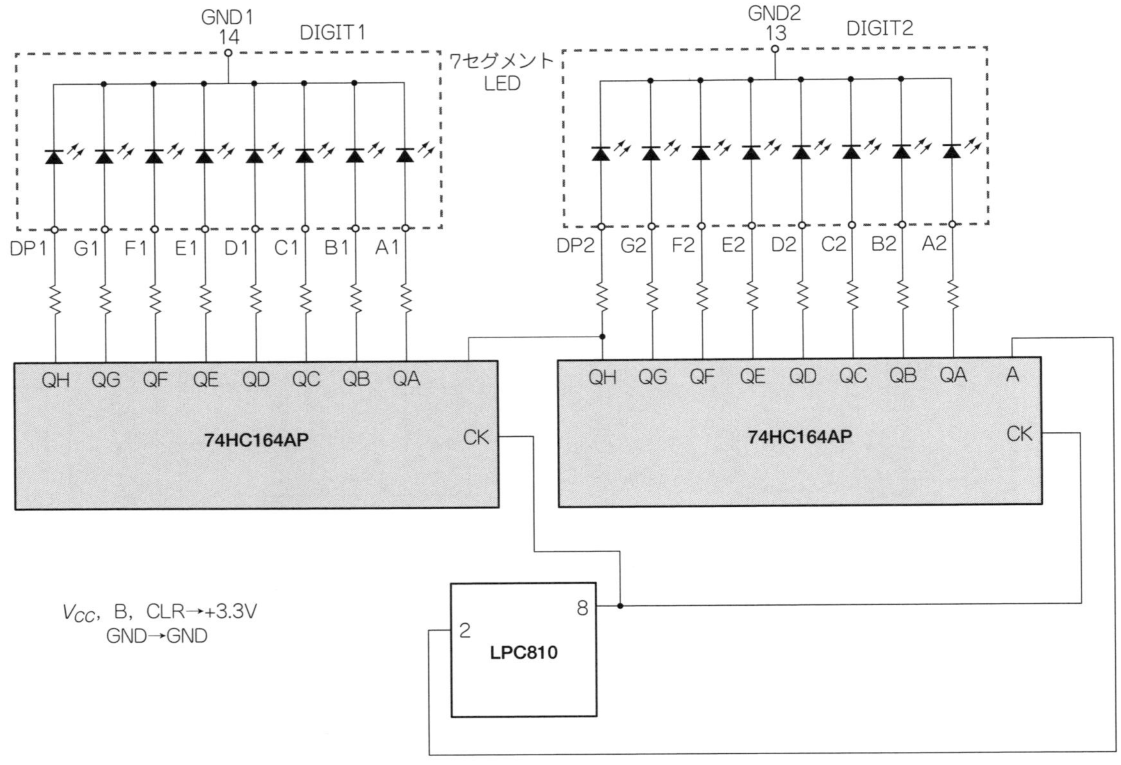

図 256　論理的接続図

びの左右が逆になりますが)，

LPC8102 番→ A → QA → QB →…
→ QH → A′→ QA′→ QB′→…→ QH′

と，CK にクロックが入るたびに(LPC810 の 8 番ピンが 0 − 1 − 0 となるたびに)，ピンの 1/0 の信号が順にシフトしていきます．A′など，ダッシュがついているのは，DIGIT1 に接続するほうで，ダッシュのないほうが，DIGIT2 に接続するものです．

これがシフト・レジスタの動作で，合計 16 本の LED の ON/OFF に対応した 1/0 を順に 16 回，2 番ピンにセットして 8 番ピンを上げ下げすることで，2 本の信号線で 16 個分の点灯データを送っています．

● 7 セグメント LED のユーザ・コード

ユーザ・コードは，**図 257** のようになります．回路が複雑なぶんだけ，コードは単純なもので，SysTick を使った時間待ちの関数は，数字の桁表示の待ち時間のためだけに使われています．

LED の点灯パターンは，0b で始まる 2 進数の各ビットの 0/1 で表していて，led[]という配列にデータを持つようにしています．`main()` の中では，システム・クロックのアップデートの後，GPIO の PIO0_0 と PIO0_4 を出力に設定し，シフト・レジスタへのクロックに使う PIO0_0 をあらかじめ 0 にしたあと，SysTick を初期化して `while(1)` の無限ループに入ります．

`while(1)` ループの中では，0 から 9 までの数字を順に，LED 点灯パターン・データをみるために，最下位ビットから順にマスクしていきます．各セグメントが 1 なら，PIO0_4 を SET，0 なら CLR としたあと，PIO0_0 のクロックを SET → CLR して，クロックを送っています．

通常，この種のシフト・レジスタを LED 点灯に使う際には，74164 と原理は同じですが，ラッチという信号を送るまではデータの変化を出力に反映しないタイプの 74595 というシフト・レジスタが使われます．理由は，GPIO の信号切り替えが遅いと表示がちらつくためで，74595 では，内部にバッファの役割をするフリップフロップが入っており，必要な点灯・消灯データを 8 本ないしは 16 本分セットしてから，一斉に表示を切り替えることがよく行われています．

今回，ラッチを持たない 74164 を使用したわけですが，LPC810 の PIO0_0 からのクロック波形は，**図 258** のようになっています．横軸は 1 目盛が 0.5μs ＝

図 257　7 セグメント LED のユーザ・コード

```
#ifdef __USE_CMSIS
#include "LPC8xx.h"
#endif

#include <cr_section_macros.h>

volatile uint32_t waiting = 0;

void wait_ms(uint32_t ms) {
     waiting = ms;
     while(waiting);
}

void SysTick_Handler(void) {
     if(waiting) waiting--;
}

uint8_t led[11] = {
           0b11111100,  // 0
           0b01100000,  // 1
           0b11011010,  // 2
           0b11110010,  // 3
           0b01100110,  // 4
           0b10110110,  // 5
           0b10111110,  // 6
           0b11100100,  // 7
           0b11111110,  // 8
           0b11110110,  // 9
           0b00000001,  // .
};

int main(void) {
     SystemCoreClockUpdate();

     LPC_GPIO_PORT->DIR0 |= (1<<4) | (1<<0); // Port0: CLK, Port4: DAT
     LPC_GPIO_PORT->CLR0 = (1<<0);

     SysTick_Config(SystemCoreClock/1000);
     volatile int i = 0 ;
     while(1) {
           for( i=0; i < 10; i++ ) {
                 volatile int d;
                 for( d =0; d < 8; d++ ) {
                       if( led[i] & 1<<d )
                       LPC_GPIO_PORT->SET0 = (1<<4);
                       else
                       LPC_GPIO_PORT->CLR0 = (1<<4);
                       LPC_GPIO_PORT->SET0 = (1<<0);
                       LPC_GPIO_PORT->CLR0 = (1<<0);
                 }
                 wait_ms(1000);
           }
     }
     return 0 ;
}
```

500ns なので，おおむね 800ns 程度のパルス幅です．データを送っている PIO0_4 のほうは，間にクロック出力とループ処理，条件判断が入るので若干長くなっていて，**図 259**（横軸 1 目盛は 10μs）のように，一つのビットあたり 5.5μs 程度とみてよいでしょう．

これは十分高速なので，ラッチを使わずとも表示が

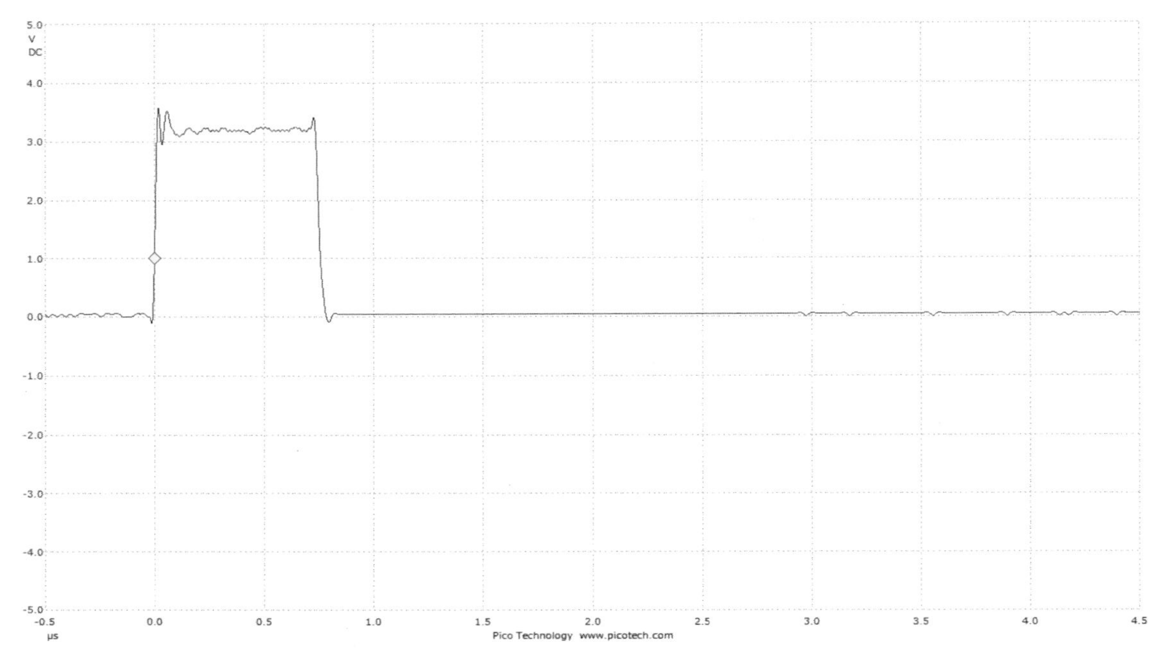

図 258　PIO0_0 のクロック波形(横軸 1 目盛＝ 0.5μs)

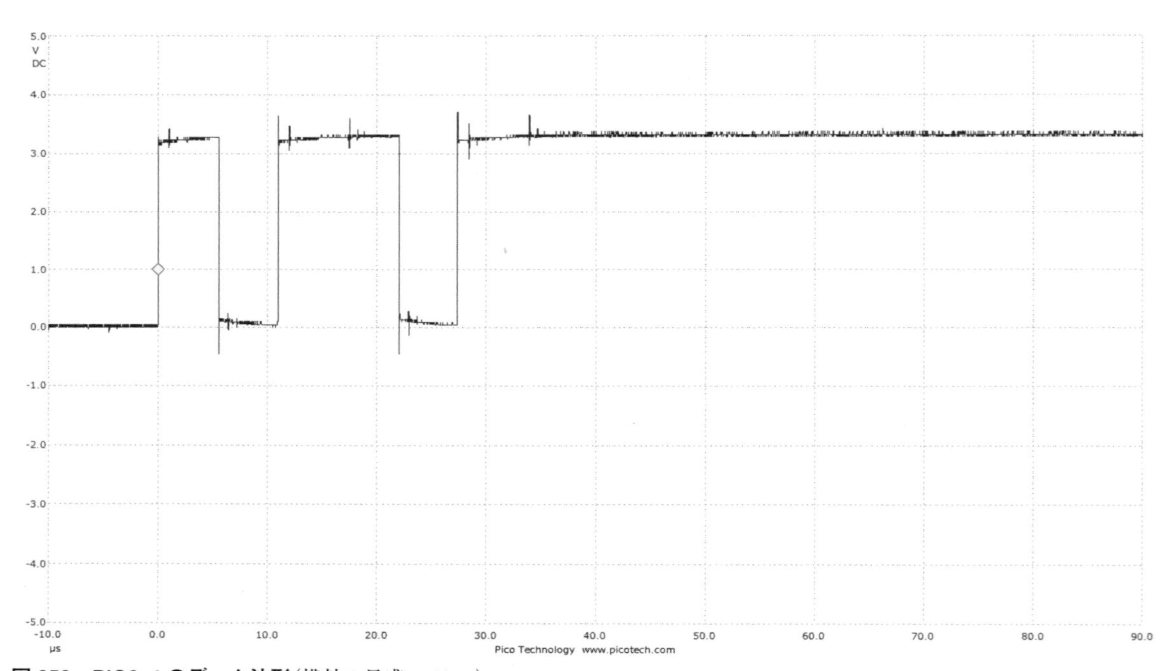

図 259　PIO0_4 のデータ波形(横軸 1 目盛＝ 10μs)

ちらつくことは，まったくありません．GPIO が高速であることは，LPC810 の利点の一つであることが，この事例からもわかると思います．

第4章 応用製作編

製作事例について

LPC810を使った製作の例として，電子メール経由で外部機器のON/OFFを行うことができる，汎用のメール・リモコンと，あらかじめ登録した無線通信のモールス信号を送信する，ナノ・メモリ・キーヤの二つを作ってみましょう．

メール・リモコン

●メール・リモコンとは？

動作仕様

今回製作するメール・リモコンは，次のような仕様です．

- Windows PCに，USB-RS232Cアダプタで LPC810を接続しておく
- リモコン専用のメール・アドレス(フリー・メールで可)を介してやりとりをする
- 外部から，LPC810の4ポートのON/OFF，およびポート状態の取得ができる
- PCでのRS-232Cとメール送受信は，Windows PowerShellを使う

▶Windows PowerShell

製作に必要なハードウェアとしては，LPC810，USB-RS232Cアダプタ，電源用のパーツです．本書では，制御の対象は製作せず，GPIO経由で制御できる外付けの回路を各自で追加することで，汎用のリモート・コントローラとして運用することを想定しています．なお，本文では，サンプルとして4本のLEDの制御を行います．

ソフトウェアは，LPC Expressoで開発するLPC810用の制御プログラムと，パソコン上で動作させるWindows PowerShellスクリプトが必要です．これらのうち，Windows PowerShellは，Windows7以降では，OSに標準搭載されているため，インストール作業は必要ありません．Windows Vistaの場合，OSをSP1にしたうえで，.NET Framework 2.0以降をインストールし，32ビット版，もしくは64ビット版のWindows PowerShell2.0をインストールする必要があります．Windows XPでも，32ビット版ではWindows PowerShell2.0のインストールが可能ですが，Windows XPはサポートが終了しているため，ネットワークを利用するアプリケーションの常用はおすすめできません．

コントロール用のメールは，いたずらの可能性を減らすために，あらかじめ設定しておくチェック用の文字列を件名(Subject)に含んでいる場合のみ，本文に記載されているコントロール用のコマンドを実行するようにします．

コマンドはごく簡素なもので，ON，OFF，STATの三つです．それぞれ以下のようなパラメータをとり，メール本文に1行ずつ半角文字で，コマンド，対象ポートをスペースで区切って記述します．大文字，小文字は区別しません(**図260**)．

いたずら防止用のチェック文字列は，LPC810のコントロールに使うWindows PowerShellのスクリプト内で定義しておきます．たとえば，cq999，というチェック文字列を設定してある場合，**図261**のような動作イメージになります．

図261では，サンプルとして架空のメール・アドレスを使っています．

リモート・コントロール用メール・アドレス：

コマンド	対象ポート	本文の記述例
ON	0から3	ON 2
OFF	0から3	OFF 1
STAT	0から3(ダミー)	STAT 0

図260　コマンドの記述例

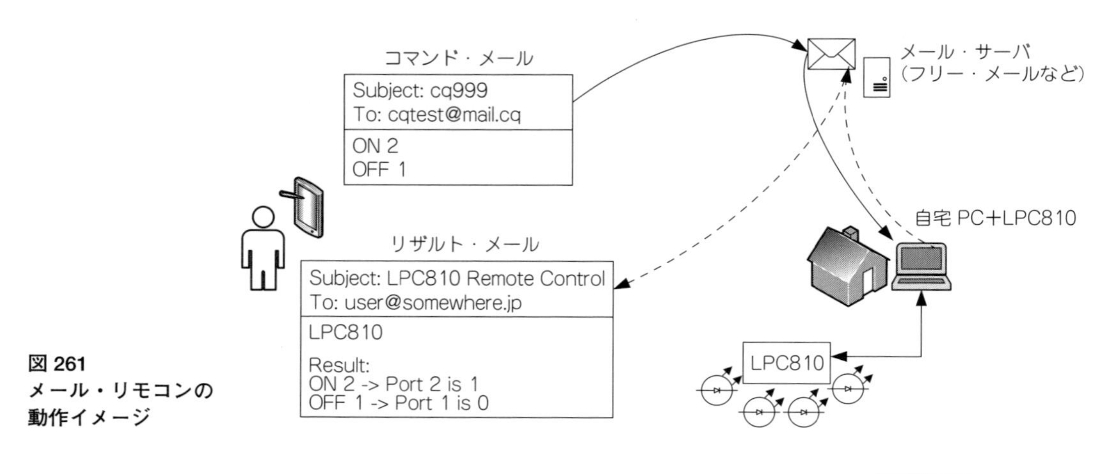

図 261
メール・リモコンの動作イメージ

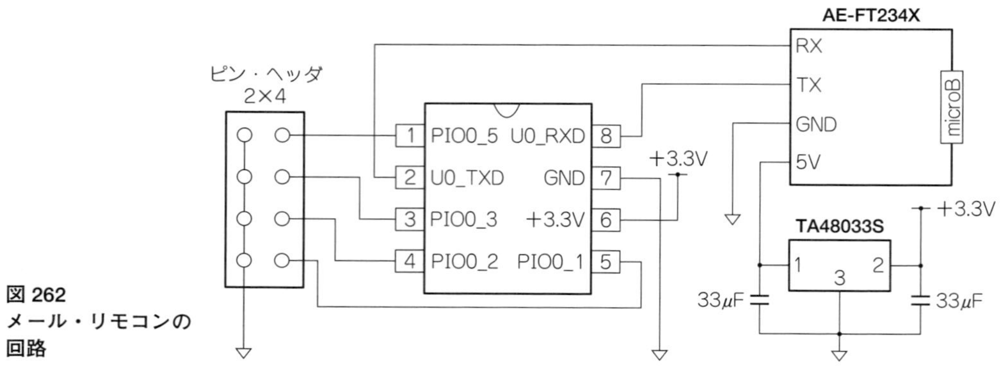

図 262
メール・リモコンの回路

```
  cqtest@mail.cq
ユーザのメール・アドレス：
  user@somewhere.jp
```

として，解説を進めます．手順は次のようになります．

※実際には，各自が使うことができるメール・アドレスを設定してください．

1. cqtest@mail.cq 宛てに，件名に"cq999"を含めてコマンド・メールを送信する
2. 自宅PCのWindows Powershellが，定期的にPOPでメールを受信する
3. コマンドを実行し，実行結果を user@somewhare.jp に返信する

コマンドとしてONやOFFを送った場合は対象ポートに対してコマンド実行を試みて，結果を返信します．STATを送った場合，ポート指定は無視され，現在の四つのコントロール・ポートの状態を返してきます．ただし，STATの場合も，ポート指定は省略できません．

STATを送った場合の結果は，例えば次のようになります．

```
LPC810

Result:
STAT 1 -> R0:1 R1:0 R2:0 R3:0
```

これは，0番のポートがON，1番から3番がOFFになっている，という状態です．

いずれの場合も，なんらかの事情で，LPC810と通信できなかった場合は，タイムアウトのメッセージが返るようになっています．

ユニバーサル基板用回路

図 262 のような回路を組みます．PCとのインタフェースとして秋月電子通商の超小型USB-232CアダプタAE-FT234Xを基板上に実装し，LPC810とのシリアル通信と電源供給をまかないます．AE-FT234Xからの電源は+5Vのため，LPC810へは，レギュレータを介して+3.3Vの電源を供給します．

LPC810で実際的な応用回路を組む場合，一点注意する必要があるのが，5番ピンのISPモード機能です．本文で解説したように，パッケージの5番ピンが

	名　称	規格・型番	数	備　考
1	LPC810		1	
2	DIP8 ピン IC ソケット	DIP8 ピン	1	LPC810 を直付けする場合は不要
3	超小型 USB シリアル変換モジュール	AE-FT234X	1	秋月電子 通販コード M-08461
4	細ピンヘッダ 1x4 以上	PHA-1x14SG	1	秋月電子 通販コード C-04397 等.0.5mm 角以下
5	3 端子レギュレータ	TA48033S	1	低損失の 3.3V 出力であれば可. パック販売のコンデンサ同梱品も便利. バラで買う場合は近い容量のものでも可
6	電解コンデンサ	33μF 16V 以上	1	
7	積層セラミック・コンデンサ	0.1μF 50V 以上	1	
8	ピン・ヘッダ	2x4	1	4 系統のリモコン出力 + GND 接続用

図 263　メール・リモコン・パーツ・リスト

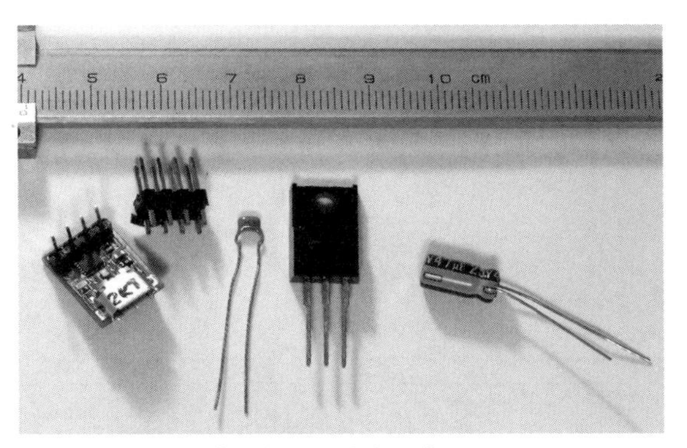

図 264　LPC810 とソケット以外のパーツ

図 265　AE-FT234X

GND レベルの状態で LPC810 が再起動すると，フラッシュにプログラムを書きこむ ISP モードに入ります．このため，応用回路の製作時には，電源投入時に 5 番ピンが GND レベルにならないような回路構成[85]にしなければなりません．ブレッドボードで実験しているときは，5 番ピンへの接続を外して起動すれば問題はありませんが，はんだ付けしてしまう回路では，あらかじめこの事情を考慮してピン・アサインを決める必要があります．

メール・リモコンの回路では 5 番ピンは PIO0_1 として使用しピン・ヘッダに接続しておくことで，5 番ピンがオープン状態で電源投入するようにしてあります．なお，この回路では UART の TxD と RxD は ISP 時の仕様と同じに選んであるため，意図的に 5 番ピンを GND に接続して再起動することで，ユニバーサル基板をプログラム書き込み用のアダプタとしても使用することができます[86]．

● メール・リモコンのハードウェア

パーツ・リスト

メール・リモコン用のパーツ・リストを**図 263** に示します．LPC810 本体と，LPC810 用の DIP8 ピン IC ソケットの他には，電源関係のパーツとピン・ヘッダが必要です(**図 264**)．なお，IC ソケットは，LPC810 を基板に直付けするのであれば，なくてもかまいません．

USB シリアル変換モジュールの AE-FT234X は，**図 263** のパーツ番号 4 の細ピン・ヘッダを使って，ユニバーサル基板に実装します．AE-FT234X には，**図 265** のように四つのピン端子穴がありますが，これらは，細ピンのピン・ヘッダでなければ通らないサイズなので，注意してください．他の方法として，細ピン・ヘッダを使わずに，たとえば，リード線の切れ端などを利用して，ユニバーサル基板に実装することもできます．

3 端子レギュレータは，5V → 3.3V の変換に使うだけなので，低損失の 3.3V 固定出力のものであれば，使うことができます．今回，検証には秋月電子の低損失 3 端子レギュレータ，3.3V 1A TA48033S(秋月通販コード I-00534)を使用しました．これは，入力側と出力側のコンデンサがセットになっていますが，部品をバラで揃える場合は，入力側と出力側のコンデンサも忘れずに準備してください．

コントロール端子用には，2x4 のピン・ヘッダを使いましたが，実際に使う用途によっては，ピン・ソ

85 プロジェクトの設定で，ISP モードに入らないようにすることはできるが，一旦そうしてしまうと，PCExpresso などのデバッガボードで，SWD 経由のプログラミングが必要になる．

86 ただし，2 番ピンと，8 番ピンは UART 固定になる．2 番ピン，8 番ピンの UART と 5 番ピンの ISP 投入の切り替え回路を設ければ，汎用の開発ボードになるが，今回は，とにかくコンパクトに作ることを目的としたため，あえてそこまでの機能を持たせないことにした．

図 266　基板上に製作したメール・リモコン

ケットや，そのほかの接続端子を実装してもよいと思います．

ユニバーサル基板の製作

ユニバーサル基板上にメール・リモコンを実装したようすが，**図 266** です．PC との接続には，microB 端子の USB ケーブルを使用します．

この回路には，電源スイッチを設けていません．PC に USB 接続することで，LPC810 が起動します．**図 266** では，テスト用としてブレッドボードに抵抗入り LED を四つ配置して，メール経由で点灯させています．

次に，メール・リモコンの制御に必要なソフトウェアについて説明します．

● メール・リモコンのソフトウェア

LPC810 用プログラム

プログラムの本体 main.c は，**図 267** のようになります．この他に，本文中で説明した，romuart.h が必要です．今回程度のプログラムでは，swm.c を別建てにするまでもなく，ポートの設定は main.c に記述しているので，swm.c は不要です．ただし，ROM の

図 267　メール・リモコン用 main.c

```
#ifdef __USE_CMSIS
#include "LPC8xx.h"
#endif

#include <cr_section_macros.h>
#include <string.h>
#include "romuart.h"

static UART_HANDLE_T *rs232c;
static uint8_t uartbuf[UART_ROM_MEM];

#define COM_BUF_LEN 128
static uint8_t msg[COM_BUF_LEN];
static uint8_t done[] = "Port X is Y";
static uint8_t stat[] = "R0:X R1:X R2:X R3:X";
static uint8_t unk[] = "Unknown command";
static uint8_t *rep = unk;
static uint8_t ent[] = "¥n";
//static uint8_t ent[] = "¥r¥n";

#define PNUM 4

// GPIO ports are on the one side of DIP package.
//static uint8_t remPort[PNUM] = { 2, 3, 4, 5 };
//static uint32_t pinconf = 0xffff0001UL;

// UART ports are same with the flash configuration.
static uint8_t remPort[PNUM] = { 1, 2, 3, 5 };
static uint32_t pinconf = 0xffff0004UL;

extern void SwitchMatrix_Init();
int main(void) {
     LPC_SYSCON ->SYSAHBCLKCTRL |= (1<<7)|(1 << 14); // SWM&UART Clock

     LPC_SWM->PINASSIGN0 = pinconf;
    LPC_SWM->PINENABLE0 = 0xffffffffUL;
```

```
    uint32_t baudrate = 9600;

    LPC_SYSCON ->PRESETCTRL &= ~(0x1 << 3);  // UART reset
    LPC_SYSCON ->PRESETCTRL |= (0x1 << 3);   // resume reset
    LPC_SYSCON ->UARTCLKDIV = 1;             // Clock Divider

    uint32_t frgmult;
    UART_CONFIG_T uconf = { SystemCoreClock,baudrate,1,0,NO_ERR};
    rs232c = ROM_UART ->uart_setup((uint32_t)LPC_USART0,uartbuf);
    frgmult = ROM_UART ->uart_init(rs232c, &uconf);
    LPC_SYSCON ->UARTFRGDIV = (uint32_t) 0xFF;
    LPC_SYSCON ->UARTFRGMULT = frgmult;

    volatile int i;
    for(i = 0; i<COM_BUF_LEN; i++) msg[i] = '¥0';
    for(i = 0; i < PNUM; i++ ) {
        LPC_GPIO_PORT->DIR0 |= (1<<remPort[i]);
        LPC_GPIO_PORT->CLR0 = (1<<remPort[i]);
    }

    while (1) {
        UART_PARAM_T u_param = { NULL, 0, 0 , DRIVER_MODE_POLLING,NULL};

        u_param.transfer_mode = RX_MODE_LF_RECVD;
        u_param.buffer = msg;
        u_param.size = COM_BUF_LEN - 1;
        ROM_UART->uart_get_line(rs232c, &u_param);

        if( u_param.size > 0 ) {
            uint8_t cb = msg[0];
            if( cb > '8' || cb < '0' ) {
                rep = unk;
                u_param.size = 15;
            } else if ( cb != '8') {
                if( cb < '4' )
LPC_GPIO_PORT->CLR0 = (1<<remPort[cb - '0']);
                else
LPC_GPIO_PORT->SET0 = (1<<remPort[cb - '4']);
                rep = done;
                rep[5] = cb & 0xF3;
                rep[10] = '0' + ((cb>>2) & 0x01);
                u_param.size = 11;
            } else {
                rep = stat;
                for( i = 0; i < PNUM; i++ )
                   rep[3+i*5] =
'0' + ((LPC_GPIO_PORT->PIN0)>>remPort[i]&0x01);
                u_param.size = 19;
            }

            u_param.transfer_mode = TX_MODE_SZERO_SEND_LF;
            u_param.buffer = rep;
            ROM_UART->uart_put_line(rs232c, &u_param);

            u_param.buffer = ent;
            u_param.size = 1;
            ROM_UART->uart_put_line(rs232c, &u_param);
        }
    }
    return 0;
}
```

```
▲ src
  ▷ cr_startup_lpc8xx.c
  ▷ main.c
  ▷ romuart.h
  ▷ type.h
```

図268 メール・リモコン・プロジェクトのソース・フォルダ

UARTを使用するために，romuart.hからtype.hを参照しているため，本文中で説明した修正を施した，type.hをプロジェクトにインポートしておきましょう．

作業手順は，次のようになります．

① 新規にプロジェクトを作成する
② romuart.hをプロジェクトにインポートする
③ type.hをプロジェクトにインポートする
④ main.cをリスト1の内容に置き換える
⑤ プロジェクトをビルドする
⑥ FlashMagicでLPC810にバイナリを書き込む

上の手順の，4.までで，メール・リモコンのプロジェクトのsrcフォルダは，**図268**のようになっていればOKです．cr_startup_lpc8xx.cは，プロジェクトの新規作成時に自動的に作成されているものです．

FT234Xドライバ

記事で使用した「超小型USBシリアル変換モジュール AE-FT234X」は，FTDI社のFT234Xというチップを使用しています．本文中で使用した，FT232用のドライバがインストールされていれば，FT234X用のドライバも一緒にインストールされているはずです．

パーツを購入後，AE-FT234XをPCに接続してみて，デバイス・マネージャにCOMポートが現れていれば，そのまま使うことができます．

AE-FT234Xを接続しても認識されない場合，FT234Xは，比較的最近のチップなので，使おうとするWindows PCにインストールされているFTDI社のドライバ・パッケージが古いことが考えられます．その場合は，以下のように最新版に入れ替えてください．

- `http://www.ftdichip.com/Drivers/VCP.htm`から，setup executableをクリック
- ダウンロードした，CDM v2.12.00 WHQL Certified.exeを実行．

これでFTDIの最新のドライバがインストールされます．Windows8などでは，右クリックから「管理者として実行」を選択して，インストーラを起動します．

AE-FT234Xとのシリアル通信のパラメータは，「コントロール・パネル」の「ポート(COMとLPT)」から

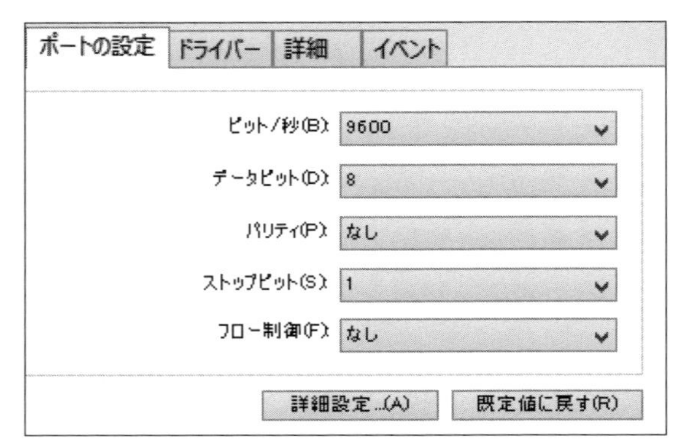

図269 COMポートの通信パラメータ設定

認識されているCOMポートを開き，**図269**のように，9600,8bit,none，ストップ・ビット1，フロー制御なし，の設定になります．

PowerShell用メール・ライブラリ

メール・リモコンは，ホストとなるWindows PC上で，Windows PowerShellのスクリプトを動作させておきます．Windows PowerShellは，Windows7以降の環境であれば標準搭載のものでかまいません．

PowerShellでのメールの送受信ライブラリとしては，以下のURLからダウンロードできるTKMP.DLLを利用します．

```
http://uwa.potetihouse.com/library/tkmpdll.html
```

上のURLからライブラリ単体の，TKMPDLL_3.1.4.zipをダウンロードして，任意の場所に保存し，解凍しておきます．解凍してできるファイルのうち，TKMP.dllがメール・リモコンの動作に必要なライブラリ・ファイル本体です．

PowerShellからDLLライブラリを呼ぶ場合には，フルパスでの位置指定が必要になるので，わかりやすい位置にTKMP.dllを置くことをお勧めします．

なお，TKMP.DLLに必要な環境は，.NET Framework 2.0以降です．上記のダウンロード用ページには，VBとVC#の2005以降という記述もありますが，これは，TKMP.DLLをVBやVC#で利用する場合に必要となる，VB，VC#側のバージョンのことです．今回は，VBやVC#の代わりに，PowerShellから利用するので，必要な環境は，.NET Framework2.0以降のみとなります．

メール・アカウントの準備とPowerShellスクリプト

ホストとなるWindowsPC用のPowerShellスクリプトを，**図270**に示します．PowerShellスクリプトの

図 270　メール・リモコン用 PowerShell スクリプト (mailremote.ps1)

```
# SMTP と POP の設定
$smtphost = "smtp.mail.yahoo.co.jp"
$smtpport = 587
$pophost = "pop.mail.yahoo.co.jp"
$popport = 995

# SMTP と POP で設定が違う場合は変数を分ける必要あり
$uid = "cqpubremote"
$pass = "password"
$faddr = $uid+"@yahoo.co.jp"
$fuser = "LPC810 Remote Control"
$daddr = "youraddress@wanna.get.reply.jp"
$rsubj = "LPC810 Control Result"

$secret = "cq999"
$chk_interval = 60

$sport = "COM5"
$baud = 9600
$parity = "None"
$dbits = 8
$sbits = 1
$rdtimeout = 5000
$wttimeout = 5000

# SSL を使わない場合, AuthenticationProtocol の行をコメントアウトするか,
#SSL->None と指定する
function pop_handler($uid,$pass,$pophost,$poport)
{

    $cred = New-Object TKMP.Net.BasicPopLogon($uid,$pass)
    $pcl = New-Object TKMP.Net.PopClient($cred,$pophost,$popport)
    $pcl.AuthenticationProtocol =[TKMP.Net.AuthenticationProtocols]::SSL
    $pcl.KeepAlive = $TRUE
    $pcl.KeepAliveInterval = 60

    return $pcl
}

function smtp_handler($uid,$pass,$smtphost,$smtpport)
{
    [System.Net.IPAddress] $smtpaddr = [System.Net.Dns]::GetHostByName($smtphost).AddressList[0]
    [TKMP.Net.ISmtpLogon] $cred = New-Object TKMP.Net.AuthLogin($uid,$pass)
    # 他に AuthCramMd5,AuthPlain,AuthAuto が指定できる
    $scl = New-Object TKMP.Net.SmtpClient($smtpaddr,$smtpport,$cred)
    #$scl.AuthenticationProtocol = [TKMP.Net.AuthenticationProtocols]::SSL

    return $scl
}

function send_mail($scl,$fuser,$faddr,$daddr,$ssubj,$stext)
{
    [void]$scl.Connect()
    [TKMP.Writer.MailWriter] $wrt = New-Object TKMP.Writer.MailWriter
    $wrt.FromAddress = $faddr
    $wrt.Headers.Add("From","$fuser <$faddr>")
    $wrt.ToAddressList.Add($daddr)
    $wrt.Headers.Add("To",$daddr)
    $wrt.Headers.Add("Subject",$ssubj)
    $wrt.MainPart = New-Object TKMP.Writer.TextPart($stext)
    $scl.SendMail($wrt)
```

図 270　メール・リモコン用 PowerShell スクリプト (mailremote.ps1) (つづき)

```
    [void]$scl.Close()
}

function ctrl_lpc810($cmd,$target) {
    $port = New-Object IO.Ports.SerialPort($sport,$baud,$parity,$dbits,$sbits)
    try { $port.Open() } catch { return "Cannot open COM port to LPC810." }

    $port.ReadTimeout = $rdtimeout
    $port.WriteTimeout = $wttimeout

    if($target -lt 0 -or $target -gt 3 ) {
        return "Invalid port $target."
    }

    Write-Host "$target $cmd"
    switch -regex ($cmd) {
        "ON" {
            try { $port.WriteLine([string]($target+4)) }
            catch { return "Timeout while talking to LPC810." }
            break
        }
        "OFF" {
            try { $port.WriteLine([string]$target) }
            catch { return "Timeout while talking to LPC810." }
            break
        }
        "STAT" {
            try { $port.WriteLine("8") }
            catch { return "Timeout while talking to LPC810." }
            break
        }
        default {
            Write-Host "Unknown command: $cmd"
            return "Unknown command: $cmd."
        }
    }

    $res = ""
    try { $res = $port.ReadLine() }
    catch { $res = "Timeout while listening to LPC810." }

    $port.Close()

    return $res
}

# ライブラリの指定は full path が必要
[void][System.Reflection.Assembly]::LoadFile("C:¥fullpath¥to¥lib¥TKMP.dll")

$scl = smtp_handler $uid $pass $smtphost $smtpport
$pcl = pop_handler $uid $pass $pophost $poport

while($true) {
    [void]$pcl.Connect()

    Write-Host $pcl.MailDatas.Length
    foreach($m in $pcl.MailDatas)
    {
        [void]$m.ReadHeader()
        [void]$m.ReadBody()
```

```
        $hdr = New-Object TKMP.Reader.MailReader($m.HeaderStream,$FALSE)
        $bdy = New-Object TKMP.Reader.MailReader($m.DataStream,$FALSE)
        # チェック文字列が件名に含まれていないメールは処理しない
        if(  -not $secret -in $hdr.HeaderCollection["Subject"] ) { continue }

        # 改行で行ごとに分割して処理
        $mtxt = $bdy.MainText -split "`n"
        $res = ""
        for( $ln = 0; $ln -lt ($mtxt | Measure-Object).count ; $ln++ ) {
            if( $mtxt[$ln] -match "^(ON|OFF|STAT)¥s+[0-3]¥s*$" ) {
                $opr = $mtxt[$ln].Split()
                $cmd = $opr[0]
                $target = [int]$opr[1]
                write-host "$opr -> $cmd $target"

                $res += "$cmd $target -> "
                $resp = ctrl_lpc810 $cmd $target
                $res += "$resp`r`n"
            }
        }


        $rbody = "LPC810`r`n`r`nResult:`r`n$res`r`n"
        write-host $rbody
        send_mail $scl $fuser $faddr $daddr $rsubj $rbody
    }

    foreach($m in $pcl.MailDatas) { [void]$m.Delete() }

    [void]$pcl.Close()

    Start-Sleep -s $chk_interval
}

Exit
```

拡張子は，.ps1なので，たとえば，remoteControl.ps1のような名前で，任意の場所に作成しておきます．

図270のスクリプトは，冒頭の設定用変数を，自分の環境に合わせて書き替えておく必要があります．書き換えるのは，リモート・コントロールに使用するメール・アカウント，シリアル・ポートに関する部分です．メール・アカウントは，POPとSMTPが利用できるものであれば，何でもかまいません．

▶SMTPとPOPの接続情報

SMTPとPOPの接続先のホスト(サーバ名)と，ポートなどを自分の使ってるものに変更しておいてください．リモート・コントロールの実行結果を受け取るアドレスは，$daddrに設定します．

$secretは，件名に含めたキーワードを，動作コマンドのチェックに用いるための合言葉となるので，必ず自分のものに変更しておいてください．

$chk_intervalは，POPサーバにメールのチェックをかける間隔を秒単位で指定します．リスト2では，60秒としてありますが，あまり短い間隔でメールチェックを行うと，スパムとみなされて，サーバ側からブロックされる恐れもあるので，適度な間隔を設定してください．

▶COMポート設定

$sportから下のいくつかは，LPC810との通信用のCOMポートの設定です．$sportは，リスト2ではCOM5となっていますが，これを自分の環境に合わせて書き換えます．AE-FT234Xを接続したときに認識されているCOMポート番号に変更しましょう．

$rdtimeoutと$wttimeoutは，LPC810とのシリアル通信で応答がない場合の，タイムアウト値を指定します．単位はミリ秒で，ここでは，5000ミリ秒＝5秒に設定していますが，もっと短くても問題ないでしょう．

他のパラメータは，デフォルトのままで特に問題なければ，そのまま使用できます．

▶ メールの認証パラメータ

昨今では，メール関係の接続にもセキュリティを意識していることが多く，**図270**のスクリプトでは，POP接続時にはSSL，SMTP接続時には，AUTH LOGIN認証をそれぞれ使用しています．

これ以外の認証方法も，TKMP.dllでサポートしているものであれば使用可能です．必要があれば，**図270**のコメントや，TKMP.dllのドキュメントなどを参照して，変更して使ってください．

▶ TKMPライブラリのロード

TKMPライブラリは，

```
[void][System.Reflection.Assembly]
::LoadFile("C:¥fullpath¥to¥lib¥TK
MP.dll")
```

の行で読み込んでいます．パスは，ドライブ名からフルパス指定が必要となるので，ダウンロードして解凍しておいた，TKMP.dllへのフルパスを指定してください．

PowerShellの実行ポリシ

PowerShellは，デフォルトの状態では，コマンドラインで1行ずつの実行はできますが，スクリプトとしての実行は許可されていない状態になっています．

スクリプトの実行を許可するには，PowerShellのSet-ExecutionPolicyというコマンドを使います．

```
Set-ExecutionPolicy -ExecutionPolicy
RemoteSigned -Scope CurrentUser
```

これは折り返さず1行で実行します．

このコマンドは，通常のcmd.exeからではなく，PowerShellのシェルウィンドウ，もしくは，ISEウィンドウを立ち上げて，そこから実行します．一度このコマンドを発行すると，レジストリが変更されるので，最初に一度だけ実行しておけば，PowerShellスクリプトの実行が許可されたままになります．

スクリプトの実行許可設定は，厳しい順に，Restricted，AllSigned，RemoteSigned，Unrestrictedの4段階があり，デフォルトでは，一切のPowerShellスクリプトを実行させないRestrictedの設定になっています．上記の設定変更は，ローカルのスクリプトについては無条件で実行を許可するが，ダウンロードしてきたスクリプトは署名付きのものでなければ許可しない，という設定です．通常は，これでセキュリティ的にも特に問題はないと思われますが，気になる場合は，実行が終わるごとに，Restrictedに戻してもかまいません．戻すには，以下のコマンドを実行します(折り返さず1行として実行します)．

```
Set-ExecutionPolicy -ExecutionPolicy Restricted
-Scope CurrentUser
```

いずれにしても，メール・リモコンを動作させるときには，PowerShellスクリプトが実行できる状態にしておきましょう．

● 動作確認

環境の確認

これまでで，メール・リモコンを動かす用意が整いました．必要な環境を，もう一度確認しておきましょう．

- ユニバーサル基板上に製作したハードウェア
- LPC810への**リスト1**のプログラム書き込み
- FT-234X用ドライバのインストール
- リモコン用メール・アドレスの用意
- TKMP.dllのダウンロード
- **図270**のPowerShellスクリプト

動作確認自体は，ユニバーサル基板のハードのみでも可能ですが，テスト用に，**図266**のようなLEDなどのリモート・コントロール対象を接続しておくとよいと思います．

動作の確認

Windows PowerShellのスクリプトは，コマンドラインの環境，もしくは統合開発環境風の環境のいずれかから実行します．デバッグのしやすさを考えると，統合開発環境風のPowerShell_ISEを使用するのがお勧めです．

PowerShell_ISEは，「ファイル名を指定して実行」から，「powershell_ise」を指定して起動するのが簡便です．起動したpowershell_iseから，リスト2のスクリプトを開く(もしくはドラッグ・アンド・ドロップ)すると，**図271**のようにスクリプトが読み込まれます．

スクリプトの実行は，▶ボタンで，停止は■と直感的にわかりやすいUIになっています．この状態から，**図270**のスクリプトを実行しておきます．通常の状態では，POP接続を定期的に行い，メールの通数をウィンドウ下部のメッセージ領域に表示するようになっています．

リモート・コントロール用のメール・アドレスにコントロールメールが届いていれば，その内容を解析

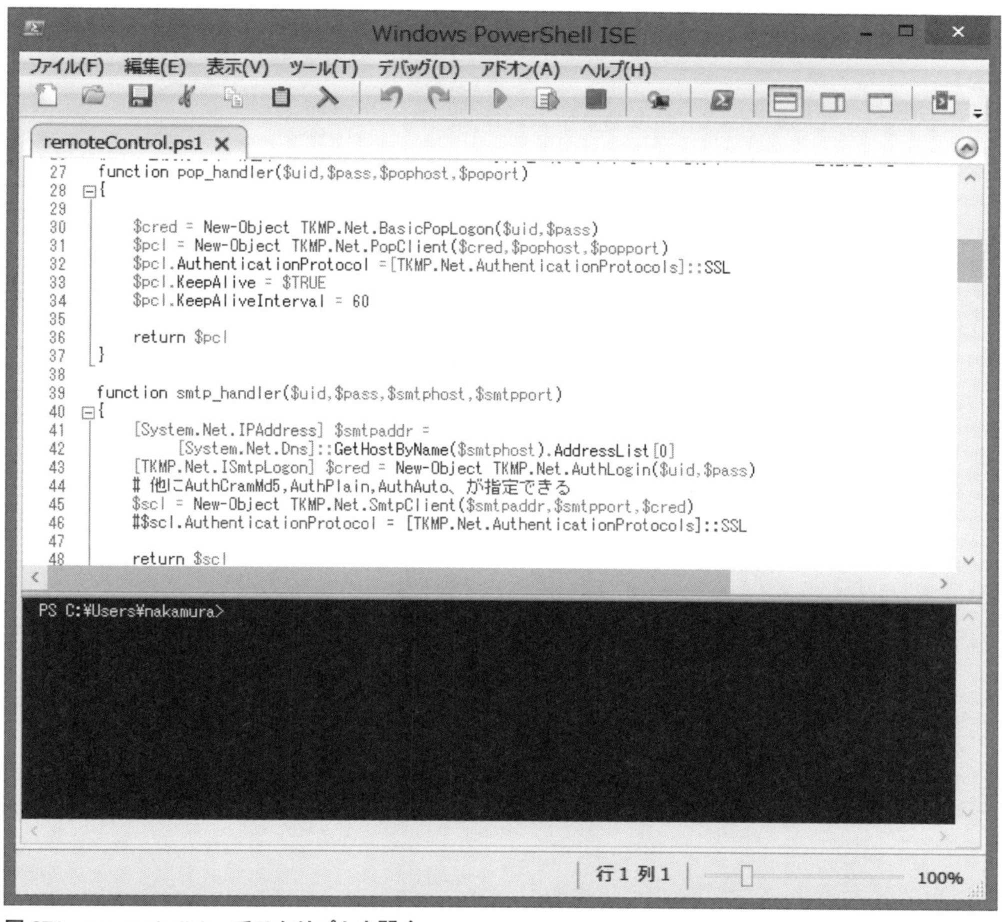

図 271　powershell_ise でスクリプトを開く

し，正しいコマンド構文だった場合は，対応する処理を行って，結果を $daddr に設定されているメール・アドレスに返信します．

最初のテストとしては，以下のように，STAT コマンドを使って状態を取得してみることをお勧めします．チェック用の $secret が，cq999，に設定されているものとします．このチェック文字列は，Subject に指定しますが，メール・ソフトによって，件名，題名，Subject，などとなっているので，対応するところに記述します．

コマンド・メール	結果メール
題名：cq999	→題名：LPC810 Control Result
STAT 0	LPC810
	STAT 0 -> R0:0 R1:0 R2:0 R3:0

なお，チェック文字列は，Subject の中に含まれていればよいので，一旦送信した送信済みメールを再利用し，返信機能などで Subejct が "Re: cq999" のようになっていても，チェックを通過します．繰り返しコントロールしたい場合には，この仕様をうまく活用することも考えられます．

うまく動作しているようであれば，コントロール対象の LED などを接続して，メールから ON/OFF を行ってみるとよいでしょう．

ここで製作した機能は，電子メール経由で LPC810 のポートを ON/OFF し，状態を確認する，という機能です．どう活用するかは，アイディア次第となりますが，たとえば，LED で今日の帰宅予定を表すようにしておき，ネットを使っていない家族に帰宅予定を知らせる，といった使い方も考えられます．

ナノ・メモリ・キーヤ

●ナノ・メモリ・キーヤとは?

仕様

ここでは，LPC810 を使った，簡易なメモリ・キー

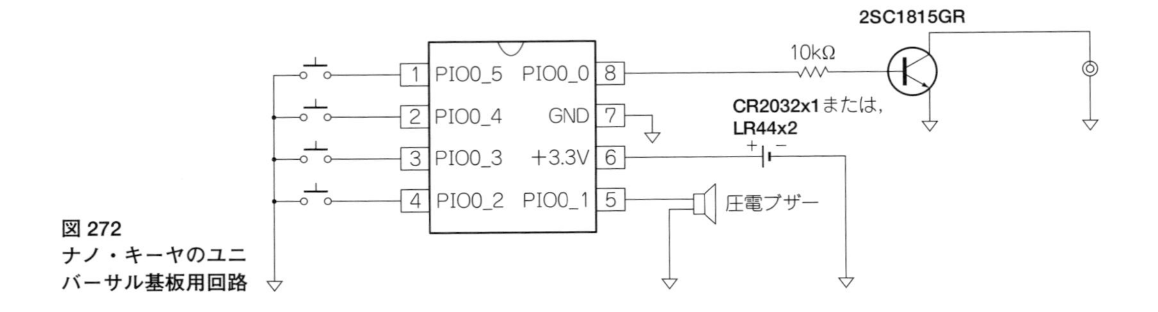

図 272
ナノ・キーヤのユニバーサル基板用回路

ヤを製作してみます．LPC810の特長を活かし，できるだけ小型で簡素なものとするために，外部の拡張回路などは設けずに，LPC810の6本のI/O端子をフルに使った仕様で考えます．

全体の仕様は，以下のようなものとしています．

- 4系統の送出符号列
- モニタ用圧電ブザー
- 送信符号列の書込・編集はプログラム書き込みで代用
- ボタン，またはコイン電池での動作

LPC810の全8PINのうち，電源とGNDを除いた6本のピンがGPIOとして使用可能です．この6本を以下のように使っています．

GPIO0_0(ピン番号8)……トランジスタ2SC1815経由でリグのKEY端子へ
GPIO0_1(ピン番号5)……圧電サウンダを使ったローカルモニタ
GPIO0_2～5(ピン番号4～1)……送信系統選択スイッチ

送出符号列は，LPC810のソース・コードにあらかじめ埋め込んで使うことにします．送出速度も同様にコードに埋め込んで，書き込み時に固定とします．LPC810自体のポテンシャルとしては，スタンドアロンでの送出符号列の書き換えや送信速度可変も実装できないわけではありませんが，限られたピン数の中で，送出符号列の数を確保しつつ，それらを実現するとなると，外付けの回路が必要になります．そこまでやるのであれば，LPCシリーズにしろ，他のマイコンにしろ，もっとピン数の多いチップを使用したほうが素直に実現できるでしょう．

LPC810の特長は，なんといっても小サイズ・低消費電力ということがまっさきに挙げられるため，ここでは，最低限のメモリ・キーヤとしての機能に絞り，ナノ・サイズで電池駆動できるという実装を考えてみます．動作時の電流は，実測で約2.3mAほどで，CR2032の場合は，連続負荷としては，最大3mAとはいえ，ちょっと苦しいかというところですが，それでも170mAh程度の容量はありそうで，単純計算では，73時間くらい動作できることになります．

ユニバーサル基板用回路

ナノ・キーヤのユニバーサル基板用回路は，**図272**のようになります．電池に関しては，電池ホルダの規格がまちまちなため，別途ユニバーサル基板を各自で用意していただき，ユニバーサル基板上のピン・ヘッダとユニバーサル基板上のピン・ソケットで連結する仕様としています．

前述したように，CR2032での駆動は，電池の規格上ぎりぎりなところもあるため，電池駆動に不安がある場合には，たとえば単3や単4などの乾電池にしたり，ステップアップ・コンバータでの昇圧，もしくは3.3V以上を用意してレギュレータでの降圧にしたりすることも可能です．

なお，仕様検討の過程では，秋月電子から出ているステップアップ・コンバータHT7733A(秋月電子通販コードM-05720)と，CR2032の組合せでも動作できていますが，できるだけ簡素化するという方針から，あえて電源周りの回路はなしの構成としています．

また，ISPモード問題のある5番ピンは，圧電ブザーが接続されていて，テストした環境では起動時にGND判定されることはありませんでしたが，問題が出るようであれば，タクト・スイッチのいずれかに5番ピンの接続を変更し，プログラムを修正してみてください．

●ナノ・キーヤのハードウェア

パーツ・リスト

ナノ・キーヤのパーツ・リストは，**図273**のようになります．圧電サウンダやタクト・スイッチは，指定型番以外のものでは，ピンのピッチが合わない可能性もあります．

モノラル・ジャックの接続は，スリーブ側が接地と

	名　称	規格・型番	数	備　考
1	LPC810		1	
2	DIP8 ピン IC ソケット	DIP8 ピン	1	
3	トランジスタ	2SC1815GR	1	
4	抵抗	10kΩ	1	
5	リチウム電池	CR2032x1	1	電源用電圧 3V
6	圧電サウンダ	PKM13EPYH4000-A0	1	秋月電子 通販コード P-04118
7	小型タクト・スイッチ	TVBP06-B043CW-B など	4	秋月電子 通販コード P-08074 など(色違いもあり)
8	ピン・ヘッダ 1x2	−	1	
9	φ3.5 モノラル・ジャック基板用	−	1	
10	電池ホルダ	CR2032x1 用	1	
11	電池ホルダ用基板	ユニバーサル基板など	1	
12	ピン・ソケット 1x2 以上	−	1	カットは困難なのでピンを抜いて対応

図 273　ナノ・キーヤのパーツ・リスト

図 274　製作したキーヤと電池基板

なるよう 2SC1815 のエミッタに，チップ側をコレクタに接続します．

ユニバーサル基板の製作

ナノ・キーヤと電池基板を製作したようすは，**図 274** のようになります．電池基板のピン・ソケットは，1x2 のものは入手しづらいため，2x5 のものを使っています．ピンが電池ソケットと干渉する列は，ピンを抜くことで対処します．キーヤ基板側の + 3.3V と GND に対応するように，電池基板上で，ジャンパ・リードなどで配線を行ってください．

このナノ・キーヤは，スタンドアロン動作をするので，動作チェックや仕様変更などのために，DIP ソケットを使うことをお勧めします．また，スイッチや圧電サウンダ，モノラル・ジャックなどは，使う部品によっては，ピッチが合わないケースも考えられますが，適宜対処してください．

● ナノ・キーヤのソフトウェア

LPC810 プログラム

ナノ・キーヤ用のプログラムは，**図 275** の main.c と，**図 276** の morse.h です．ピン・アサインは，main.c の中で行うため，swm.c は使いません．

morse.h は，モールス符号の定義ファイルで，ピリオドを表す ASCII コード 0x2E から大文字 Z までを，

図 275　ナノ・キーヤ用 main.c

```
#ifdef __USE_CMSIS
#include "LPC8xx.h"
#endif

#include <cr_section_macros.h>
#include "morse.h"

#define WPM        (25)
#define STCOUNT (SystemCoreClock*60/(WPM*50))

const int txPort = 0;      // GPIO PIO0_0
const int monPort = 1;      // GPIO PIO0_1
static int curInt = -1; // current interrupt
const int freq = 440*2;  // monitor frequency

int waiting = 0;
void SysTick_Handler(void) {
```

図 275　ナノ・キーヤ用 main.c（つづき）

```
	if( waiting > 0 ) waiting--;
}
void waitShort(uint32_t len) {
	waiting = len;
	SysTick_Config(STCOUNT-1);
	while(waiting>0);
}

void PININT0_IRQHandler() {
	if( curInt < 0 ) curInt = 0;
	LPC_PIN_INT->IST = (1<<0);	// Clear interrupt
}
void PININT1_IRQHandler() {
	if( curInt < 0 ) curInt = 1;
	LPC_PIN_INT->IST = (1<<1);	// Clear interrupt
}
void PININT2_IRQHandler() {
	if( curInt < 0 ) curInt = 2;
	LPC_PIN_INT->IST = (1<<2);	// Clear interrupt
}
void PININT3_IRQHandler() {
	if( curInt < 0 ) curInt = 3;
	LPC_PIN_INT->IST = (1<<3);	// Clear interrupt
}

#define MAXLEN 96
uint8_t pattern[5][MAXLEN] = {
		"CQ CQ TEST DE JF1SUQ JF1SUQ TEST K",
		"R UR 599",
		"QRZ?",
		"ABCDEFGHIJKLMNOPQRSTUVWXYZ",
		"NANO KEYER READY"
};

#define MRT_INT_ENA		(0x1<<0)
#define MRT_STAT_IRQ_FLAG	(0x1<<0)
#define MRT_REPEATED_MODE	(0x00<<1)
static int monitor = 0;

void MRT_IRQHandler(void) {
	if( LPC_MRT->Channel[0].STAT & MRT_STAT_IRQ_FLAG ) {
		if( monitor ) LPC_GPIO_PORT->NOT0 = (1<<monPort);
		else LPC_GPIO_PORT->CLR0 = (1<<monPort);
		LPC_MRT->Channel[0].STAT = MRT_STAT_IRQ_FLAG;
	}
	return;
}

#define MONITOR		(0x01)
#define KEYER		(0x02)

void sendMorse(int p,uint8_t mode) {
	volatile int m = 0;

	while( pattern[p][m] != '¥0' && m < MAXLEN ) {
		volatile int a;
		a = pattern[p][m] - FCHAR; // Index of MG
		if( a >= 0 && a < NCHAR ) {
			volatile int e = 0;
			while( MC[a][e] != 0 && e < MAXCODE ) {
				if(mode&KEYER) LPC_GPIO_PORT->SET0 = (1<<txPort);
```

```
                        if(mode&MONITOR) monitor = 1;
                        waitShort(MC[a][e]);

                        LPC_GPIO_PORT->CLR0 = (1<<txPort);
                        monitor = 0;
                        waitShort(IEG);
                        e++;
                    }
            } else if ( a == SPC ) {
                    waitShort(MG-SG);
            }
            waitShort(SG-IEG);
            m++;
    }
}

int main(void) {
     SystemCoreClockUpdate();

     /* IOCON,SWM & GPIO Clock enalbe */
    LPC_SYSCON ->SYSAHBCLKCTRL |= (1 << 18)|(1<<10)|(1 << 7)|(1<<6);
    LPC_SYSCON->PRESETCTRL &= ~(0x1<<10|0x1<<7);  // GPIO & MRT reset
    LPC_SYSCON->PRESETCTRL |= (0x1<<10|0x1<<7);   // resume reset
    /* Pin assignment */
    LPC_SWM->PINENABLE0 = 0xffffffffUL;
    /* Port0,1->Out, Port2-5->In */
LPC_GPIO_PORT->DIR0 =    (1<<txPort)|(1<<monPort);
LPC_GPIO_PORT->CLR0 |= (1<<txPort)|(1<<monPort);
     // Enable hysteresis on switch ports
LPC_IOCON->PIO0_2 = 0xB0;
    LPC_IOCON->PIO0_3 = 0xB0;
    LPC_IOCON->PIO0_4 = 0xB0;
    LPC_IOCON->PIO0_5 = 0xB0;

     volatile int intrc;
     for( intrc = 0; intrc < 4; intrc++ ) {
            LPC_SYSCON->PINTSEL[intrc] = intrc+2; // PIO0_2 -> PININT0, ...
            NVIC_EnableIRQ(PININT0_IRQn+intrc);  //  Enable PININT0 IRQ
            LPC_PIN_INT->ISEL &= ~(1<<intrc);     // Edge detection
            LPC_PIN_INT->IENF |= (1<<intrc);      // Falling Edge
     }
     /* MRT for monitor */
     LPC_MRT->Channel[0].INTVAL = SystemCoreClock/freq;
     LPC_MRT->Channel[0].INTVAL |= 0x1UL<<31;
     LPC_MRT->Channel[0].CTRL = MRT_REPEATED_MODE|MRT_INT_ENA;
     NVIC_EnableIRQ(MRT_IRQn);

     waitShort(WPM*50/60); // about 1 sec //
     sendMorse(4,MONITOR);
     curInt = -1;
     monitor = 0;
     while (1) {
            if( curInt >= 0 ) {
                    sendMorse(curInt,MONITOR|KEYER);
                    curInt = -1;
                    monitor = 0;
                    LPC_GPIO_PORT->CLR0 |= (1<<txPort)|(1<<monPort);
            }
     }
     return 0;
}
```

図 276　ナノ・キーヤ用 morse.h

```
#ifndef MORSE_H_
#define MORSE_H_

#define IEG  1      // Inter-element gap(between marks)
#define SG   3      // short gap(between letters)
#define MG   7      // medium gap(between words)
#define NCHAR 46 // Number of defined characters
#define FCHAR (0x2E) // First character in ASCII code('.')
#define MAXCODE 7    // Max len of a code(incl. termination)
#define SPC (32-46)  // '.' - ' ' (Inter word gap)

uint8_t MC[FCHAR][MAXCODE] = {
            {1,3,1,3,1,3,0},        // .
            {3,1,1,3,1}, // slash
            {3,3,3,3,3,0},          // 0
            {1,3,3,3,3,0},          // 1
            {1,1,3,3,3,0},          // 2
            {1,1,1,3,3,0},          // 3
            {1,1,1,1,3,0},          // 4
            {1,1,1,1,1,0},          // 5
            {3,1,1,1,1,0},          // 6
            {3,3,1,1,1,0},          // 7
            {3,3,3,1,1,0},          // 8
            {3,3,3,3,1,0},          // 9
            {0},// :
            {0},// ;
            {0},// <
            {0},// =
            {0},// >
            {1,1,3,3,1,1,0},        // ?
            {1,3,3,1,3,1,0},        // @
            {1,3,0},        // A
            {3,1,1,1,0}, // B
            {3,1,3,1,0},            // C
            {3,1,1,0},      // D
            {1,0},          // E
            {1,1,3,1,0}, // F
            {3,3,1,0},      // G
            {1,1,1,1,0}, // H
            {1,1,0},        // I
            {1,3,3,3,0}, // J
            {3,1,3,0},      // K
            {3,1,3,3,0}, // L
            {3,3,0},        // M
            {3,1,0},        // N
            {3,3,3,0},      // O
            {1,3,3,1,0}, // P
            {3,3,1,3,0}, // Q
            {1,3,1,0},      // R
            {1,1,1,0},      // S
            {3,0},          // T
            {1,1,3,0},      // U
            {1,1,1,3,0}, // V
            {1,3,3,0},      // W
            {3,1,1,3,0}, // X
            {3,1,3,3,0}, // Y
            {3,3,1,1,0}, // Z
            {3,1,1,1,1,3,0}         // -
};

#endif /* MORSE_H_ */
```

図 277
ナノ・キーヤのプロジェクト src フォルダ

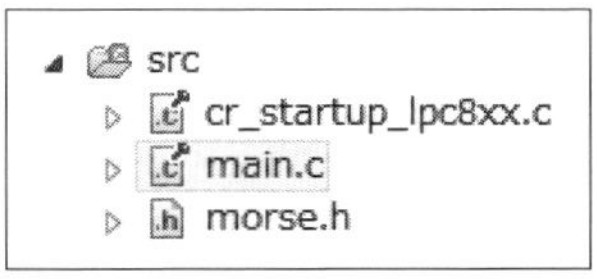

- src
  - cr_startup_lpc8xx.c
  - main.c
  - morse.h

図 278　リグとの接続

図 279　テストのようす

連続して配列として定義してあります．LPC810の処理を簡素化するために，連続したデータとしています．このため，モールス符号の定義がない(あるいは，あまり一般的に使われない)文字のところも，`{0}`というダミー・データが入っています．

新規にプロジェクトを作成し，**図 275** の main.c と，**図 276** の morse.h をフォルダ内に配置して，HEX ファイルを作成し，LPC810 に書き込めば，プログラムの準備は完了です．プロジェクトの src フォルダは，**図 277** のようになるはずです．

● 動作確認

接続と動作確認

リグとの接続は**図 278** のように ϕ3.5 のモノラル・ミニ・フォン・ケーブルで行います．ステレオのケーブルでも，ほとんどの場合，支障はないはずです．

電池ホルダ基板と，ユニバーサル基板を接続すると，LPC810 が起動し，**図 275** ナノ・キーヤ用 main.c **図 275** のソースのままであれば，圧電サウンダのみから“NANO KEYER READY”のモールス符号が再生されます．実際にテストを行っているようすが**図 279** です．

動作調整

送信文字列の書き換えと，送出スピードの変更は，プログラム中のパラメータを書き換えて，再書き込みすることで行います．

送信文字列は，main.c の中の配列，`pattern[5]` で定義されています．要素が五つありますが，最後の `pattern[4]` は，起動時のメッセージで，圧電サウンダのみから再生され，リグの KEY には送られません．残る，`pattern[0]` ～ `pattern[3]` の四つが，それぞれ対応する送信スイッチで送信される文字列で，**図 275** のプログラムでは，リグの KEY に送られると同時に，圧電サウンダからも再生されます．圧電サウンダからの再生を行いたくない場合は，main.c の `while()` ループ内の，

```
sendMorse(curInt,MONITOR|KEYER);
```

を，

```
sendMorse(curInt,KEYER);
```

と変更してください．

送出スピードは，WPM で定義されていて，main.c 内の次の行です．

```
#define WPM        (25)
```

ここを希望する WPM に変更して，HEX ファイルを作成し，LPC810 に書き込むことで送出スピードを変更します．

製作例のまとめ

以上，かけあしですが LPC810 を使ったコンパクトなアプリケーションを 2 例紹介しました．ピン数が少なく，メモリも潤沢とはいえない LPC810 ですが，逆に，その制約の中で何ができるかを考えてみるのも楽しいかもしれません．

Appendix

LPCXpressoのアクティベーション

LPCXpressoは，LPC810のみの開発を行うのであれば，フリー版でも使うことができますが，よりメモリの多いLPCシリーズでも使えるようにするためにはユーザ登録を行ってアクティベーションを行う必要[85]があります．できれば，このアクティベーション作業を行っておきましょう．

まず，インストールしたLPCXpressoを起動します．

すると，**図260**のように未登録であることを示すウィンドウが表示されたあと，LPCXpressoのメイン画面に遷移し，**図261**のようにアクティベーションの手順を示す画面が表示されます．手順は以下のようになっています．

① メニューの「Help」からシリアル・ナンバを生成する
② [OK]ボタンでアクティベーション画面に移動する
③ フォームに必要事項を記入してアクティベーション・キーを取得する
④ メニューの「Help」からアクティベーション・キー入力画面を開く
⑤ 取得したアクティベーションキーを入力する

①は，**図262**のようにHelp→Activate LPCXpresso (Free Edition)→Create Serial number and regsiter，と選択していくと，**図263**のシリアル・ナンバ生成ダイアログが表示されます．これをメモしておくか，あるいは**図263**のように「Copy Serial Number to clipboard」をチェックしてクリップボードにコピーしておきます．

②は，**図263**の[OK]ボタンを押すと，**図264**のキー・アクティベーションのページに移動します．はじめて使う場合は，ユーザ登録が必要なので，「Create new account」をクリックしてユーザ登録を行います．既にアカウントを持っている場合は，それを使ってログインしてください[86]．

ユーザ登録の必須入力項目は，**図265**にあるUsername，E-mail address，Full name，の三つと，自動登録によるスパム防止用の認証文字列です．これらを入力して「Create new account」ボタンをクリックすると，登録したE-mail addressに，**図266**のように，自分が入力したユーザ名と，発行されたパスワードとを記載したメールが届きます．

送られてきたユーザ名とパスワードを使い，**図264**の右側のUser loginからログインすると，**図267**のようにアクティベーション・コードを発行する画面に移ります．**図267**の画面にうまく移動してくれない場合は，ログインした状態のままで，Create Serial

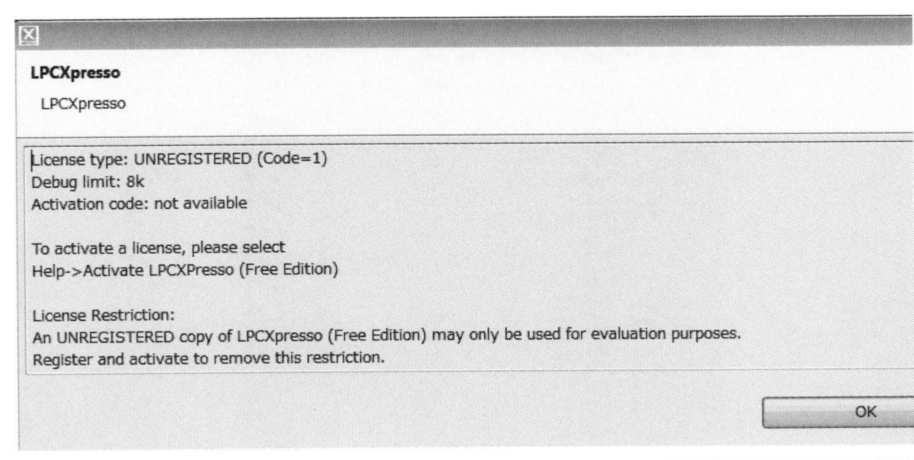

図260 LPCXpresso初回起動時のライセンス情報画面

85 アクティベーションを行わない場合，コード・サイズが8KBまでの制限を受ける．LPC810のflashは4KBなのでで，アクティベーションを行わずに進めることもできるが，特に費用が発生するわけでもないのでアクティベーションを行うことをお勧めする．

86 アクティベーションはユーザ単位ではなく，インストール単位なので，別のパソコンや異なるフォルダに新規にインストールした場合は個別にアクティベーションが必要となる．

Please note: Your product is not activated.

A product that has not been activated may only be used for Evaluation purpose
Register and activate your product to remove this restriction.

Activating LPCXpresso (Free Edition)

Note: You will need to have created an account and logged on to the LPCware website to be able to obtain an activation code.

To activate your product from LPCXpresso:

1. **Help->Activate LPCXpresso (Free Edition)->Create Serial number and register...**
   - ※ Your product's serial number will be displayed.
   - ※ Write down the serial number or copy it into the clipboard.
2. Press **OK**, and a web browser will be opened on the Activations page.
   - ※ If you are already logged in to the website, the serial number will be completed for you.
   - ※ If you are not logged in, you will need to login, navigate to the **My Registrations** page, and enter the product's se number.
3. Complete the rest of the form and press the button to request the activation code.
   - ※ Your activation code will be emailed to the address supplied when registering on the site.
4. **Help->Activate LPCXpresso (Free Edition)->Enter Activation code...**
5. Enter your activation code and Press **OK**.
   - ※ This activates your product. The license type will be displayed and you will be able to use all the features of LPCXpresso.

図 261
アクティベーション手順の説明画面

Help
Help Contents
LPCXpresso User Guide
Search
Dynamic Help
Key Assist... Ctrl+Shift+L
Tips and Tricks...
Cheat Sheets...
Install New Software...
Display license type
Product Information
Support
Activate LPCXpresso (Free Edition)
Activate LPCXpresso (Pro Edition)
Create serial number and register...
Enter Activation code...
Quick Access
pages/unregisteredFreeEdition.htm
activated.
ly be used for Evaluation purpo
this restriction.
he LPCware website to be able to obtain an activati

図 262
シリアル・ナンバの生成メニュー

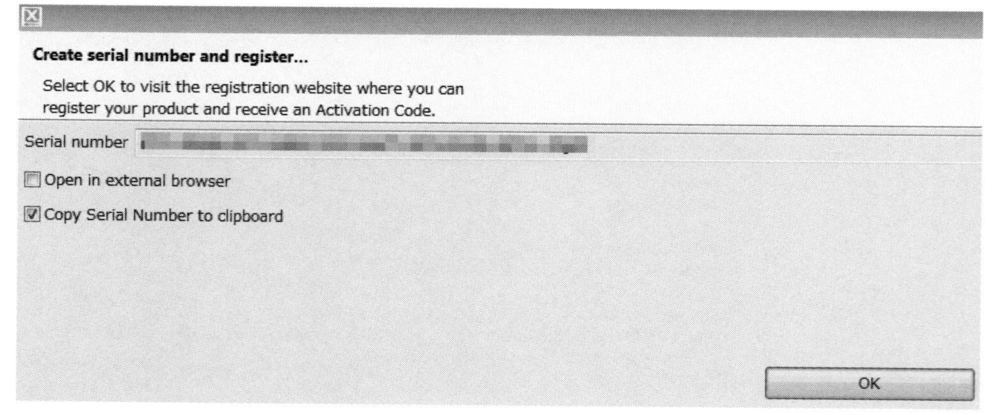

図 263
シリアル・ナンバの生成画面

number and regsiter をもう一度やり直してください．その場合は，「This will overwrite your existing regstration. Continue?」と聞かれますが，［Yes］で進めてください．

図 267 の［Register LPCXpresso］ボタンをクリックすると，**図 268** のようにアクティベーション・キーが表示されるので，**図 269** のように，LPCXpresso のメニューから Help → Activate LPCXpresso（Free

Welcome
Welcome
http://www.lpcware.com/lpcxpresso/activate?sn=KTI2-NXA4-EXF2-AXBY-JVE3-NUKT-GZC5-D3GR-BTOU-FQKZ
Software & Support for NXP MCUs
LPCXpresso Key Activation
Home » LPCXpresso home
You must login or register to view this form.
Submitted by lpcxpresso-support on Fri, 2013-06-07 09:22
LPC PRESSO
Before you can register your LPCXpresso product, you must register for the site. Registration. is free.
User login
username
password
Log
Remember me
Create new account
Request new password

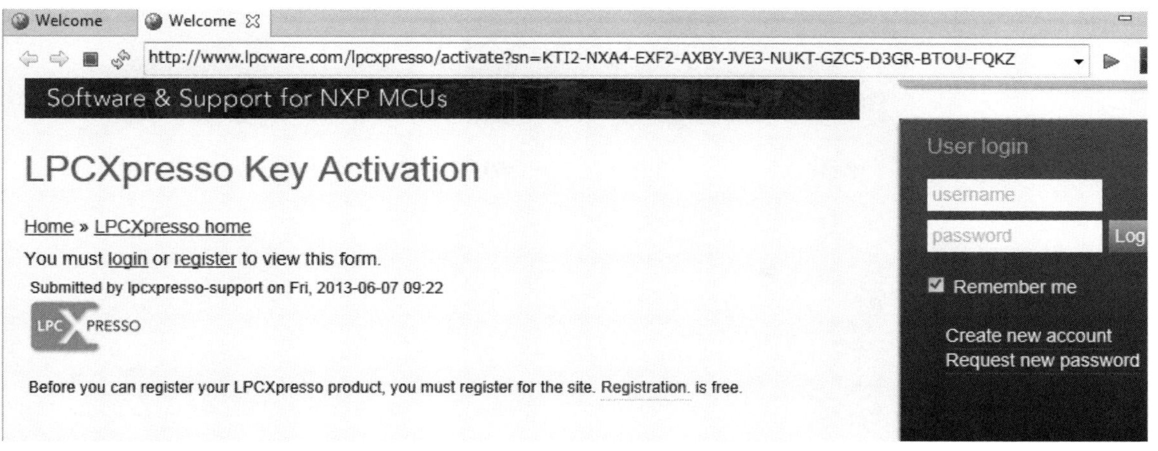

図 264　キー・アクティベーションの画面

Username: *
username
Spaces are allowed; punctuation is not allowed except for periods, hyphens, and underscores.
E-mail address: *
A valid e-mail address. All e-mails from the system will be sent to this address. The e-mail addres
Full name: *
Optional: Enter your full name. This will not appear on any public pages. The content of this field
What code is in the image?: *
B2TtK
Enter the characters shown in the image.
Create new account

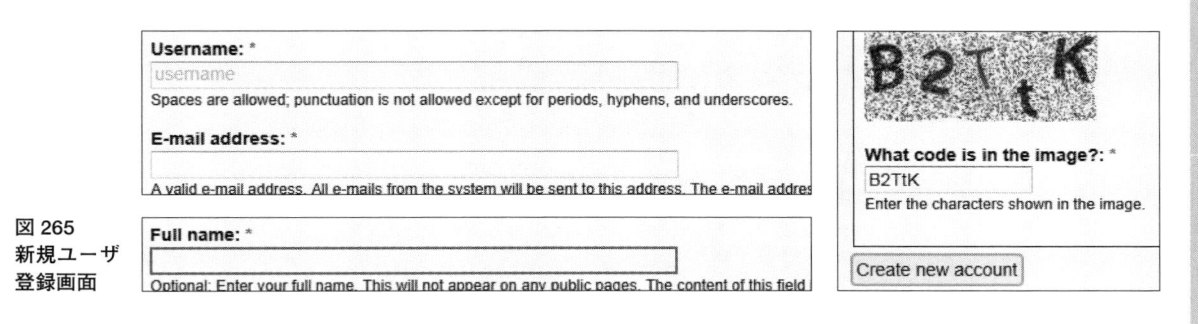

図 265
新規ユーザ
登録画面

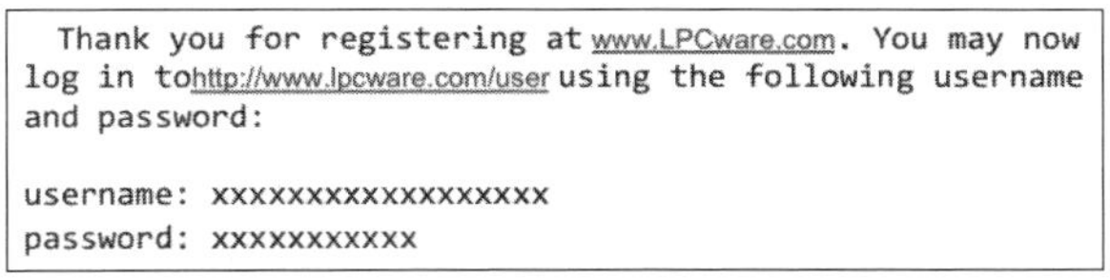

Thank you for registering at www.LPCware.com. You may now log in to http://www.lpcware.com/user using the following username and password:
username: xxxxxxxxxxxxxxxxxx
password: xxxxxxxxxxx

図 266
ユーザ情報通知メール

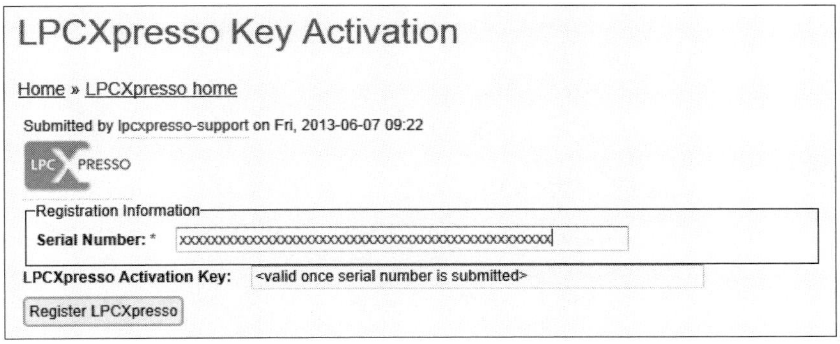

LPCXpresso Key Activation
Home » LPCXpresso home
Submitted by lpcxpresso-support on Fri, 2013-06-07 09:22
LPC PRESSO
Registration Information
Serial Number: *
xxxxxxxxxxxxxxxxxxxxxxxxxxxxxxxxxxxxxxxxxxxxxxxxxx
LPCXpresso Activation Key:
<valid once serial number is submitted>
Register LPCXpresso

図 267
アクティベーション・
キー発行画面

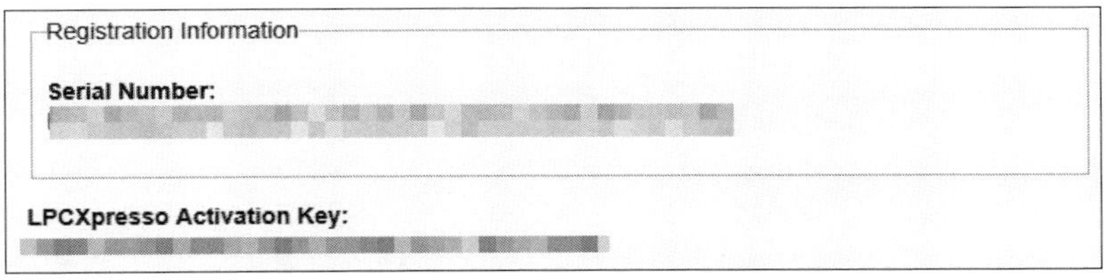

Registration Information
Serial Number:
LPCXpresso Activation Key:

図 268
発行されたアクティ
ベーション・キー

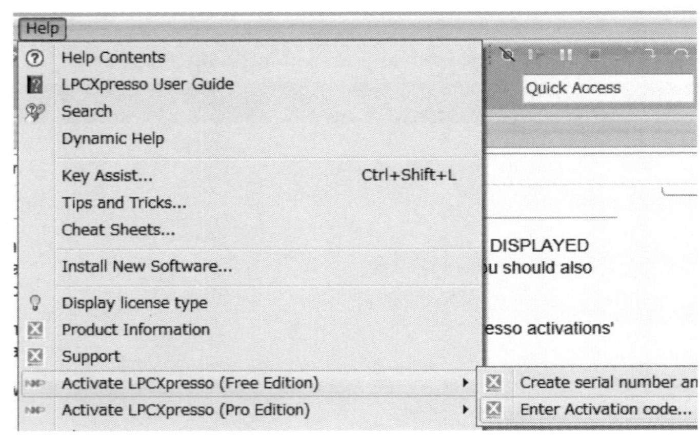

図 269
アクティベーション・コード(キー)の入力メニュー

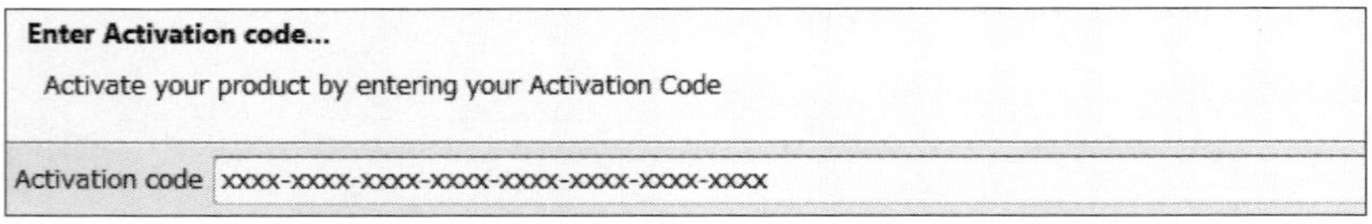

Enter Activation code...
Activate your product by entering your Activation Code
Activation code xxxx-xxxx-xxxx-xxxx-xxxx-xxxx-xxxx-xxxx

図 270
アクティベーション・コード(キー)の入力

License type: FULL
Debug limit: 256k
Activation code: OQNU-P3GR-PZKY-DQDZ-FUMQ-KVLV-JXCY-BVBZ

A FULL copy of LPCXpresso (Free Edition) may be used for production.

OK

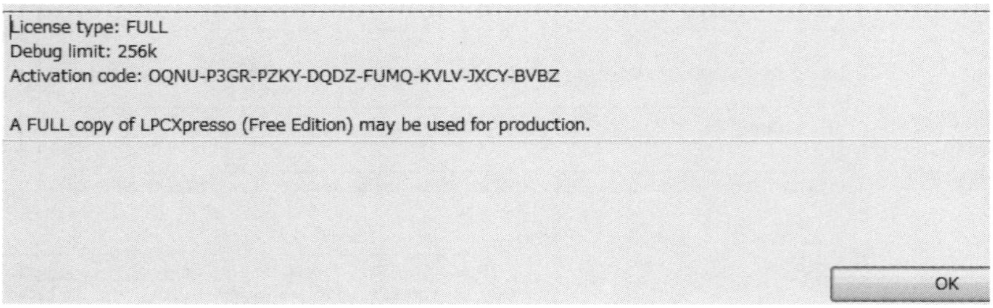

図 271
アクティベーション完了画面

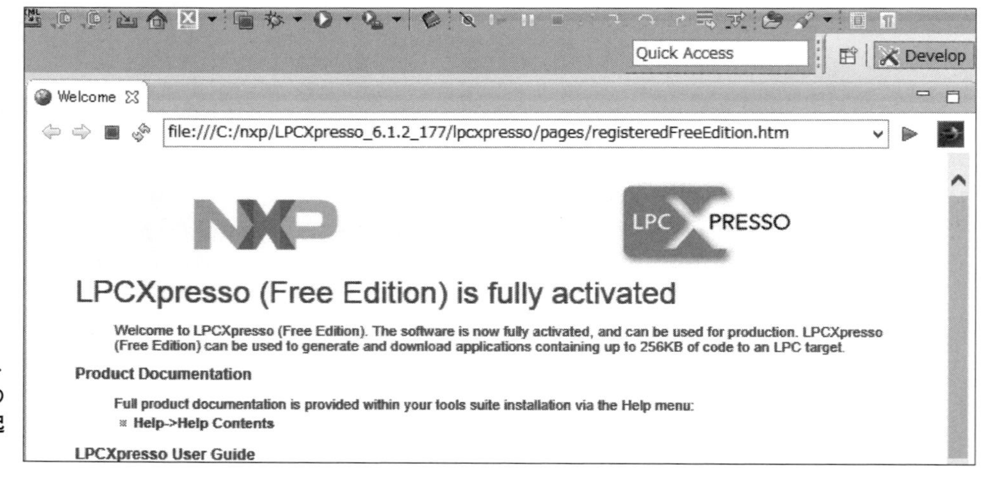

図 272
アクティベートされた状態のLPCXpresso起動画面

Editon)→Enter Activation Code と選択して，**図 270** のアクティベーション・コード(アクティベーション・キー)入力ダイアログを表示させます．

図 268 のアクティベーション・キーを入力して，[OK]をクリックすると，**図 271** のようにライセンス・タイプがFullとなったという表示が出て，アクティベーションが完了します．ここで[OK]を押すと，LPCXpressoの再起動が必要と言われるので，そのまま[OK]をクリックすると，LPCXpressoが再起動し，**図 272** のようにアクティベートされた状態のLPCXpressoを使うことができるようになります．

ここまでで，LPCXpressoのインストールとアク

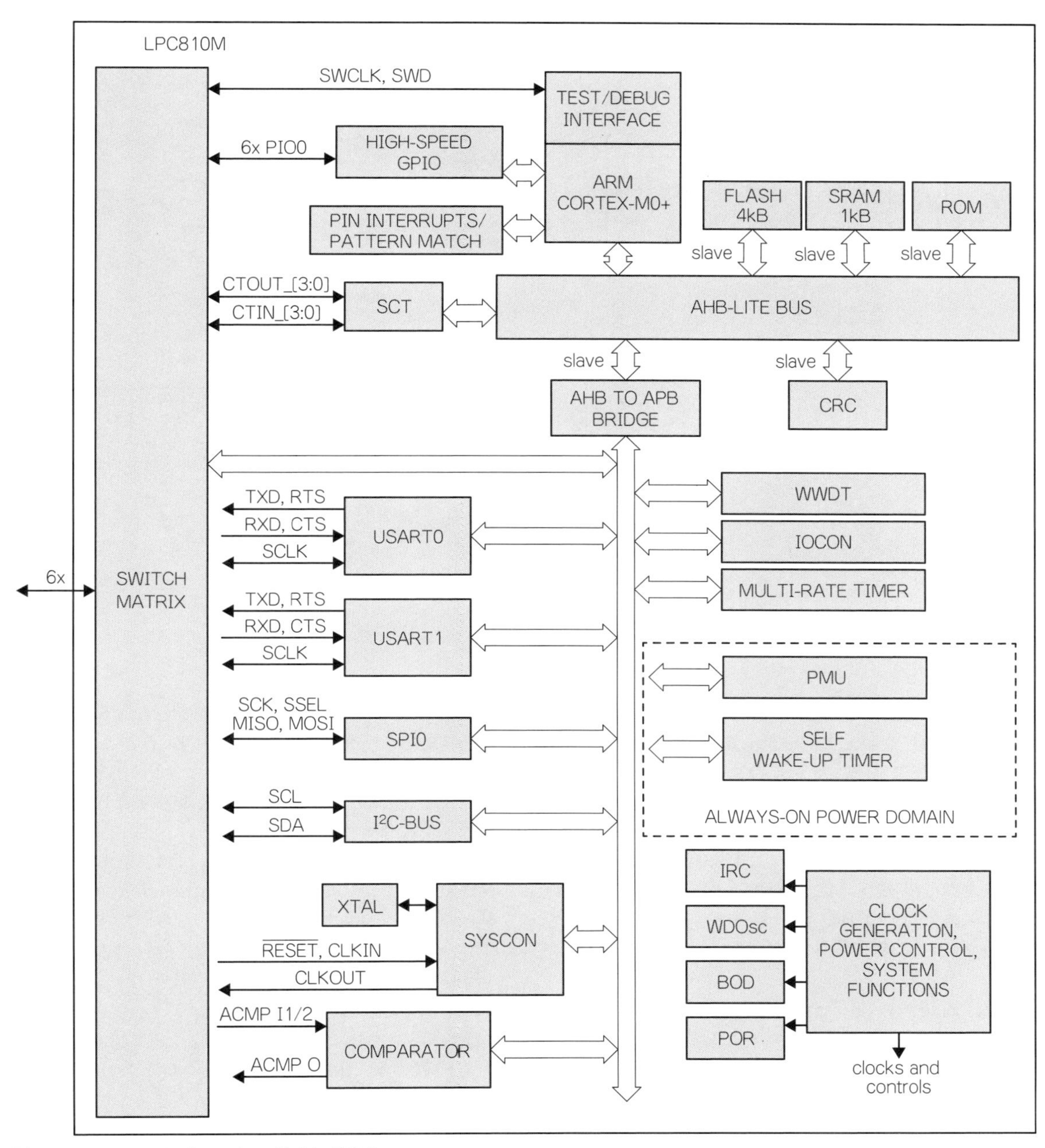

図 273　LPC810 のブロック・ダイヤグラム

ティベートは終了です．続いてFlash MagicとSwitch Matrix Toolをダウンロードしておきましょう．LPCXpressoは一旦終了させておいてください．

ブロック・ダイヤグラム

LPC810のブロック・ダイヤグラムは，**図 273** のようになっています．CPU周りはAHB-Lite（Advanced High-performance Busのアービトレーション省略版）で接続され，I/O周りはAPB（Advanced Peripheral Bus）として，AHB-APBブリッジを介してI/Oを行っています．外部とのI/Oを行うモジュールは，すべてSwitch Matrixに接続されており，Switch Matrixの設定を変更することで少ないピン数での運用を可能としています．

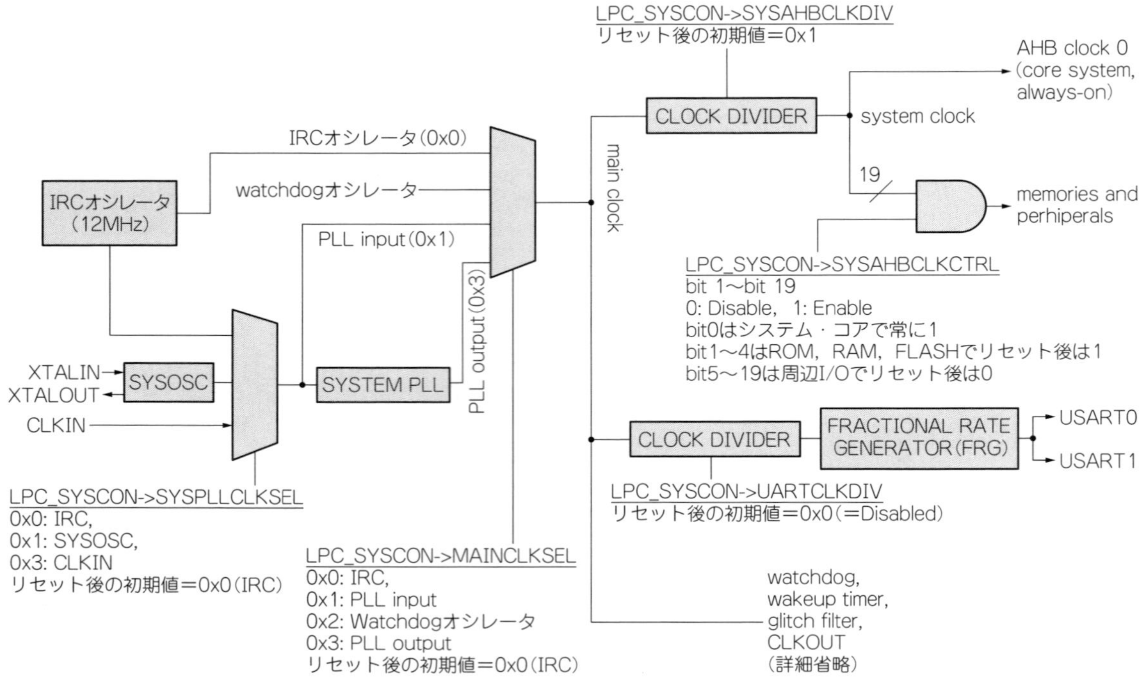

図 274　クロック周りのブロック・ダイアグラム

クロック関係の制御は，SYSCON のブロックが基本です．内蔵の IRC(Internal RC) オシレータは 12MHz になっており，SYSCON のモジュール内の PLL を設定することで，30MHz まで変更することができます．初期値では，IRC オシレータからシステム・クロックが供給されています．LPC810 では，外部にクリスタルを接続することができないため，クロック・ソースとしては IRC オシレータか，CLKIN ピンからのクロックのどちらかを選択することになります．

また，周辺 I/O モジュールへのシステム・クロック供給は，常に行われているわけではなく，使用したいモジュールのへのクロック供給を，SYSCON の SYSAHBCLKCTRL レジスタで個別に ON にしてやる必要があります．

システム・クロック

LPC810 のクロック関係の構成と設定は，**図 274** のようになっています．**図 274** の中で，LPC_SYSCON->SYSAHBCLKCTRL などの表記は，LPC810 のプログラミングに使用するライブラリである，CMSIS_CORE で定義されているレジスタのシンボル名に対応しています．

CMSIS_CORE では，SYSCON 関係の設定は LPC_SYSCON という構造体の各メンバが LPC810 のレジスタに対応し，例えば SYSAHBCLKCTRL というレジスタにアクセスしたいときは，LPC_SYSCON->SYSAHBCLKCTRL に対して読み書きを行うというスタイルになっています．

LPC810 のクロック・ソースは，既に述べたように，内蔵の *RC* オシレータ(IRC = Internal RC)か，外部からのクロック信号 CLKIN のどちらかです．内蔵されているシステム・オシレータは，外付けのクリスタルを接続するピンがアサインできないため，LPC810 では使用できません．

IRC は，12MHz のクロックで，LPC810 の起動(リセット)直後は，IRC からメイン・クロックが供給され，それがそのままシステム・クロックとして供給されています．起動直後のクロック供給状況は，**図 275** のようになっていて，クロックが供給されているのは，システムのコア部分である，CPU，FLASH/SRAM/ROM と，省電力モードに入ったときにも動き続ける always-on のブロック(**図 273** のブロック・ダイヤグラムの点線囲いの部分)だけになっています．

周辺 I/O の各ブロックへのクロック供給は，SYSCON の SYSAHBCLKCTRL というレジスタで制御されており，**図 274** の AND 記号のところで，このレジスタの各ビットとの AND をはさむ論理構成になっています．各ビットの意味と，起動(リセット)直後の状態は，**図 276** のようになっています．

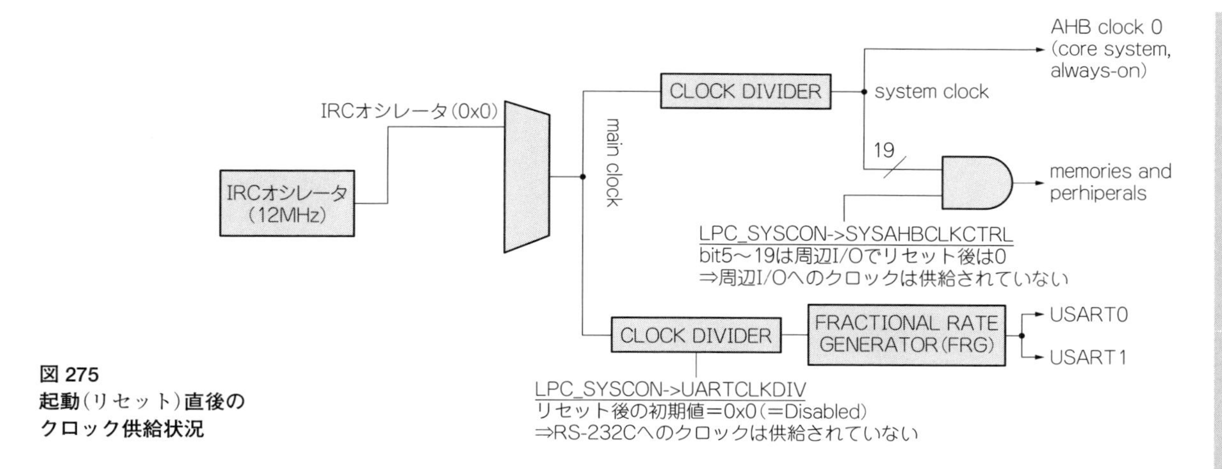

図 275
起動(リセット)直後のクロック供給状況

SYSCON SYSAHBCLKCTRL		いずれも 1：Enable，0：Disable	
ビット	記 号		
0	SYS	バス，CPU，電力制御	常に 1．読取のみ可能
1 〜 4	ROM，RAM，FLASHREG，FLASH	メモリとフラッシュ	リセット後は 1
5	I2C	I^{2}C バス	リセット後は 0
6	GPIO	GPIO ポート	
7	SWM	Switch Matrix	
8	SCT	State Configurable Timer	
9	WKT	WaKe-up Timer	
10	MRT	Multi-Rate Timer	
11	SPI0	SPI	
12	SPI1	(LPC810 では使用不可)	
13	CRC	CRC モジュール	
14	UART0	UART0	
15	UART1	UART1	
16	UART2	(LPC810 では使用不可)	
17	WWDT	Watchdog Timer	
18	IOCON	IOCON	
19	ACMP	アナログ・コンパレータ	
20 〜 31	未使用	未使用	−

図 276
LPC_SYSCON->SYSAHBCLKCTRL の各ビット

何度か述べたように，起動(リセット)直後は，システム・コア以外へのクロック供給が止まった状態になっているので，周辺 I/O を使いたい場合には，対応するクロックを Enable にしてやる必要があります．これは C 言語では，

```
LPC_SYSCON->SYSAHBCLKCTRL |=
                              (1<<5);
```

のように書くことができます．この例では，I^{2}C へのクロック供給がスタートします．このクロック・イネーブルの処理は，LPC810 用のライブラリを使用する場合などは，各ライブラリの初期化関数(init が付いた関数名であることが多い)で行われていることもあり，その場合には明示的に書く必要はありません．

メモリ・マップド I/O

LPC810 は，古い言い方では，メモリ・マップド I/O(Memory Mapped I/O)の考え方をとっていて，特定のアドレスにアクセスすると，チップ上のレジスタを制御できる仕組みになっています．

メモリ・マップド I/O のイメージは，**図 277** のようになります．外部との入出力に関する設定や値の入力，出力などは，CPU 内では，それぞれに対応するレジスタとして管理されています．プログラムからこれらのレジスタにアクセスする際には，アクセスしたいレジスタに対応するアドレスを調べ，そのアドレスをポインタとしてメモリ領域に対する値の書き込みや，領域からの値の読み出しを行う，という操作を行

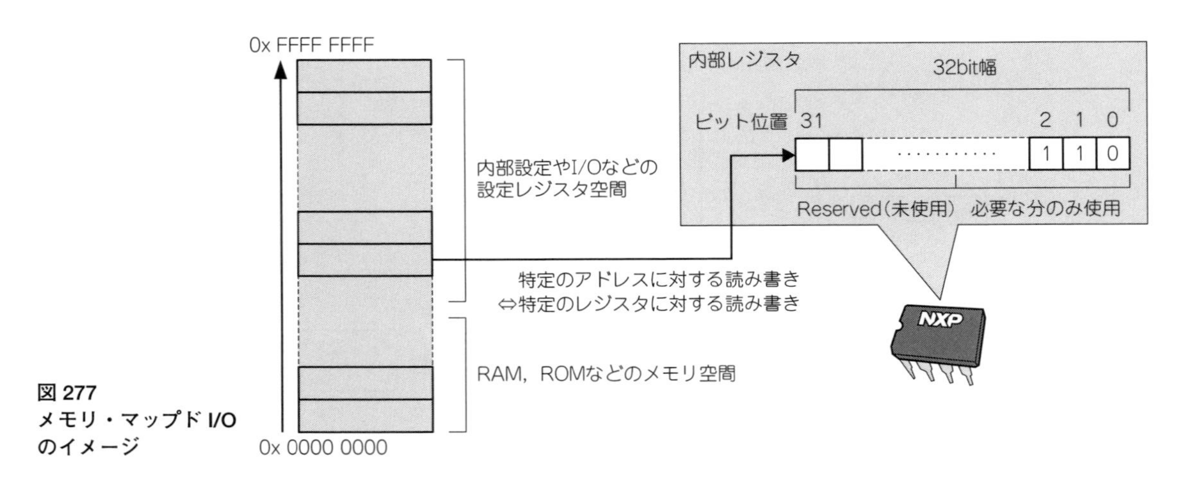

図 277
メモリ・マップド I/O のイメージ

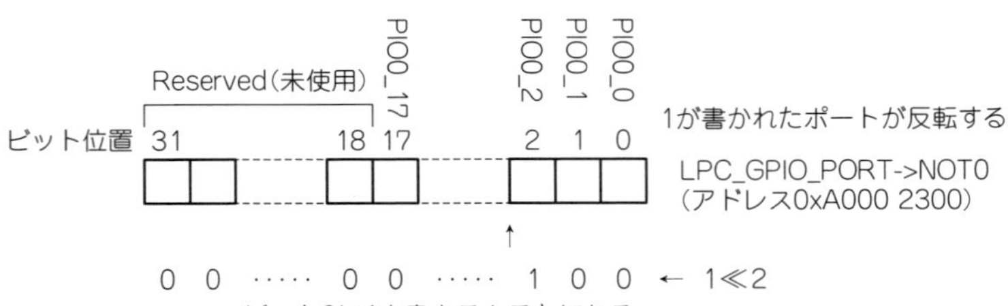

図 278
1 を目的ビット位置までビット・シフトした値をレジスタのアドレスに書き込む

います.

先ほどの LED 点滅のプログラムでは,

```
LPC_GPIO_PORT->NOT0 = 1<<2;
```

という行で LED を接続した, PIO0_2 の値を反転させていました.

これは, 以下のように書いても同様の動作となります.

```
static uint32_t *inv =
        (uint32_t *)0xA0002300UL;

volatile static int i = 0 ;
while(1){
    for (i=0;i<1000000;i++);
    *inv = 1<<2;
}
```

GPIO の特定のポートを反転させるレジスタのアドレスは, 0xA000 2300 です. UL は符号なし(unsigned)の, long int(32 ビット長)を明示しているものです. inv というポインタ変数の指すアドレスを, ポート反転のレジスタにマップされているアドレスに設定し, このアドレスに対して, `*inv = 1<<2` と書き込むことで, PIO0 の 2, つまり PIO0_2 を反転させることができます.

`1<<2` は 2 進数で表記すると `0000 0000 0000 0000 0000 0000 0000 0100` となりますが, **図 278** のように, GPIO のポート反転レジスタはビット位置 2 の位置に 1 が書き込まれると, PIO0_2 の値を反転させるようになっているため, この操作で LED が点灯と消灯を繰り返すことになります.

なお, 上記のようにポインタ変数にレジスタ・アドレスを直接指定して, レジスタにアクセスするコードは, メモリ・マップド I/O のイメージを説明するために示したもので, LPC810 のプログラミング・スタイルとしては, 推奨されるものではありません. 最初のコードに書いたように, LPC8xx.h で定義されている構造体, LPC_GPIO_PORT を使い, `LPC_GPIO_PORT->NOT0 = 1<<2;`, のように記述するのが, LPC810 の定石です.

ポートの I/O 設定

Switch Matrix Tool で設定できるのは, ピン・アサインだけではなく, ポートの I/O 設定も同時に変更することができます. **図 279** は, Switch Matrix Tool の Configure I/O タブを開いたところで, 図からわかるように, チップ内蔵のプルアップ / プルダウン抵抗の選択や, ヒステリシス特性の選択などを行うことができます. **図 279** の PIO0_0 の状態は, リセッ

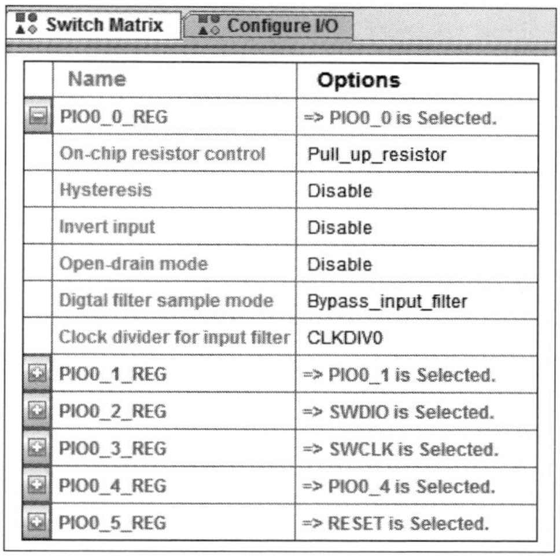

	Name	Options
⊟	PIO0_0_REG	=> PIO0_0 is Selected.
	On-chip resistor control	Pull_up_resistor
	Hysteresis	Disable
	Invert input	Disable
	Open-drain mode	Disable
	Digtal filter sample mode	Bypass_input_filter
	Clock divider for input filter	CLKDIV0
⊞	PIO0_1_REG	=> PIO0_1 is Selected.
⊞	PIO0_2_REG	=> SWDIO is Selected.
⊞	PIO0_3_REG	=> SWCLK is Selected.
⊞	PIO0_4_REG	=> PIO0_4 is Selected.
⊞	PIO0_5_REG	=> RESET is Selected.

図 279　Switch Matrix Tool の Configure I/O

ト後のデフォルトの状態で，ここから変更しない場合は，特に設定用のコードは生成されません．ここを変更した場合は，iocon.c の中の `IOCON_Init()` 関数に，変更した内容を反映させるためのコードが埋め込まれます．

LPC810 のポート周りの構成は，UM p.66 の Fig.5 に記載されています．ポートの設定に関係するレジスタは，IOCON の PIO0_0 から PIO0_5 までのレジスタで，UM p.68 にレジスタの一覧があります．IOCON も，LPC シリーズ全体としては，PIO0_0 から PIO0_17 までありますが，LPC810 の場合は PIO0_5 までが有効です．

ポートに設定できる内容は，GPIO としての機能は全ポート共通で，ビット単位で設定します．

GPIO 関係の設定値

ビット 4：3	プルアップ / ダウンのモード． 初期値：0x2（プルアップ） 0x0：無効，0x1：プルダウン 0x2：プルアップ，0x3：リピータモード
ビット 5	ヒステリシス設定．初期値 0（無効） 0：無効，1：有効
ビット 6	入力反転．初期値 0（無効） 0：無効（反転しない） 1：有効（反転する）
ビット 10	オープン・ドレイン・モード． 初期値（無効） 0：無効，1：有効（V_{DD} 以上にしてはいけない疑似オープン・ドレイン）
ビット 12：11	入力のディジタル・フィルタ設定．初期値 0（使用しない） 0：使用しない，1：1 クロック 2：2 クロック，3：3 クロック
ビット 15：13	ディジタル・フィルタのクロック分周（ディバイダ）．初期値：0 0～6：SYSCON の IOCONCLKDIV0～6

記載のないビットは Reserved で，使用されていません．

プルアップ / ダウンのリピータ・モードは，入力が High ならプルアップ，Low ならプルダウンに自動的に切り替わるもので，入力が一時的に外されたりしても最後の状態を保持してピンが浮動した状態にならないようにするモードです．

オープン・ドレイン・モードは，入力電圧を V_{DD} 以上にしてはいけない疑似モードです．ピン数の多いパッケージでは，PIO0_10 と PIO0_11 がちゃんとしたオープン・ドレイン・モードを持っていますが，LPC810 ではそれらのピンが存在せず，使用することができません．

入力のディジタル・フィルタの設定は，内蔵のグリッチ・フィルタで，メイン・クロックを，SYSCON の IOCONCLKDIV0～6 のいずれかに設定されたディバイダ値で分周したクロックを基準として，所定の間隔未満の短いパルスを除去します．この間隔は，分周されたクロックの 1～3 クロック分の間で設定できます．詳細は UM p.67 を参照してください．

これらの設定は，LPC8xx.h の LPC_IOCON->PIO0_n（n：0～5）に対して，ビット操作を記述して自分で設定することもできます．

CMSIS の定義の調べ方

LPC810 のレジスタに CMSIS 経由でアクセスするには，CMSIS_CORE のプロジェクトにある LPC8xx.h を調べるのが早道です．

それには，LPCXpresso で，**図 280** のようにワークスペースにプロジェクトとしてインポートしてある，CMSIS_CORE_LPC8xx を展開し，さらに inc を展開して LPC8xx.h をクリックし，内容を表示させます．例えば，GPIO 関係のレジスタについて調べるには，まず Ctrl + F で検索ダイアログを表示させ，GPIO という文字列を何度か検索していくと，**図 281** のように LPC_GPIO_PORT_Typdef という構造体の定義が見つかります．

図 281 の記述は，UM p.88 Table82 にある GPIO 関係のレジスタに対応する文字列が含まれているの

で，この構造体がGPIOにアクセスするための構造体であることがわかります．

なお，__Oや__I，__IOは，core_cm0plus.hの中で#define __O volatile，のように定義されていて(__I，__IOも同様にvolatileの別名)，レジスタがWOかRWかROかを示すために使われているだけです．

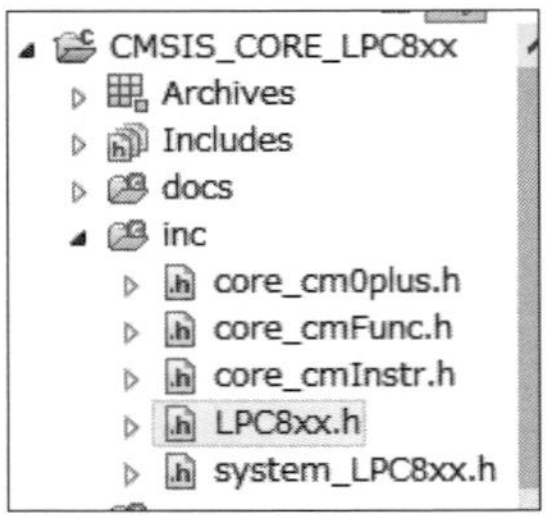

```
CMSIS_CORE_LPC8xx
  Archives
  Includes
  docs
  inc
    core_cm0plus.h
    core_cmFunc.h
    core_cmInstr.h
    LPC8xx.h
    system_LPC8xx.h
```

図280
CMSIS_COREプロジェクトのincからLPC8xx.hを開く

さらに，GPIOの文字列を検索していくと，**図282**のように`0xA000 0000`をベース・アドレスとして定義している行が見つかります．これは，UM p.88 Table82で，GPIO関係のレジスタのベース・アドレスが，`0xA000 0000`であると記述されているものと合致しています．

最終的には，**図283**で，

```
#define LPC_GPIO_PORT
        ((LPC_GPIO_PORT_TypeDef *)
              LPC_GPIO_PORT_BASE )
```

という定義が記述されているので，LPC_GPIO_PORT_TypeDef(**図281**)の構造体の先頭アドレスが，GPIOレジスタのベース・アドレスに設定されていることに

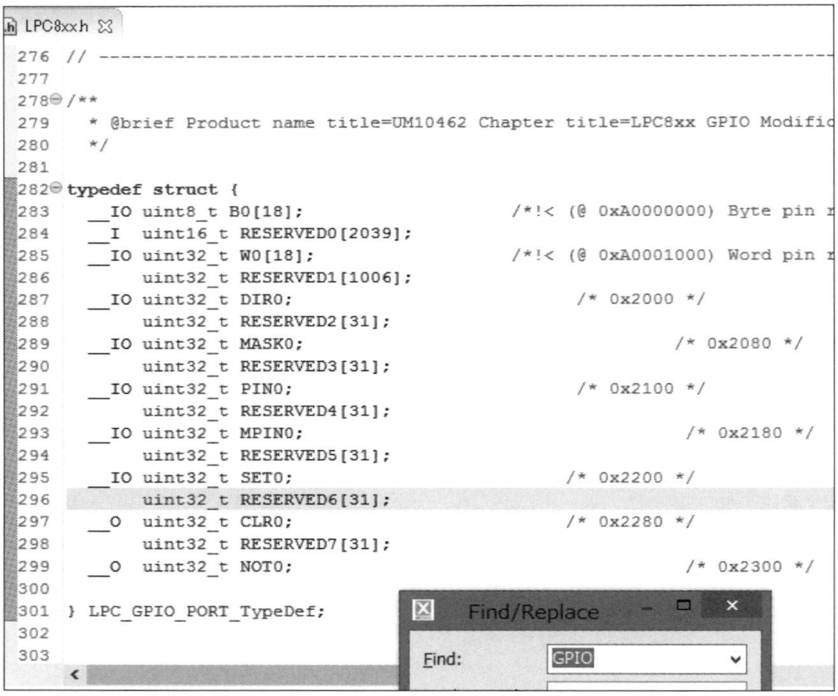

```
LPC8xx.h
276 // ----------------------------------------------------------------
277
278 /**
279   * @brief Product name title=UM10462 Chapter title=LPC8xx GPIO Modific
280   */
281
282 typedef struct {
283   __IO uint8_t B0[18];                /*!< (@ 0xA0000000) Byte pin r
284   __I  uint16_t RESERVED0[2039];
285   __IO uint32_t W0[18];               /*!< (@ 0xA0001000) Word pin r
286        uint32_t RESERVED1[1006];
287   __IO uint32_t DIR0;                       /* 0x2000 */
288        uint32_t RESERVED2[31];
289   __IO uint32_t MASK0;                          /* 0x2080 */
290        uint32_t RESERVED3[31];
291   __IO uint32_t PIN0;                       /* 0x2100 */
292        uint32_t RESERVED4[31];
293   __IO uint32_t MPIN0;                          /* 0x2180 */
294        uint32_t RESERVED5[31];
295   __IO uint32_t SET0;                      /* 0x2200 */
296        uint32_t RESERVED6[31];
297   __O  uint32_t CLR0;                      /* 0x2280 */
298        uint32_t RESERVED7[31];
299   __O  uint32_t NOT0;                           /* 0x2300 */
300
301 } LPC_GPIO_PORT_TypeDef;
302
303
Find/Replace
Find: GPIO
```

図281
GPIO関係のポート用構造体の定義

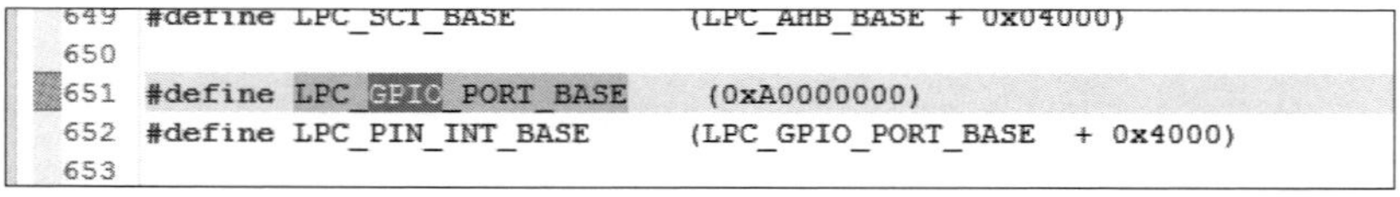

```
649 #define LPC_SCT_BASE          (LPC_AHB_BASE + 0x04000)
650
651 #define LPC_GPIO_PORT_BASE     (0xA0000000)
652 #define LPC_PIN_INT_BASE      (LPC_GPIO_PORT_BASE  + 0x4000)
653
```

図282　GPIOのベース・アドレス定義

```
678
679 #define LPC_GPIO_PORT           ((LPC_GPIO_PORT_TypeDef  *) LPC_GPIO_PORT_BASE  )
680 #define LPC_PIN_INT            ((LPC_PIN_INT_TypeDef   *) LPC_PIN_INT_BASE  )
681
682 #ifdef __cplusplus
```

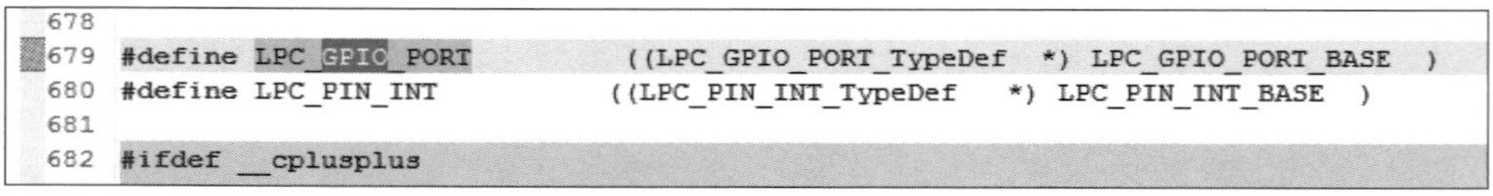

図283　GPIOの構造体とベース・アドレスの関連付け

なります．

図 281 の構造体の各メンバのサイズを計算し，累積してみると，**図 284** のようになります．NOT0 や DIR0 などのレジスタの間に，RESERVED0[2039] などの配列が置かれていて，これらの，RESERVEDx[] の配列のサイズを調整することで，レジスタに相当する構造体メンバの，構造体領域の先頭からのオフセットが，ちょうど GPIO アドレスベースに対する各レジスタのオフセット値になるようにおかれていることが，**図 284** からわかります．実際，**図 284** のオフセットの太い黒字のオフセット位置は，**図 288** のレジスタのオフセット値と一致しています．

結局，CMSIS を経由して，LPC810 の機能を使うコードを書くためには，対応するレジスタを UM で探したうえで，LPC8xx.h を調べて必要なレジスタに対応する構造体とそのメンバを割り出せばよいということになります．

レジスタの調べ方

実際に各種レジスタを制御する場合には，

- LPC810 のマニュアル
- LPC8xx.h のソース・コード

の二つの資料から，目的とするレジスタへのアクセスに用いる構造体を調べ[87]，それを通してレジスタにアクセスするコードを記述します．

まず，LPC810 のマニュアルは下記の URL から参照できます．

```
http://docs.lpcware.com/lpc800um/
```

この URL の，マニュアルの先頭部分の「Memory mapping」の項を展開すると，**図 285** のように「MEMMAP General description」という項があります．ここをクリックすると，**図 286** のような LPC810 のメモリ・マップの全体図を見ることができます．これはメモリ・マップド I/O のイメージを示した，**図 277** を，LPC810 の構成に即して具体的なアドレスを書いたものにあたります．**図 286** は 2 列になっていますが，右側の列は，`0x4000 0000` からの部分を拡大して示しているものです．

図 286 は，全体の概略を示したものなので，具体

```
                                                                        オフセット
typedef struct {                                サイズ(バイト)×要素数   累積    16進数
    __IO  uint8_t   B0[18];                     1 ×   18 =   18        18  0x 0012
    __I   uint16_t  RESERVED0[2039];            2 × 2039 = 4078      4096  0x 1000
    __IO  uint32_t  W0[18];                     4 ×   18 =   72      4168  0x 1048
          uint32_t  RESERVED1[1006];            4 × 1006 = 4024      8192  0x 2000
    __IO  uint32_t  DIR0;                       4 ×    1 =    4      8196  0x 2004
          uint32_t  RESERVED2[31];              4 ×   31 =  124      8320  0x 2080
    __IO  uint32_t  MASK0;                      4 ×    1 =    4      8324  0x 2084
          uint32_t  RESERVED3[31];              4 ×   31 =  124      8448  0x 2100
    __IO  uint32_t  PIN0;                       4 ×    1 =    4      8452  0x 2104
          uint32_t  RESERVED4[31];              4 ×   31 =  124      8576  0x 2180
    __IO  uint32_t  MPIN0;                      4 ×    1 =    4      8580  0x 2184
          uint32_t  RESERVED5[31];              4 ×   31 =  124      8704  0x 2200
    __IO  uint32_t  SET0;                       4 ×    1 =    4      8708  0x 2204
          uint32_t  RESERVED6[31];              4 ×   31 =  124      8832  0x 2280
    __O   uint32_t  CLR0;                       4 ×    1 =    4      8836  0x 2284
          uint32_t  RESERVED7[31];              4 ×   31 =  124      8960  0x 2300
    __O   uint32_t  NOT0;                       4 ×    1 =    4      8964  0x 2304
} LPC_GPIO_PORT_TypeDef;
```

図 284 GPIO の構造体定義と各メンバのサイズ

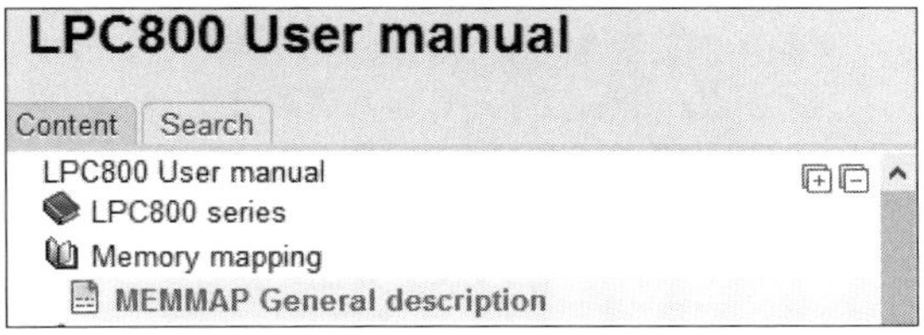

LPC800 User manual

Content　Search

LPC800 User manual
LPC800 series
Memory mapping
MEMMAP General description

図 285 LPC800User manual のメモリ・マップの項目を展開したようす

87 LPCXpresso の Help → LPCXpresso User Guide から，CMSIS(Cortex Microcontroller Software Interface Standard) のドキュメントを読むこともできる．ただ，これはあまりよいドキュメンテーションとはいえず，結局 LPC810 自体のマニュアルのハードウェア仕様と，CMSIS のヘッダ・ファイルである LPC8xx.h を参照したほうが早いことも少なくない．

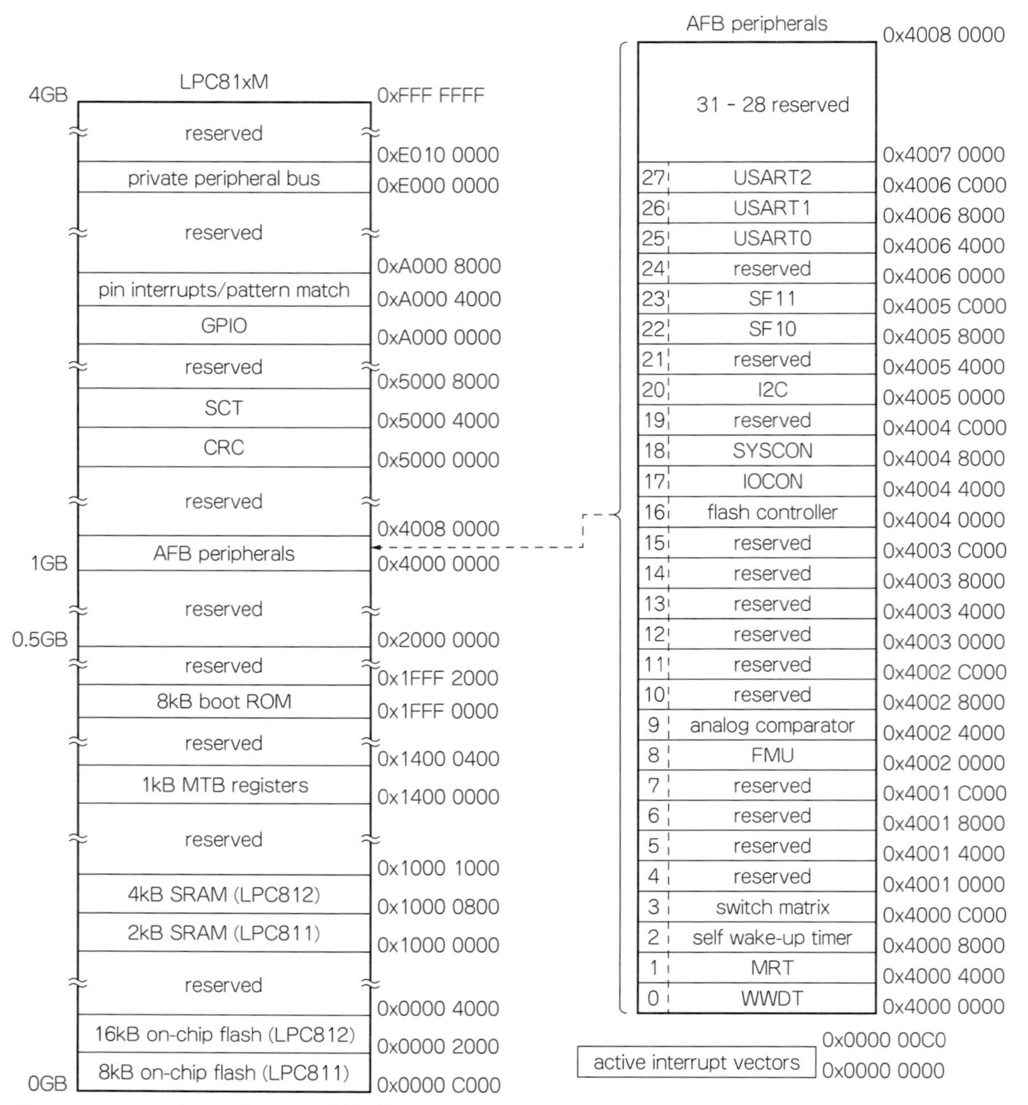

図 286　LPC810 のメモリ・マップ(概略)

的に個々のレジスタについて必要な情報を調べるには，対応したレジスタの項目を探して開きます．

上記のマニュアルの中には，「Registers」という項目があり，そこを展開すると，**図 287** のように，LPC810 の各種レジスタの説明が列挙されています．レジスタ一覧の中から，GPIO Register description の項目をさらに展開すると，**図 288** のように，GPIO を操作するためのレジスタの説明を見ることができます．**図 288** の表のタイトルは次のようになっています．

```
Table 1. GPIO Register overview: GPIO port
(base address 0xA000 0000)
```

この中で，`base address 0xA000 0000` というのが，GPIO 関係のレジスタにアクセスするためのアドレスの先頭番地を示しています．GPIO の各ポートの状態を反転させるレジスタは，**図 288** の表の中の次の行に書かれています．

```
NOT0 WO  0x2300 Toggle port 0 NA
    word (32 bit)
```

NOT0 は，LED 点滅プログラムで，`LPC_GPIO_PORT->NOT0` として使われていた文字列の中に出てくる NOT0 で，**図 288** の GPIO ポートの表と対応したシンボル名であることがここからわかります．WO

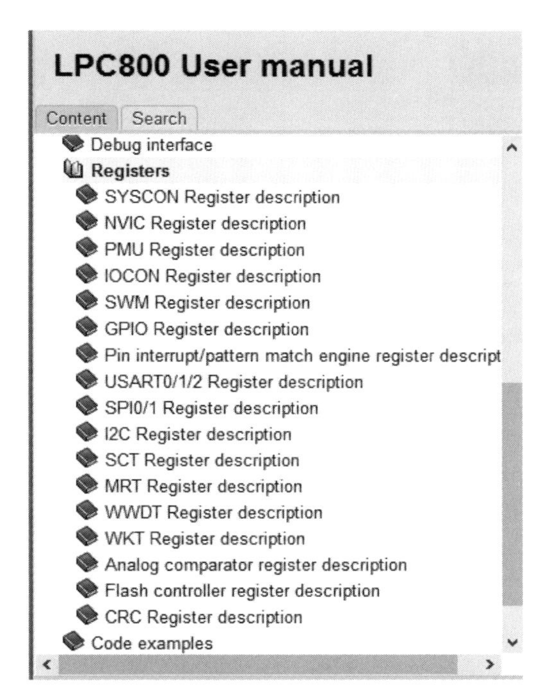

図 287　LPC810 User manual の Registers を展開したようす

は，このレジスタが書き込みのみを行うことができることを表しています．その次の0x2300は，Address offsetで，base addressが`0xA000 0000`，offsetが0x2300なので，`0xA000 0000 + 0x2300 = 0xA000 2300`番地に対してアクセスすると，GPIOポートの状態を反転するレジスタを操作することができるということになります．

さらに，GPIO DIR0のReferenceのリンク`GPIO registerName = NOT0 addressOffset = 0x300`をクリックしてみると，**図289**のようにGPIOのNOT0の仕様が書かれたページが表示されます．この表の1行目は，Bitが17:0となっていて，Descriptionが，“`Toggle output bits: 0 = no operation. 1 = Toggle output bit.`”と書かれています．

これはつまり，このレジスタのビット0が，PIO0_0，ビット1が，PIO0_1……の状態を反転するようになっていて，該当するビットが0ならなにもせず，1なら反転であるということです．Reset valueがNAとあるのは，Not Availableで，このレジスタは書き込み専用(WO)のため値を読み出すことができないからです．

ピン・アサイン

●すべてのI/OピンをGPIOピンに設定する

I/Oピンが，GPIOピンとして使われるか，fixedの機能を持つピンとして使われるかは，SWMのPINENABLE0レジスタで設定されます．このレジスタをオール1に設定すると，すべてのI/Oピンが，GPIOピンの設定となります．他に，movableの機能割り当てが行われているピンがあれば，そのピンはGPIOピンとしてではなく，割り当てられたmovableの機能のピンとして使われます．

単純にすべてのピンの固定機能を殺すだけであれば，以下のコードで設定できます．

```
#include "LPC8xx.h"

LPC_SYSCON->SYSAHBCLKCTRL |=
```

Table 1. GPIO Register overview: GPIO port (base address 0xA000 0000)

Name	Access	Address offset	Description	Reset value	Width	Reference
B0 to B17	R/W	0x0000 to 0x0012	Byte pin registers port 0; pins PIO0_0 to PIO0_17	ext^ ^	byte (8 bit)	GPIO registerName = B[0:17] addressOffset = 0x000
W0 to W17	R/W	0x1000 to 0x1048	Word pin registers port 0	ext^ ^	word (32 bit)	GPIO registerName = W[0:17] addressOffset = 0x000
DIR0	R/W	0x2000	Direction registers port 0	0	word (32 bit)	GPIO registerName = DIR0 addressOffset = 0x000
MASK0	R/W	0x2080	Mask register port 0	0	word (32 bit)	GPIO registerName = MASK0 addressOffset = 0x080
PIN0	R/W	0x2100	Port pin register port 0	ext^ ^	word (32 bit)	GPIO registerName = PIN0 addressOffset = 0x100
MPIN0	R/W	0x2180	Masked port register port 0	ext^ ^	word (32 bit)	GPIO registerName = MPIN0 addressOffset = 0x180
SET0	R/W	0x2200	Write: Set register for port 0 Read: output bits for port 0	0	word (32 bit)	GPIO registerName = SET0 addressOffset = 0x200
CLR0	WO	0x2280	Clear port 0	NA	word (32 bit)	GPIO registerName = CLR0 addressOffset = 0x280
NOT0	WO	0x2300	Toggle port 0	NA	word (32 bit)	GPIO registerName = NOT0 addressOffset = 0x300

図 288　GPIO関係のレジスタ

Output bits can be toggled/inverted/complemented by writing ones to these write-only registers, regardless of MASK registers.

Table 1. GPIO registerName = NOT0 addressOffset = 0x300

Bit	Symbol	Description	Reset value	Access
17:0	NOTP0	Toggle output bits: 0 = no operation. 1 = Toggle output bit.	NA	WO
31:18	-	Reserved.	0	-

図 289
GPIO NOT0の詳細説明

SWM PINENABLE0 レジスタ									
ビット31-9	ビット8	ビット7	ビット6	ビット5	ビット4	ビット3	ビット2	ビット1	ビット0
Reserved	×	CLKIN	RESET_EN	×	×	SWDIO_EN	SWCLK_EN	ACMP_I2_EN	ACMP_I1_EN
−	×	PIO0_1	PIO0_5	×	×	PIO0_2	PIO0_3	PIO0_1	PIO0_0
810 ピン	×	ピン5	ピン1	×	×	ピン4	ピン3	ピン5	ピン8
初期値	1	1	0	1	1	0	0	1	1

各ビットの設定値… 0：機能が有効　1：機能は無効(ピンは PIO0_x，または movable)

	ビット			
レジスタ	31-24	23-16	15-8	7-0
PINASSIGN0	UART0 CTS	UART0 RTS	UART0 RXD	UART0 TXD
PINASSIGN1	UART1 RTS	UART1 RXD	UART1 TXD	UART0 SCLK
PINASSIGN2	UART2 RXD	UART2 TXD	UART1 SCLK	UART1 CTS
PINASSIGN3	SPI0 SCK	UART2 SCLK	UART2 CTS	UART2 RTS
PINASSIGN4	SPI1 SCK	SPI0 SSEL	SPI0 MISO	SPI0 MOSI
PINASSIGN5	CTIN1	SPI1 SSEL	SPI1 MISO	SPI1 MOSI
PINASSIGN6	CTOUT0	CTIN4	CTIN3	CTIN2
PINASSIGN7	I2C0 SDA	CTOUT3	CTOUT2	CTOUT1
PINASSIGN8	BMAT	CLKOUT	ACOMP_O	I2C0 SCL

各8ビットに PIO0_n の n をセットする
LPC810 では n = 0x00 ～ 0x05 の範囲
初期値はすべて 0xFFFFFFFF(アサイン無効)

```
                          (1<<7);
LPC_SWM->PINENABLE0 = 0xFFFFFFFF;
```

●ピンの fixed 機能を無効 / 有効にする

手順

個別に fixed の機能を ON/OFF するには，LPC_SYSCON->SYSAHBCLKCTRL のビット7を1として，SWM にクロックを供給し，LPC_SWM_PINENABLE0 の該当ビットを操作するか，ON/OFF を反映させた値を代入するかします．各ビットのピンは上の表のとおりです．

LPC_SWM_PINENABLE0 の該当するビットが0のときは，fixed function の機能が有効な状態のため，そのビットに対応したピンを GPIO として使うことはできません．

ビットが1のときは，そのビットに対応したピンは，GPIO として使うことができます．ただし，LPC_SWM->PINASSGIN0 ～ 8 のいずれかで，当該ピンに movable function がアサインされていればそちらが優先され，GPIO として使用はできなくなります．

コード例

▶ PIO0_2(パッケージ・ピン4番)を GPIO ピンとして使う

```
#include "LPC8xx.h"

LPC_SYSCON->SYSAHBCLKCTRL =
                          (1<<7);
LPC_SWM->PINENABLE0 |= (1<<3);
```

▶ PIO0_2(パッケージ・ピン4番)を SWIO_EN ピンとして使う

```
#include "LPC8xx.h"

LPC_SYSCON->SYSAHBCLKCTRL |=
                          (1<<7);
LPC_SWM->PINENABLE0 &= ~(1<<3);
```

● ピンに movable 機能を割り当てる

手順

使いたい機能が，PINASSGIN0 ～ 8 のどのレジスタで設定する機能であるかを調べます．各レジスタは，32 ビットで，8 ビット ×4 に分割されています．LPC_SYSCON->SYSAHBCLKCTRL のビット7を1として，SWM にクロックを供給し，対応するレジスタの対応するビット位置に，該当する機能を割り当てる GPIO 番号が数値として入るように指定します．各レジスタの割り当て機能は上の表のとおりです．

上の表で，それぞれの機能に対して指定するピン番号は，パッケージのピン番号ではなく，GPIO のピン番号，すなわち，PIO0_n と表記するときの n です．たとえば，PIO0_2 を I2C0 の SCL として使いたい場合は，PINASSIGN8 に 0xFFFFFF02 を代入します．割り当てのない movable に対応するビットは，すべて1とします．

また，movable の機能を割り当てるためには，割り当てようとするピンの fixed の機能が無効になっている(PINENABLE0 の該当ビットを1とする)必要があります．以下のコード例では，すべてのピンの fixed

機能を無効化し，GPIO もしくは movable の選択ができるようにしています．

コード例

▶ PIO0_2(パッケージ・ピン 4 番)を I2C SDA ピンとして使う場合

```
#include "LPC8xx.h"

LPC_SYSCON->SYSAHBCLKCTRL |=
                            (1<<7);
LPC_SWM->PINENABLE0 =
                       0xFFFFFFFFUL;
LPC_SWM->PINASSING7 =
                       0x02FFFFFFUL;
```

▶ PIO0_3(パッケージ・ピン 3 番)を I2C SDA ピンとして使う場合

```
#include "LPC8xx.h"

LPC_SYSCON->SYSAHBCLKCTRL |=
                            (1<<7);
LPC_SWM->PINENABLE0 =
                       0xFFFFFFFFUL;
LPC_SWM->PINASSING7 =
                       0x03FFFFFFUL;
```

▶ PIO0_2(パッケージ・ピン 4 番)を I2C SCL ピンとして使う場合

```
#include "LPC8xx.h"

LPC_SYSCON->SYSAHBCLKCTRL |=
                            (1<<7);
LPC_SWM->PINENABLE0 =
                       0xFFFFFFFFUL;
LPC_SWM->PINASSING8 =
                       0xFFFFFF02UL;
```

LED の電流制限抵抗

LED の電流制限抵抗は以下のように求めます．

LED が通常の動作をしている状態では，LED の両端での電圧降下が一定になるという性質があり，これを順方向降下電圧と呼んでいます．順方向降下電圧は V_F という記号で表されることが多く，単位は通常[V]で，LED の色によって代表的な値がそれぞれ異なります．

赤	1.8 ～ 2.0V
黄	2.0 ～ 2.2V
緑	2.0 ～ 2.2V
青	3.2 ～ 3.6V
白	3.6 ～ 3.8V

これらは，よく見かける V_F の値の範囲で，製品によって異なることはもちろん，同じ製品であっても個体ごとにばらつきがあり，あくまでも目安としての数値です．

一方，LED にどれだけの電流を流すか(流れるか)という値は，I_F という記号で表されることが多く，単位は通常，[mA]が使われます．I_F は，推奨値と最大値が公表されていることが普通で，これは製品による違いが大きく，よく見かけるものは，推奨値で 10 ～ 20[mA]，最大値で 20 ～ 50[mA]とばらつきが大きい傾向にあります．青色 LED では推奨値が 10[mA]を切るものも見かけます．

LED を点灯させる場合，基本となるのは，**図 290** のように電流制限抵抗と呼ばれる抵抗を LED と直列に接続した回路です．**図 290** では，I_F は[mA]ではなく[A]で表してあります．抵抗では，オームの法則に従って，$V_R = R \cdot I_F$ の電圧降下があり，これと LED の順方向降下電圧 V_F とを足したものが，電源電圧 E [V]に等しいということから，

$$E = R \cdot I_F + V_F$$

となることがわかります．この式から，LED の I_F を推奨値とするためには，

$$R = \frac{E - V_F}{I_F}$$

とすればよいことになります．なお，さきほど述べたように，カタログの I_F は単位が[mA]で記載されていることが多いので，計算するときには単位の換算に留意しましょう．

通常は，使いたい LED を選び，その LED の I_F の推奨値と降下電圧 V_F とを調べ，使おうとしている環境での電源電圧 V_{DD} [V]を E の値として，上式から制限抵抗を求めますが，ここで，電源電圧 V_{DD} [V]を固定して，さまざまな降下電圧 V_F の LED を制限抵抗 R[Ω]を変えて接続したときにどの程度の電流が流れるかを調べてみましょう．

それには，電圧の関係の式を I_F について解き直し

V_{DD} (V)	抵抗値(Ω)								
3.3									
降下電圧 V_F (V)	68	100	150	220	330	470	680	1000	
1.8	22.1	15.0	10.0	6.8	4.5	3.2	2.2	1.5	電流(mA)
2.0	19.1	13.0	8.7	5.9	3.9	2.8	1.9	1.3	
2.2	16.2	11.0	7.3	5.0	3.3	2.3	1.6	1.1	
2.4	13.2	9.0	6.0	4.1	2.7	1.9	1.3	0.9	
2.6	10.3	7.0	4.7	3.2	2.1	1.5	1.0	0.7	
2.8	7.4	5.0	3.3	2.3	1.5	1.1	0.7	0.5	
3.0	4.4	3.0	2.0	1.4	0.9	0.6	0.4	0.3	
3.2	1.5	1.0	0.7	0.5	0.3	0.2	0.1	0.1	

図 291　電源電圧を 3.3V としたときの降下電圧と抵抗値，電流の関係

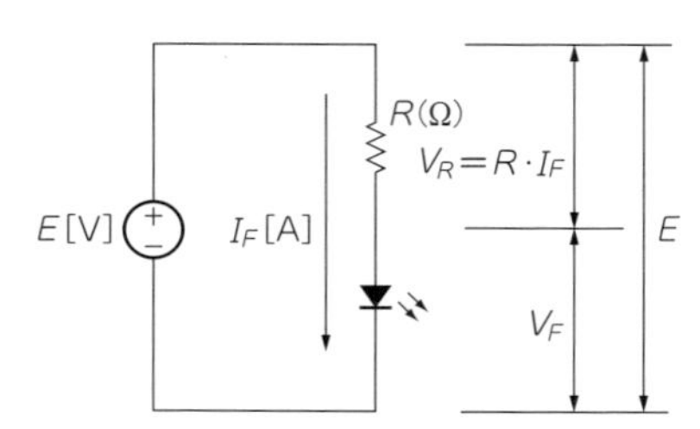

図 290　LED 回路の電流と電圧

た式，

$$I_F = \frac{E - V_F}{R}$$

を使えばよく，E として LPC810 の電源電圧 V_{DD} = 3.3[V]を取り，抵抗の E6 系列にしたがって，68, 100，150，220，330，470，680，1000[Ω]の制限抵抗を接続したときの，I_F を求めてみると**図 291** のようになります．

本書では，電流制限抵抗として 100Ω のものを使うようにしていますが，**図 291** の表から，降下電圧が，1.8 ～ 3.0[V]の範囲では，I_F が 15 ～ 3[mA]の範囲となることがわかります．LED の I_F を考えるときには，I_F が最大定格を超えないこと(上限値)と，LED が点灯する程度の I_F を流す(下限値)という 2 点がポイントです．

上限値については，I_F の最大定格が 20mA を下回るような製品は，今ではほとんど見かけないことと，下限値については，最近の LED は小電流でも何とか点灯するものが多く，3mA 程度でも点灯するものも珍しくないことの 2 点から，本書の制限抵抗の推奨値としては 100Ω としています．

もちろん，繰り返し述べているように，LED には製品ごと，個体ごとのばらつきがありますし，LED だけではなく，抵抗や電源電圧にもばらつきがあることには十分留意する必要があります．できれば，用意した LED のデータシートを調べ，推奨値に近い状況で動くような電流制限抵抗を自分で計算してみる[88]ようにしてください．

なお，電流制限抵抗を入れずに，LED を電源と GND の間に直結した場合，理論値では無限大の電流が流れます．現実には，銅線の電気抵抗や電源の内部抵抗があるため，電流が無限大になるわけではありませんが，例えば銅線の抵抗と電源の内部抵抗の和が 1 Ωだと仮定しても，電源電圧 3.3V で LED の電圧降下が 2.0V であれば 1.3A の電流が流れることになります．これは LED の最大定格を当然超え，電源を PC の USB から取っていれば，通常の USB の最大電流 500mA をも超えています．

実際にやってしまった場合には，PC の USB 電源の保護回路が働いて電流が遮断されるか，容量の大きな電源を使っていて過大電流が流れ続ければほどなくして LED が破壊されるか，ということになると思われますが，いずれにしてもこのような状況にならないように注意して作業を進めてください．

また，逆に電源電圧 E が V_F を下回っている，$E < V_F$ の状況では，カタログ上のスペックとしては LED が点灯しませんが，V_F 未満での電流は実際には厳密に 0 ではない[89]ため，小電流でも点灯する製品や個体では直結で点灯してしまうものも存在します．ですが，このような使い方は，LED の設計上，想定されていない使い方なので，これもやってはいけない使い方です．

88 市販されている抵抗の値はとびとびで，E12 系列や E24 系列がよく使われている．このため，計算で求めた制限抵抗とぴったり一致する抵抗が売られていることはほとんどない．実際には，求めた抵抗値に最も近い値で，かつ，流れる電流が少ない方を選択する．
89 V_F 以上で流れる電流に比べて指数関数的に小さいため，通常は V_F 未満では 0 とみなしている．

参考文献

(1) LPC81x User manual, Rev. 1.6, 2 April 2014,
http://www.nxp.com/documents/user_manual/UM10601.pdf

(2) LPC81xM Product data sheet, Rev. 4.3, 22 April 2014,
http://www.nxp.com/documents/data_sheet/LPC81XM.pdf

索　引

■ 著者略歴

中村 文隆（なかむら・ふみたか）

京都大学大学院理学研究科博士後期課程修了，博士（理学）．

1996年より神戸山手女子短期大学音楽科専任講師として，マイクロコンピュータ，Max/MSP，Puredataなどを用いたマルチメディア作品の制作，発表，および教育を行い，同短大情報教育研究センター副センター長として学内情報教育環境，およびネットワークの構築・運営にあたる．2000年より東京大学情報基盤センター助手，2007年より同助教としてネットワーク・プロトコル，セキュリティ，P2P通信の研究に携わるかたわら，法政大学国際文化学部非常勤講師として，文系学生への情報リテラシ教育にも従事している．

理系・文系のさまざまな学生と接してきた経験から，専門に立脚しつつも，わかる，楽しめるコンピュータ・ネットワークの教育普及を志し，執筆活動を行っている．

著書に『VNC詳細解説』『グラフィカル言語PureDataによる音声処理』『ラズベリー・パイで作る 手のひらLinuxパソコン』など．

天文学会，情報処理学会，電子情報通信学会，各会員．

おわりに

本書では，省電力，小サイズ，高速I/O，3種類の多機能タイマ，ROM上のI^2CとUARTを持つ8ピンDIPマイコンLPC810について，その魅力を楽しむための事例を中心に紹介してきました．

4ビットの4004からスタートしたマイコンも，今では8ピンのサイズの中に高機能な32ビットCPUコアが入った製品が100円を切る価格で簡単に手に入ってしまう時代となり，多彩な応用が可能になった反面，はじめてマイコンに触れるユーザにとっては開発環境の敷居が高かったり，従来のマイコン環境になじんできたユーザにとっては，とりあえず使えはするもののマイコンを使っているという感覚が以前に比べて薄れていると感じたり，という側面もみられるようになってきているのではないでしょうか．

LPC810は，筆者にとって久しぶりにマイコンらしいマイコンを扱っているという感覚を思い出させてくれるものでした．記憶領域も，I/Oピン数も，十分にあるマイコンでは，統合開発環境内で抽象化されたAPIのライブラリ群をコールすることで，マイコンの内部事情にあまり煩わされることなく，やりたいことが実現できるような世の中になってきています．それはそれで，ホビーや勉強の用途からも良いことですし，産業への応用面でも，生産性や保守性の観点から必然的な流れであると思います．

しかし，逆に制約の多いLPC810では，やれることはなにか，やりたいことを実現するために，ほんとうに必要なことはなにか，ということをよく考えなければならない場面にしばしば遭遇します．本文でもみてきたように，機能自体は高いものを持っているLPC810ですが，それを活かすには，ユーザの創意工夫が求められるという点で，LPC810はマイコンと戯れるには最適な選択肢の一つではないかと感じています．

本書では，LPC810でARMマイコンに入門してみたいという方や，LPCシリーズに興味があるけれど，開発環境や資料の掘り下げに手間がかかりそうだと感じている方を念頭に，何かをするために必要なことだけに絞って，思い切った簡略化をした上で，スタートアップに役立ちそうな話題を集めて紹介してみました．

LPC810の機能のうち，SPIは必要なピン数が多くなること，ADCMPを使用したソフトウェアA-Dは，コード・サイズを圧迫する，もしくは割り込み系統を占有するという観点から，あえて触れない選択をしました．Watchdogタイマのようなフェール・セーフ，省電力化のための，Power ManagementやWake Upタイマの機能についても取り上げるかどうかは悩みましたが，本書の性格上，そこまでの応用は他書に譲るべきと考えて省略しました．

本書を通して，LPC810の基本的な読み解き方をつかんでいただければ，やがては自力でこれらの項目についても開拓していっていただけるのではないかと期待しています．

最後になりましたが，辛抱強く待ち続けてくださったCQ出版社編集の今　一義さん，執筆を支えてくれた妻と黒猫に感謝の意を表してまとめとしたいと思います．

本書が，LPC810でマイコンを楽しんでみたい方のなにかの手がかりになれば，筆者としてそれ以上の喜びはありません．

2015年3月　中村 文隆

挿すだけ!
ARM32ビット・マイコンのはじめ方

CD-ROM付き

2015年5月1日　初版発行

著　者　中　村　文　隆
発行人　寺　前　裕　司
発行所　CQ出版株式会社
〒170-8461　東京都豊島区巣鴨1-14-2
電話　編集　03-5395-2123
販売　03-5395-2141
振替　00100-7-10665

ISBN978-4-7898-4135-1
定価はカバーに表示してあります

編集担当　今 一義
DTP　西澤 賢一郎
印刷・製本　三晃印刷株式会社
表紙デザイン　柴田 幸男(ナカヤ デザインスタジオ)
表紙撮影　田中 仁司(スタジオ・サイファー)